浙江省
生态气象实践

主编：苗长明

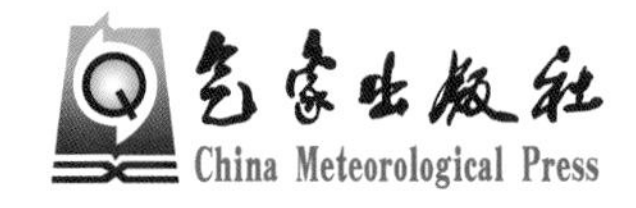

内容简介

《浙江省生态气象实践》回顾了15年来全省气象部门在生态气象监测评估、生态环境气象保障服务、生态气候品牌创建、全域旅游与特色农业气象服务、应对气候变化与城市绿色发展气象服务等方面开展的工作，展示了取得的理论与实践成果。本书还通过典型案例生动介绍了浙江省基层气象部门结合当地实际发展生态气象业务服务体系、开展生态文明建设气象保障服务的实践历程。通过实践总结，为各级气象部门新发展阶段生态文明建设气象保障服务实践提供了借鉴和参考，也为各地有关部门充分发挥气象部门基础性科技保障作用、更好推进新形势下生态文明建设提供了“浙江经验”。

图书在版编目(CIP)数据

浙江省生态气象实践 / 苗长明主编. -- 北京 : 气象出版社, 2021.8

ISBN 978-7-5029-7522-7

Ⅰ.①浙… Ⅱ.①苗… Ⅲ.①生态环境—气象观测—研究—浙江 Ⅳ.①P41

中国版本图书馆CIP数据核字(2021)第161560号

浙江省生态气象实践

Zhejiang Sheng Shengtai Qixiang Shijian

出版发行：气象出版社
地　　址：北京市海淀区中关村南大街46号　　**邮政编码**：100081
电　　话：010-68407112(总编室)　010-68408042(发行部)
网　　址：http://www.qxcbs.com　　**E-mail**：qxcbs@cma.gov.cn
责任编辑：黄红丽　　**终　　审**：吴晓鹏
责任校对：张硕杰　　**责任技编**：赵相宁
封面设计：博雅锦
印　　刷：北京地大彩印有限公司
开　　本：710 mm×1000 mm　1/16　　**印　　张**：12
字　　数：247千字
版　　次：2021年8月第1版　　**印　　次**：2021年8月第1次印刷
定　　价：90.00元

本书如存在文字不清、漏印以及缺页、倒页、脱页等，请与本社发行部联系调换。

编委会

前 言

2005年8月15日，在浙江省安吉县余村，一个群山环绕的小山村里，时任浙江省委书记习近平首次提出“绿水青山就是金山银山”(简称“两山”)的科学论断。“两山”理念是习近平新时代中国特色社会主义思想的重要组成部分，是习近平生态文明思想的核心内容，已经成为全党全社会的共识和行动。从浙江到全国，“两山”理念开启了我国生态文明建设的全新篇章，结出了丰硕的实践成果。

15年来，浙江省委省政府深入践行“两山”理念，持续推进“生态省”“美丽浙江”建设，走出了一条具有浙江特色、生态优先、绿色发展的创新之路。时任浙江省委书记习近平亲自倡导和主持下启动的浙江省“千村示范、万村整治”工程，2018年9月26日，荣获联合国最高环保荣誉——“地球卫士奖”，成为绿色发展的典范。正如联合国副秘书长兼环境规划署执行主任索尔海姆赞赏的:(这里)就是未来中国的模样，甚至是未来世界的模样。

15年来，浙江省气象部门以“两山”理念为指引，深入贯彻党中央、中国气象局和浙江省委省政府“美丽浙江”建设的重大决策部署，加强顶层设计、统筹布局，2018年和2020年分别出台《浙江省生态文明建设气象保障服务行动计划(2018—2020年)》和《浙江省生态气象业务服务发展行动计划(2020—2022年)》，不断推进生态气象业务服务发展，逐步实现了浙江生态气象服务由实践探索向业务化的有效转变，在浙江“五水共治”(治污水、防洪水、排涝水、保供水、抓节水)、“打赢蓝天保卫战”等重大行动中充分发挥气象科技优势，创新开展生态气象监测评估、生态环境气象保障服务、生态气候品牌创建等工作，助力实施生态气候资源开发利用、应对气候变化、城市绿色发展和建设美丽“大花园”等战略，不断为推进浙江生态文明和“美丽浙江”建设、“两山”价值转化贡献气象力量和气象智慧。

15 年来，我们不断提升生态环境系统的气象综合监测能力，基本建成了一流的生态气象立体监测网。目前，已建成包括 80 多个清新空气监测站在内的地面生态气象监测网，开展空气负氧离子和温度、湿度等生态气象要素的实时观测；建成包括“风云”卫星等系列极轨卫星、静止卫星的综合遥感接收系统，开展太湖蓝藻、植被指数等卫星遥感监测；依托临安大气本底站等野外试验基地和国家气象监测站网，开展温室气体、气溶胶、酸雨、臭氧等大气成分的观测。生态气象监测评估表明，15 年来全省 9 成以上植被生态质量在持续好转，$PM_{2.5}$ 等大气颗粒物质量浓度、SO_2 等污染性气体质量浓度、酸雨强度和出现频率等显著下降。这些年浙江生态环境质量的明显改善将近 9 成归功于减排措施的有效实施。

15 年来，我们加强生态环境气象科学研究和技术创新，不断提升打赢蓝天保卫战的气象保障能力。加强区域环境气象模式的研究与应用，研发空气污染气象条件和污染物浓度客观预报技术，建立分类空气污染气象条件预报模型，与生态环境部门建立了重污染天气的联合会商、联合预报预警与应急联动机制，为 G20 杭州峰会、世界互联网大会等重大活动提供针对性环境气象服务保障。开展了不同减排情景下区域 $PM_{2.5}$ 削减模拟、大气扩散能力与自净能力综合定量评估，为实施精准减排措施、治理大气污染提供科学决策依据。

15 年来，我们持续开展气候资源科学评估，促进气候资源合理开发利用，助力绿色发展和“五水共治”。开展风能技术研究、风能资源详查、风电场风能资源评估等，为风能资源开发利用提供科技支撑。通过风能资源时空特征、风能资源储量及技术开发量评价，制作了全省 1 km×1 km 高精度风能图谱和风电场区百米级风能图系，为浙江风电发展提供了百万千瓦风电项目储备。按照省委省政府“五水共治”决策部署，开展城市暴雨强度公式修订，建立城市内涝预报预警技术，为“防洪水”“排涝水”提供气象支持；积极开展人工增雨，科学开发利用空中云水资源，成为“保供水”“治污水”的有效举措，在抗旱增水、改善空气和水质量等方面发挥了积极作用。

15年来，我们注重分区施策创建气候品牌，持续助力生态价值转化，促进绿水青山好空气赋能美丽生态经济新发展。围绕全域旅游发展和“大花园”“美丽浙江”建设，全省各级气象部门积极挖掘气候资源，助力“绿水青山”成为“金山银山”。丽水、开化、建德等地结合当地生态气候特色，在全国首批成功创建“气候养生之乡”“中国天然氧吧”“气候宜居城市”等国字号生态气候品牌。截至2020年3月，浙江省创建国家级气候标志的总量走在全国前列，并且主导或参与制订了一系列相关业务技术规范和地方、行业标准。浙江省在全国率先创新开展农产品气候品质论证。2012年以来，农产品气候品质认证服务已涵盖茶叶、柑橘、杨梅、水蜜桃、葡萄等19种作物，全省150个农业合作社通过产品认证，不仅提高了气象科技在农业经济中的贡献率，更是有效提升了浙江特色农产品的知名度和品牌效应。

2020年3月，习近平总书记再次来到安吉余村考察，并作出重要指示。今天，浙江正在深入贯彻习近平总书记重要指示和殷殷嘱托，奋力打造生态文明建设“重要窗口”。人不负青山，青山定不负人。浙江的空气质量、生态植被等显著改善，山更青了，水更绿了，天空更蓝了，清新空气成为“日用品”，浙江得天独厚的自然风貌、气候环境和美好生态正在焕发无限生机。“两山”理念将指引我们不断提升生态气象业务服务能力，助力浙江“绿水青山”变得更美，把“金山银山”做得更大，让生态文明之树蓬勃生长，让人民生活更加幸福美好。

本书回顾了15年来浙江气象部门践行“两山”理念的实践，不仅仅是全省气象部门服务保障生态文明建设工作上的小结，更是从气象工作这样一个独特的视角，反映了“两山”理念的科学思想光芒和实践伟力。在“两山”理念的引领下，我们将更加坚定地贯彻落实习近平新时代中国特色社会主义思想，更加自觉地运用习近平生态文明思想指导新发展阶段的生态文明建设气象保障服务实践。

本书由苗长明主编，负责制订编写大纲、修改定稿，多次组织召开编委会对文字、数据、图表等统稿把关。王东法、潘劲松协助制定编写大纲，落实编写任务，负责统筹各地素材资料，协调编写进度等工作。前言由潘劲松负责编写，绪论和第一章由樊高峰负责编写，第二章由姜瑜君、王宁负责编写，第三章由李正泉负责编写，第四章由杨波、张晨晖负责编写，第五章由金志凤负责编写，第六章由王阔负责编写，后记由张炎负责编写，潘劲松、张炎负责全书统稿、编排和校核等工作。

本书编写工作得到中国气象局总工程师黎健的关心指导，浙江省生态气象实践的绝大部分工作都是在他担任浙江省气象局局长期间谋划开局、起步见效的。本书的出版得到了气象出版社的大力支持，在此表示感谢。另外，浙江省气候中心、浙江省气象科学研究所（中国气象科学研究院浙江分院）、浙江临安区域大气本底站（浙江临安大气成分本底国家野外科学观测研究站）、浙江省气象台、浙江省气象服务中心，杭州、宁波、温州、湖州、嘉兴、绍兴、金华、衢州、舟山、台州、丽水11个市气象局和安吉、开化等各县（市）气象局对本书的编写提供了大量素材，还有许多生态气象业务服务技术人员提供了很多帮助，在此一并表示感谢！

因编者水平有限，错漏和不妥之处在所难免，欢迎读者多提宝贵意见、批评指正。

编者

2020年12月

目 录

绪 论

浙江,简称"浙",地处中国东南沿海、长江三角洲南翼。东濒东海,南接福建,西与江西、安徽毗连,北与上海、江苏为邻。境内最大的河流钱塘江,因江流曲折,称之江、折江,又称浙江,省以江名。地理坐标位于北纬27°02′44″~31°10′57″,东经118°01′16″~123°09′23″。

第一节 浙江省自然地理概貌

浙江省陆域面积10.18万km^2,东西和南北的直线距离均为450 km左右。全省陆域面积中,山地占74.6%,水面占5.1%,平坦地占20.3%,故有"七山一水两分田"。

浙江地势由西南向东北倾斜,地形复杂。总体自然地理格局可概括为"三山八水、六区九海":"三山"为北、中、南3支呈西南—东北走向的山脉体系;"八水"为苕溪、京杭运河(浙江段)、钱塘江、甬江、椒江(灵江)、瓯江、飞云江和鳌江8大水系;"六区"为浙北平原、浙西中山丘陵、浙东低山盆地、浙中丘陵盆地、浙南中山、沿海岛屿丘陵与平原6个地貌区;"九海"为杭州湾海域、宁波—舟山近岸海域、岱山—嵊泗海域、象山港海域、三门湾海域、台州湾海域、乐清湾海域、瓯江口及洞头列岛海域、南麂—北麂列岛海域9大海域。丽水龙泉市境内海拔1929 m的黄茅尖为浙江最高峰。钱塘江为浙江第一大江。湖泊主要有杭州西湖、绍兴东湖、嘉兴南湖、宁波东钱湖四大名湖,以及人工湖泊千岛湖等。

浙江省海域面积26.44万km^2,其中领海和内水面积4.44万km^2,领海外部界限邻接中国管辖的毗邻区、专属经济区和大陆架总面积22万km^2。全省海岸线总长约6715 km,居全国首位。其中,大陆海岸线2218 km,前沿水深大于10 m的海岸线482 km,约占全国30%。海岛3820个,居全国沿海省区之首。面积大于500 m^2的海岛有2878个,大于10 km^2的海岛有26个。其中,舟山群岛有较大岛屿1390个,约占中国海岛总数的20%。主岛舟山岛,面积490.9 km^2,为中国第四大岛。沿海较大的港湾有杭州湾、象山湾、三门湾、台州湾、乐清湾、温州湾等。

第二节 浙江省气候与气候变化

浙江地处欧亚大陆东南部和太平洋的西海岸，背陆面海，属典型的亚热带季风气候，具有南北地带性、西东过渡性、垂直层次性等类型多样的气候特征。浙江气候资源丰富，例如东部海岛地区是全国风能资源最丰富的地区之一，具有巨大的开发潜力。

浙江可划分为 2 个气候大区、4 个气候区、7 个气候小区，简称“2 大区(带)4 区 7 小区”。2 个气候大区为：浙北气候大区与浙中浙南气候大区；4 个气候区分别为：浙北温和区、浙东与浙中内陆温暖区、浙中沿海与浙西南内陆次温热区和浙南沿海温热区；7 个气候小区分别是：浙北丘陵平原温和冬冷夏季湿润小区、浙东沿海岛屿温暖冬温夏季亚湿润小区、浙东内陆丘陵温暖冬次冷夏季湿润小区、浙中内陆盆地温暖冬次冷夏季亚湿润小区、浙中沿海丘陵平原次温热冬温夏季亚潮湿小区、浙西南内陆中低山区山涧谷地次温热冬温夏季湿润小区和浙南沿海丘陵平原温热冬暖夏季亚潮湿小区。

受海洋和东南亚季风影响，浙江气候有明显的季节变化，冬季受强大的蒙古冷性高压控制，夏季受太平洋副热带暖性高压控制。全年最冷为 1 月，全省平均气温 3.4～8.7 ℃；7 月温度最高，全省平均气温在 28.0～30.0 ℃(除高山区外)。年降水量自北而南 1100～2050 mm，初夏梅雨季节是一段降雨集中期，夏秋季台风、暴雨等发生频率较高。全省年日照时数自南向北在 1600～2000 h，多于同纬度的内陆地区四川、贵州、湖南、江西等省。总体上，浙江气温适中，四季分明，光照充足，雨量丰沛，光温同步，雨热同季，气候资源丰富多样，但气象灾害也较为频繁。

20 世纪 80 年代以来，浙江气候持续变暖，年平均气温逐年攀升，尤以秋冬两季气温增高最为显著。日平均气温稳定通过≥10 ℃以上持续期延长，积温增多。浙江冬季时间缩短，且寒冷日数减少。原境内的中亚热带气候北界由金衢盆地北缘，已向北推进至钱塘江南岸，相当于向北推进了近 1 个纬度。

第三节 浙江省大气环境与生态改善

浙江省坚定不移践行“绿水青山就是金山银山”理念，生态环境治理和保护处于国际先进水平，其中绿色发展综合得分、城乡均衡发展水平都是全国第一，2020 年率先建成了全国首个生态省。

浙江气象部门持续开展大气成分、酸雨和雾霾监测，以临安国家大气本底站、杭州国家基准气象站作为华东区域代表站、浙江城市代表站，科学评估空气质量和大气环境治理成效。监测表明，浙江省酸雨污染总体呈显著减轻的态势，2015—2020 年全省平均降水 pH 值较 2006—2010 年平均升高了 0.5 左右，2020 年全省的酸雨和强酸雨发生频率较 2006 年分别降低了 37%和 41%。浙江蓝天保卫战取得显著成效，近 10 年来，杭州地区 PM_{10}、$PM_{2.5}$ 质量浓度下降接近一半，SO_2 质量浓度下降 8 成，曾经频繁出现的重霾污染天气现在很少发生。

浙江气象部门持续利用卫星遥感监测全省的植被状况，科学评估植被光合固碳能力等生态质量。监测结果表明，2005—2020 年，浙江省植被生态质量发生了明显改善，2020 年的生态质量指数较 2005 年提高了 6.5 个百分点，9 成以上省域的植被生态质量在持续好转。近 15 年来，全省植被覆盖度由 2005 年的 57.8%增加至 2020 年的 63.5%，植被光合固碳能力由 928.1 g/m^2 增强至 1096.1 g/m^2，释放氧气能力由 2475.1 g/m^2 增强至 2922.8 g/m^2。

浙江气象部门还会同生态环境、林业、旅游等部门开展大气负氧离子监测，建立了全国第一个负氧离子标校实验室、第一套负氧离子监测标准规范。监测表明，浙江省负氧离子总体丰富，特别是众多的高山、水体、森林环境是负氧离子的富集地。2020 年全省 93 个监测站中有 34 个站的年平均值达到 1200 个/cm^3 以上，其中 20 个站负氧离子日最高浓度达到 5000 个/cm^3 以上。

第四节 浙江省生物资源与生态保护

浙江省动植物资源丰富，素有“东南动植物宝库”之称。有高等野生植物 5500 多种，其中 52 种野生植物被列入国家重点保护野生植物名录。已发现陆生野生动物 689 种，其中有 123 种动物被列入国家重点保护野生动物名录。浙江多样的地理环境和相对较大的海拔高度差，分布着丰富多彩的植被类型，地带性植被以常绿阔叶林为主，其他植被类型也多有分布。

浙江省海域具有丰富的海洋生物资源。全省有渔场 22.3 万 km^2，资源蕴藏量 205 万 t，其中，舟山渔场是我国最大的渔场，也是全球四大渔场之一。自 20 世纪 80 年代以后，东海海域富营养化程度有所加重，浙江近海浮游生物、底栖生物、潮间带生物、游泳生物等其他生物要素均有不同程度改变，近些年又有逐渐恢复的态势。

全省生态保护重要性整体呈现南高北低的空间格局，陆域部分的“极重要”和“重要”区域总面积达到 6.15 万 km^2，占陆域总面积的 59%，生态保护性高和较高的区域主要分布于南部山区（仙霞岭—洞官山—雁荡山—苍括山）、浙西北山区（黄山—怀玉山）以及东部丘陵地区（四明山—天台山）；全省生态系统服务重要性高、较高区域面积为 5.8 万 km^2，占比为 55%，主要集中在浙西南与浙中南地区。城镇建设适宜性整体上集中连片分布于平原及盆地，适宜区和较适宜区占全省建设评价备选区总面积的81.5%，主要位于杭嘉湖平原、浙东沿海平原和金衢盆地等地区。农业生产适宜性呈现高适宜区集聚、低适宜区分散的地理格局，适宜区面积占全省面积的21.4%，呈集聚形态分布于杭嘉湖平原、宁绍平原、金衢盆地和温台平原，农业适宜区的空间分布与城镇建设指向相似。海洋生态保护极重要区域的面积为1.2 km^2，占全省所辖海域面积的26.9%，集中分布于舟山嵊泗马鞍列岛、中山街列岛、宁波象山韭山列岛、温州乐清西门岛等海域。

浙江省共划定生态保护红线3.68万 km^2（核心区面积1091.66 km^2），其中，陆域生态保护红线面积2.31万 km^2（核心区面积872.19 km^2），占浙江省陆域国土面积的21.88%；海洋生态保护红线面积1.37万 km^2（核心区面积219.47 km^2），占浙江省管辖海域面积的31.18%。全省在淳安千岛湖、开化钱江源、龙泉、庆元、文成、泰顺、仙居、嵊泗等地建设8片特别生态功能保护区。全省共建设自然保护地199处，其中国家公园1处，为钱江源—百山祖国家公园，自然保护区26处，自然公园207处，总面积9739.65 km^2。国家公园、自然保护区全部划入红线，省级以上自然公园根据自然资源特点与人文景观分布分类分区划入生态红线。

报刊文摘专栏1

摘自2020年11月5日《中国气象报》第一版

蓄宝山水还富于民——“两山”理念指引下的浙江气象实践

绿水青山“养眼”、蓝天清风“养肺”、诗意栖居“养心”……自“两山”理念在浙江起源开始，“生态”两字从发展观到生态观再到执政观，深度改变着这片土地，绿色也成为浙江发展最动人的色彩。

“十三五”期间，在“两山”理念的指引下，浙江气象部门立足部门优势，积极融入地方高质量绿色发展战略，全面探索“两山”转化的气象路径，为浙江的美丽经济配装气象“引擎”。守护平安底色气象添笔“诗画浙江”“植被生态质量指数由15年前的68%增长至74.5%，平均 $PM_{2.5}$ 质量浓度相比2013年下降49.2%……”气象监测数据记录下浙江“想要富起来，率先绿起来”的变革之路。

为了天更蓝、风更清，作为环境监测治理的重要一环，气象责无旁贷。浙江气象部门大力开展环境气象监测、预报预警、分析评估和科研能力建设，不仅依托临安大气本底站着重开展对大气成分的观测，“摸底”空气质量及其特征，更进一步研发空气污染气象条件和污染物客观预报技术，与生态环境部门建立重污染天气应急联动机制。同时，浙江气象部门还组建了60支人工影响天气作业队伍积极开展增雨作业，在削峰降污、精准治气中发挥重要作用。

2019年年底，浙江气象部门发布全省负氧离子时空分布特征及地区差异，受到社会关注。近3年来，气象部门会同相关部门，积极推进清新空气（负氧离子）监测体系建设，牵头编制6项技术规范和地方标准，开发负氧离子监测评估业务系统。如今，公众只要通过手机，就能实时查询到空气中的负氧离子浓度及空气清新程度。

除了大气环境以外，地表水环境也是检视生活品质的重要指标。自2007年以来，浙江气象部门不断强化对太湖蓝藻的探测和研究，为有关部门开展综合治理提供科学依据。在今年太湖蓝藻防控关键期，布设在太湖流域的200余个自动气象站与自动化水温监测仪、多普勒雷达、卫星遥感等监测手段配合，形成"空天地一体"的监测体系，动态监视流域气象条件、湖中水质和蓝藻生长发育情况。深挖气候潜能擦亮"两山"金字招牌当下，"两山"理念发源地安吉县余村的游客多了起来。从寂寂无名的县城到人流涌动的"网红"旅游地，安吉缘何如此"吸睛"？良好的生态环境、独特的气候景观功不可没。"负氧离子浓度达到特别清新标准，33项气候生态评价指标优良率达97%……综合评定结果为优。"2018年，安吉获得全国首个"气候生态县"称号，推动其成为避暑、休闲、赏景的生态旅游胜地。"品牌打响、游客不断，受益的是我们。"安吉县天荒坪镇大溪村村民翁璐将老宅改造成了民宿，眼下已有不少客人入住。气候生态环境优良评估成果有效支撑了安吉打造气候经济，让当地人民充分地享受到气候优、环境美的生态红利。

放眼浙江，"天然氧吧""气候养生""国家气候标志"等宜居、宜游、宜养的国字号生态气候品牌纷纷落户，一批批地方特色景点先后打响，水稻、茶叶、杨梅等特色品种纷纷贴上优质农产品气候品质认证标识……一张张闪亮的气候金名片将美好生态变身经济要素。焕发生态活力，城乡共奏"绿色和弦"。有古色古香的旖旎山水，又有前沿发展的生机活力，杭州在2016年G20峰会上毫不保留地向世界展示其多面魅力。然而，高质量生活和快节奏发展的平衡交融并非一蹴而就，大气环境恶化、城市热岛效应加剧、通风条件变差、极端降水频现……城市化进程中日趋严重的气候环境问题成为气象部门亟待攻克的难关。

第一章　浙江生态气象监测与评估

浙江省气象局秉持“两山”理念，大力推进生态气象监测评估服务和能力建设，在全国较早地建设了一套系统化、立体化的生态气象监测站网，实现了对重点生态功能区等重点区域的实时监测，为浙江省生态文明建设提供了有力支撑。

气象部门的生态气象监测结果显示，随着生态文明建设不断推进，浙江省植被覆盖度逐步增加、固碳释氧生态功能不断提升，植被生态质量得到了大幅改善，9 成以上省域的植被生态质量在持续好转。同时，在大气扩散能力不利的气候背景下，PM_{10}、$PM_{2.5}$ 等大气颗粒物质量浓度及 SO_2 等污染性气体质量浓度明显下降，酸雨出现频率和强度均下降 3 成。这些年空气质量的明显改善，除了大气扩散等气象条件对其有约 12.5%左右的贡献外，将近 9 成主要是减排措施实施的成效。

第一节　浙江生态气象监测站网

(一)大气成分和负氧离子观测网

建成于 1983 年的临安区域大气本底站是联合国世界气象组织全球大气观测网(GAW)区域大气本底站，承担了代表长江三角洲区域大气本底观测以及观测资料全球共享的任务。

2010 年，杭州市、嘉兴市气象部门在全省率先建成包含温室气体、气溶胶、反应性气体、降水化学、地面遥感、边界层等大气成分观测系统。截至 2020 年，全省气象部门已建设各类自动气象站 3287 个，其中国家级气象观测站 75 个。建设了一批激光雷达、大气颗粒物分析仪等环境气象探测设备，开展了大气气溶胶、温室气体、地面反应性气体、臭氧总量、酸雨和降水化学以及空气负离子等大气成分的观测，形成 6 大类近 30 多种要素的观测能力。

2009 年，浙江省气象科学研究所较早地开始建设大气化学分析实验室(图 1.1)，配置了离子色谱仪及相关配套设备，形成了针对大气气溶胶及降水样品中 SO_4^{2-}、NO^{3-}、Cl^-、F^- 以及 NH^{4+}、Ca^{2+}、Na^+、Mg^{2+}、K^+ 等水溶性阴阳离子的分析测定能力。2014 年新增配置了气溶胶粒子恒温恒湿称重、有机成分自动浓缩萃取前处理、有机成分痕量分析、光化学烟雾示踪物在线分析观测等仪器设备，进一步提升了大气化学分析实验能力及科研水平。

图 1.1　大气化学分析实验室

2017 年全省开展清新空气（负氧离子）监测网络体系建设，至 2020 年底全省气象部门共建成 83 个清新空气基本站，开展负氧离子、$PM_{2.5}$ 和臭氧的观测（图 1.2）。相关数据与生态环境厅等部门实时交换共享，通过浙江省清新空气数据发布系统对外发布。浙江省气象局大气探测中心建成全国第一个负氧离子标校实验室（图 1.3）。

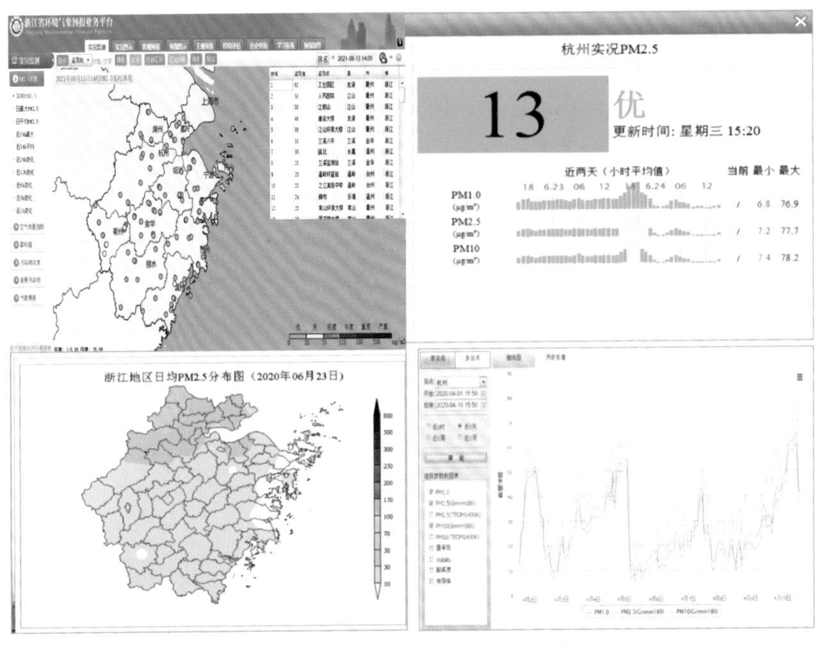

图 1.2　大气成分监测业务平台

图 1.3　负氧离子标校实验室

(二)生态气象卫星遥感和垂直观测网

为充分提高卫星遥感生态监测评估能力，浙江省气象局逐步优化省级卫星遥感数据接收系统，完善卫星遥感综合观测网，增强卫星数据获取能力，已建成风云三号、风云四号、葵花 8 号等卫星数据接收系统，形成极轨卫星、静止卫星的综合遥感观测系统。已建和在建多要素高空垂直廓线探测站共 22 个站(包括杭州、衢州、洪家 3 个国家级高空探测站)，拥有共计 3 部全要素探空雷达、17 部风廓线雷达、2 部激光测风雷达、4 部激光气溶胶雷达、3 部毫米波云雷达和 13 部微波辐射计等主要监测设备。

2005 年以来极轨气象卫星数据的接收通过 CMACast 网络传输，2016 年 9 月建成风云三号极轨卫星省级直收站，实时接收 NOAA19、MODIS TERRA/AQUA、FY-3、NPP/VIRRS 等卫星资料，数据接收完 30 min 内基本完成数据预处理及云图的实时显示，大大提高了卫星数据获取的时效性和完整性。2018 年 12 月，葵花 8 号卫星和风云四号卫星接收系统相继建成并投入业务使用。

经过多年的建设发展，已形成较为完善的卫星遥感应用业务服务体系，开展的主要业务包括天气(台风、强对流、大雾等)、干旱洪涝、森林火情、植被覆盖、水环境、气溶胶和生态质量气象评价等(图 1.4)。此外，深入开展中国气象局业务系统平台和业务产品的本地化应用，多源卫星数据的业务应用挖掘，为生态省建设、美丽浙江建设提供服务。

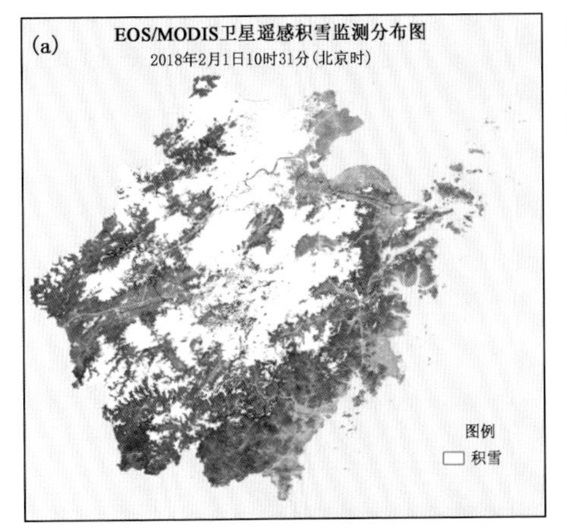

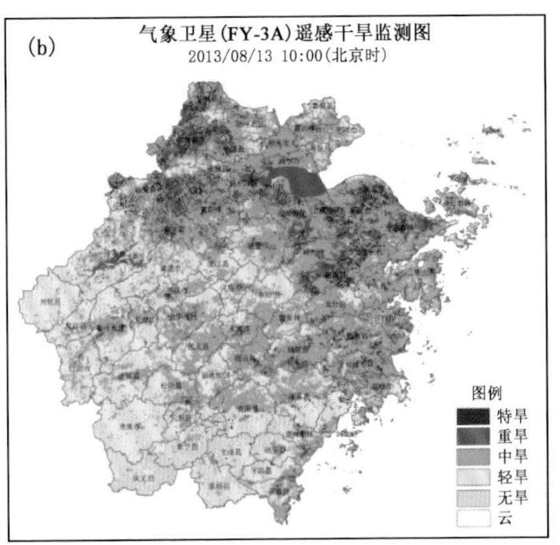

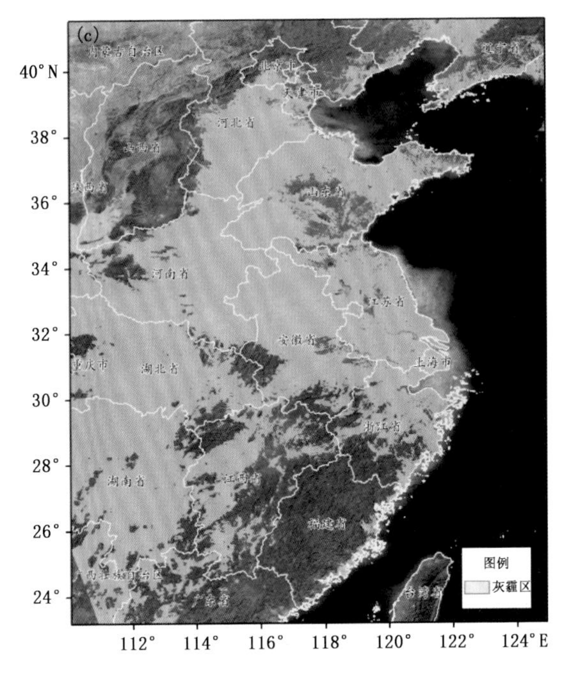

图 1.4 遥感监测专题图

(a)积雪监测;(b)干旱监测;(c)灰霾监测

(三)临安大气本底站

临安大气本底站建成于 1983 年,是我国最早建设的三个区域大气本底观测站之一,也是联合国世界气象组织全球大气观测网(GAW)区域大气本底站。临安大气本底站坐落在浙江省临安市横畈镇大罗村。承担了区域大气本底业务观测和向全球共享观测数据的职责，是我国政府履行《全球气候变化框架公约》，致力于全球大气层保护和气候变化国际合作的具体行动。2005 年临安大气本底站通过了国家科技部关于“生态与环境国家野外科学观测研究站”的遴选，成为代表长江三角洲区域大气成分本底的观测站。

临安区域大气本底站于 2008 年建设了温室气体在线观测系统（图 1.5），研发完成了对 CO_2/CH_4/CO/N_2O/SF_6 等温室气体高精度观测能力，建立了标准的本底站二氧化碳、甲烷数据处理和分析方法。研究产出的数据和结果应用于专题分析报告、决策服务材料、科学论文、书籍等，如第二次气候变化国家评估报告、中国温室气体公报。该站参与研发的温室气体观测系统和质量控制体系，为行业及其他相关部门提供温室气体本底浓度范围的高精度标校和传递。

图 1.5　临安区域大气本底站全貌(a)与温室气体观测系统(b)

临安区域大气本底站观测内容包括大气气溶胶、地面反应性气体、温室气体、臭氧总量、降水化学、太阳辐射 6 大类近 30 多种要素。2016 年在临安区域大气本底站建成了偏振拉曼激光雷达观测系统，实现了对大气边界层高度、云底高度、消光后向散射比的观测空白，拓展对气溶胶消光系数、光学厚度的观测渠道，增强对空气污染过程多角度、不间断的分析比对手段。

作为国内本行业观测要素最齐全，观测仪器设备最先进的大气成分观测站之一，临安区域大气本底站获取的观测资料为提高应对气候变化能力，开展全球温室气体浓度监测，大气生态状况评估等提供了关键基础支撑。

2021 年 5 月 20 日，中国气象局温室气体及碳中和监测评估中心浙江分中心（简称浙江分中心）在省气象防灾减灾中心揭牌成立，中国工程院张小曳院士担任学术委员会主任。浙江分中心建成后，将整合优势资源，发挥区域特色，开展“碳中和”领域内以临安区域大气本底站为核心的温室气体监测站网建设、监测体系研究、源汇估算和预测，为浙江省“碳中和”实施成效评估提供科学依据，更好地服务于“碳中和”国家战略。

（四）生态气象试验观测网

浙江气象部门开展了一系列生态气象观测试验。

2005 年 11 月底杭州在国家西溪湿地建成首个生态气象站，共有 27 个观测项目，为研究城市湿地生态环境保护提供生态气象观测资料。

2014 年以来在衢州龙游农试站建成了农田小气候站和水环境监测站。通过对农田（大棚）温度、湿度、二氧化碳、辐射和病虫害，水塘水体分层温度、pH 值、电导率、盐度、溶解氧等要素的实时监测，为现代农业（养殖业）提供科技支撑。

2020 年 7 月在安吉县溪龙乡黄杜村建成了茶园立体气象观测站网（图 1.6）。根据高差梯度优先、同纬度线平行对照、宏观与微观配套、兼顾通讯保障等原则，在海拔 170～200 m 的黄金腰线处和山顶处各新建一套白茶农业生态气象站。

图 1.6　安吉县黄杜白茶气象观测站点布设示意图

第二节　生态植被卫星遥感监测评估

面向浙江省生态建设需求，聚焦国内外科技前沿方向，浙江省气象部门的卫星遥感科研能力不断加强，业务能力稳步提升，重点加强生态植被关键核心技术研发，通过生态植被遥感监测来评估浙江生态文明建设成效（何月 等，2012a，2012b；贺忠华等，2020）。

卫星遥感探测及气象监测结果表明，2005—2020 年浙江省水热条件总体有利于植被生长（韩秀珍 等，2008；高大伟 等，2010；王艳召 等，2020），全省植被覆盖度由 2005 年的 57.8%增加至 2020 年的 63.5%，植被光合固碳能力由 928.1 g/m³ 增强至 1096.1 g/m³，释放氧气能力由 2475.1 g/m³ 增强至 2922.8 g/m³。近 15 年来，浙江省植被生态质量出现了明显改善，2020 年的生态质量指数较 2005 年提高了 6.5 个百分点，9 成以上省域的植被生态质量在持续好转。

2005—2020 年全省植被覆盖度逐步增加（图 1.7），2005—2020 年共增长了 5.7 个百分点；全省植被生态质量在 2005—2020 年也呈现持续改善态势，2020 年相较于 2005 年的前期水平提高了 6.5 个百分点。

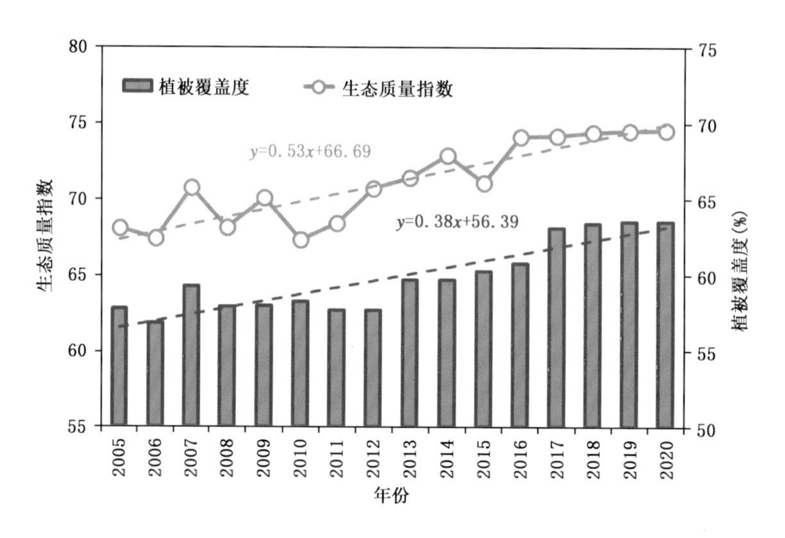

图 1.7　浙江省 2005—2020 年植被覆盖度与生态质量指数动态变化

从空间分布来看（图 1.8）：山区植被覆盖度高，多在 55%以上；嘉绍平原、金衢盆地以及各城市城区等植被覆盖度低，大多城区的植被覆盖度多在 20%以下，在 2020 年浙江省大多山区的植被覆盖度已达到了 70%以上。2005—2020 年全省有 86%以上的区域植被覆盖度表现为增加趋势，有 14％的区域表现为下降趋势，下降的区域主要集中在各城市城区。

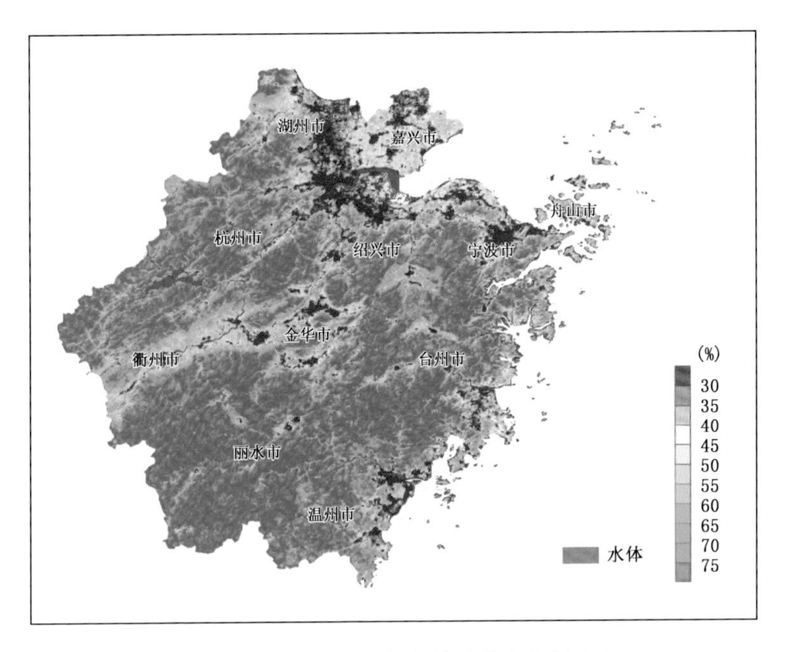

图 1.8　浙江省 2020 年植被覆盖度空间分布

2005—2020 年全省植被固碳释氧能力不断增强(图 1.9)。随着浙江省植被生态状况逐步改善，植被通过光合作用固定二氧化碳、释放氧气的生态功能不断增强。

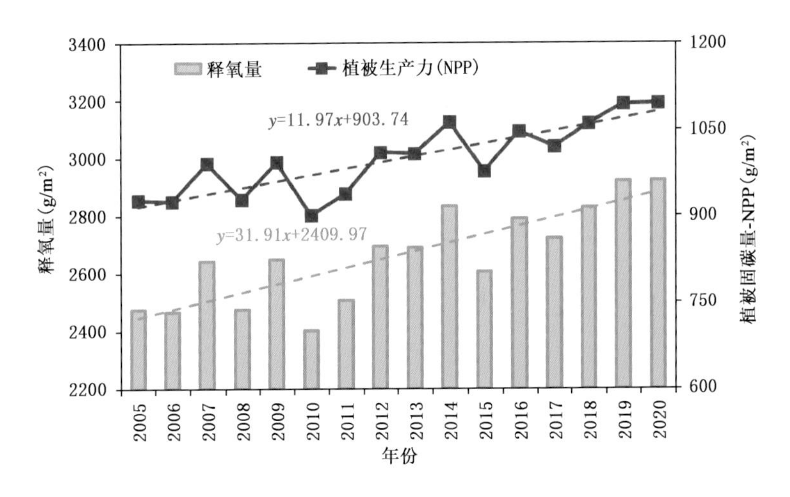

图 1.9　浙江省 2005—2020 年植被固碳释氧能力动态变化

2020 年全省植被固定二氧化碳的平均物质量为 1096.1 g/m^2，释放氧气量的平均物质量为 2922.8 g/m^2，植被总体的固碳释氧能力较 2005 年提升了 18%。

从空间分布（图 1.10）来看：浙江省山区的植被生产力（NPP）明显高于平原与盆地，2020 年全省山区植被生产力多在 1000 g/m^2 以上，嘉绍平原、金衢盆地以及各城市城区的植被生产力多在 800 g/m^2 以下；近 15 年来，全省有 92%的区域，植被生产力表现为不断增强。

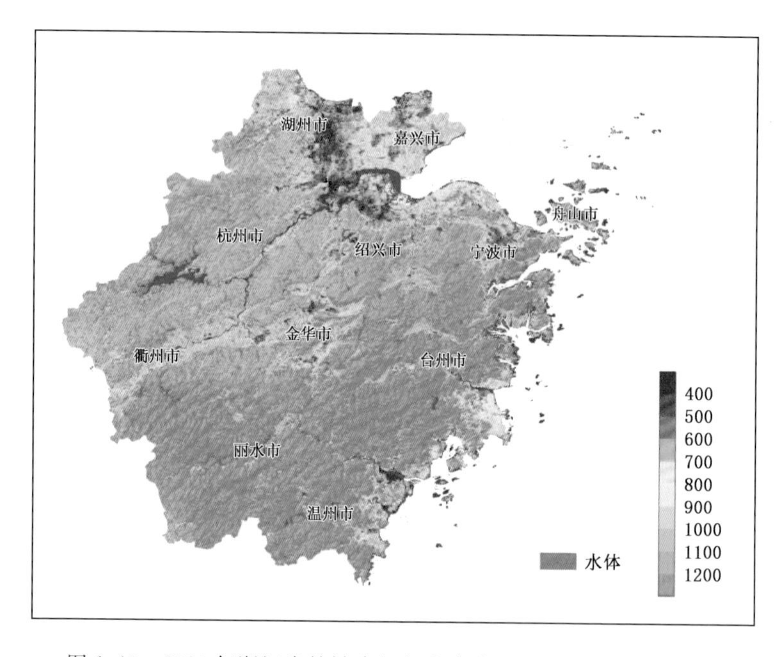

图 1.10　2020 年浙江省植被净初级生产力空间分布（单位：g/m^2）

2020 年全省植被生态质量“优”，9 成以上省域的植被生态指数持续向好发展。2020 年全省植被生态质量指数平均值为 74.5，丽水市（87.2）、衢州市（78.4）和温州市（77.1）分列全省 1～3 位，景宁、庆元、龙泉在全省各县（市、区）中排前 3 位（表 1.1）。浙江省山区植被生态质量总体好于盆地和平原区，山地区域植被生态质量指数多在 70 以上，盆地和平原区多在 60 以下，多数城市的城区多在 40 以下（图 1.11、图 1.12）。

表 1.1　2020 年浙江省植被覆盖度、植被生产力、植被生态质量指数前 10 县(市、区)及 2005—2020 年植被生态向好水平前 10 县(市、区)

排名	植被覆盖度(%)	植被生产力 NPP(g/m^2)	植被生态质量指数	植被生态向好水平(%)
1	庆元(80.3)	永嘉(1308)	景宁(89.5)	遂昌(99.3)
2	景宁(80.2)	泰顺(1285)	庆元(89.2)	开化(99.1)
3	龙泉(78.8)	仙居(1276)	龙泉(88.7)	文成(98.8)
4	遂昌(78.7)	景宁(1266)	遂昌(88.6)	泰顺(98.4)
5	云和(76.7)	龙泉(1257)	松阳(86.9)	建德(98.4)
6	松阳(76.1)	云和(1255)	泰顺(86.9)	景宁(98.4)
7	磐安(75.8)	文成(1249)	云和(86.3)	龙泉(98.3)
8	泰顺(75.7)	松阳(1248)	磐安(86.0)	庆元(98.3)
9	青田(75.0)	遂昌(1247)	青田(85.9)	常山(98.2)
10	开花(74.4)	庆元(1245)	文成(85.6)	桐庐(98.1)

注:向好水平指植被向好改善的面积与总面积的比值

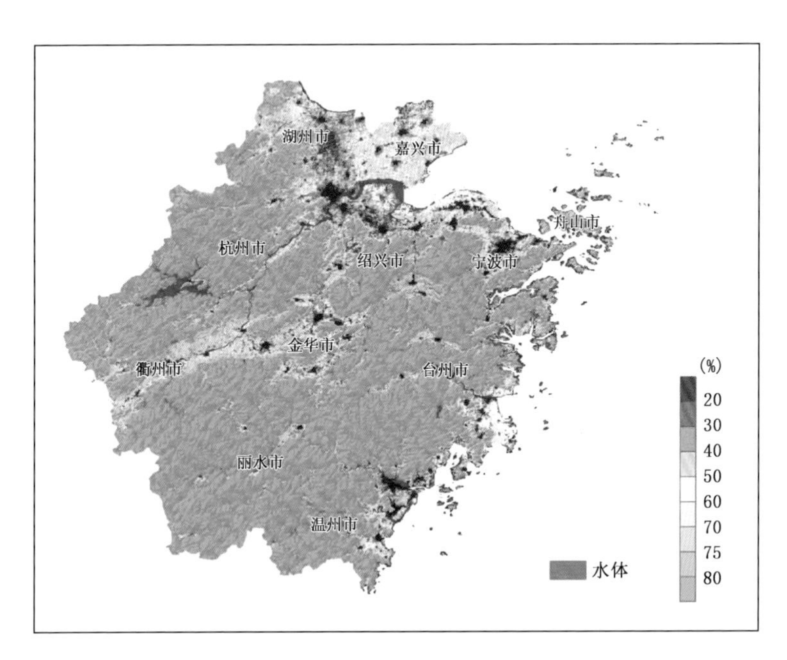

图 1.11　浙江省 2020 年植被生态质量指数空间分布

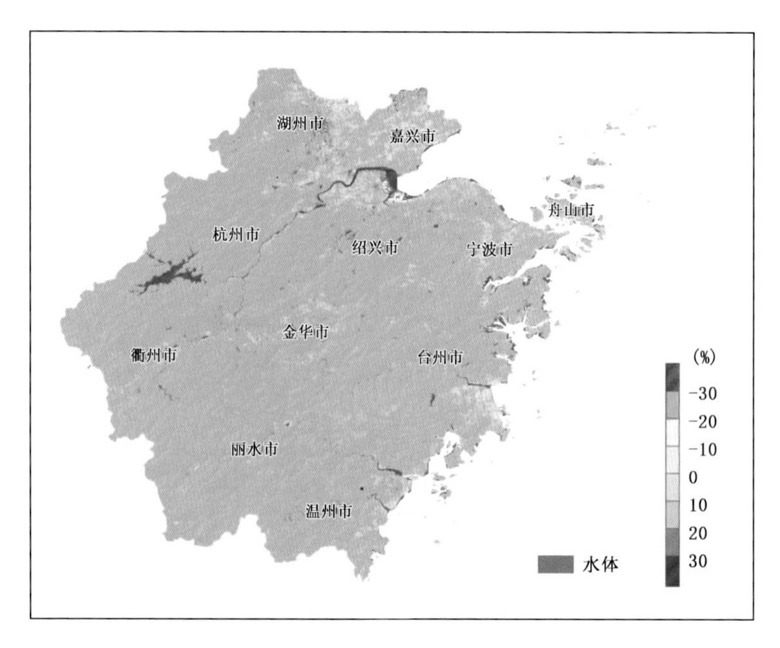

图 1.12 浙江省 2005—2020 年植被生态质量改善指数空间分布

第三节 清新空气与负氧离子监测评估

2017 年，根据省政府有关清新空气监测评估任务统一部署，省气象局承担了清负氧离子的技术分析及相关标准与平台开发工作，组织制定了《浙江省空气负氧离子数据分析规范（试行）》等 6 项技术规范，与省环境保护、林业、旅游部门联合发布实施；组织编制完成的《负（氧）离子监测与评价技术规范》和《负（氧）离子监测与评价技术规范》，列入浙江省地方标准；开发了“负氧离子监测评估业务系统”（图 1.13）。

空气中的负（氧）离子具有杀菌、降尘和清洁空气等功效，有利于身心健康，被称为“空气维生素”（Stavrovskaia IG et al.，1998）。负离子浓度的高低常被作为空气清新与否的重要指标（王薇 等，2013）。在不同的观测环境，空气负离子浓度有较大的等级差异（曾曙才 等，2007；吴志萍 等，2007；王顺利 等，2010；王薇，2014；Wang et al.，2009）。利用负氧离子日监测结果，从年均值、日最大最小值、清新度、日变化、月变化等多个指标评价负氧离子资源，全面分析全省负氧离子时空分布特征及地区差异。监测评估结果显示，2020 年全省负氧离子年平均浓度值在 381（温州平阳）～3703（临安天目山）个/cm^3 之间，总体表现为山区高、平原低，森林覆盖率高的山区是

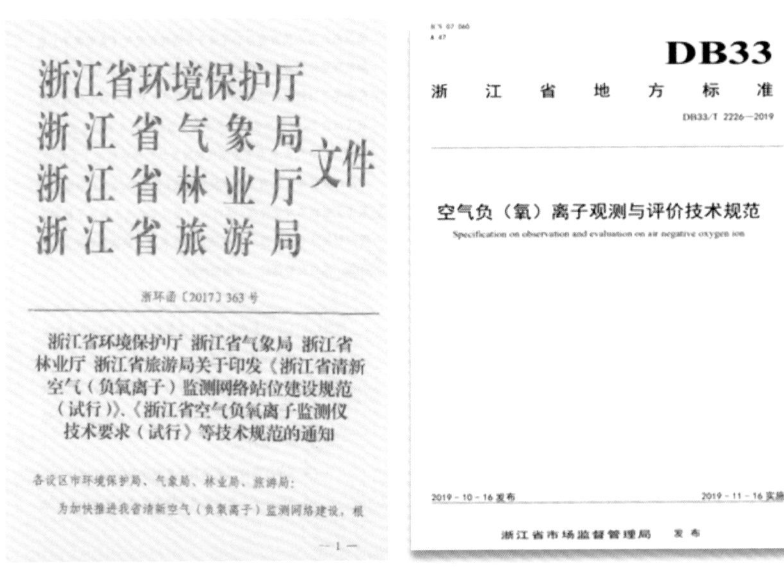

浙江省环境保护厅
浙江省气象局
浙江省林业厅 文件
浙江省旅游局

浙环函〔2017〕363号

浙江省环境保护厅 浙江省气象局 浙江省林业厅 浙江省旅游局关于印发《浙江省清新空气（负氧离子）监测网络站位建设规范（试行）》、《浙江省空气负氧离子监测仪技术要求（试行）》等技术规范的通知

各设区市环境保护局、气象局、林业局、旅游局：

为加快推进我省清新空气（负氧离子）监测网络建设，根

—1—

DB33

浙江省地方标准

DB33/T 2226—2019

空气负（氧）离子观测与评价技术规范

Specification on observation and evaluation on air negative oxygen ion

2019-10-16发布 2019-11-16实施

浙江省市场监督管理局 发布

图 1.13 浙江省负氧离子监测评估业务规范、地方标准和平台系统

负氧离子的富集地(图 1.14)。全省 93 个监测站中有 34 个站的年平均值达到 1200 个/cm^3 以上,其中 12 个站超过 2000 个/cm^3。全省有 20 个站负氧离子日最高浓度达到 5000 个/cm^3 以上,其中有 12 个站超过 7000 个/cm^3;有 6 个站负氧离子日最低浓度也能达到 1000 个/cm^3 以上。

按监测站所处地理地貌类型划分,高山林区(海拔≥300 m)负氧离子含量最为丰富,其次是浅山景区(150 m≤海拔<300 m)和海岛、水体附近(海拔<150 m),城镇、郊区、平原公园(海拔<150 m)负氧离子浓度相对最低。负氧离子浓度最高在临安天目山(监测站海拔 776 m),年平均 3703 个/cm^3,日平均值最高达到 9040 个/cm^3,其次是桐庐天龙九瀑,年平均 3542 个/cm^3,日平均值最高达 8237 个/cm^3。

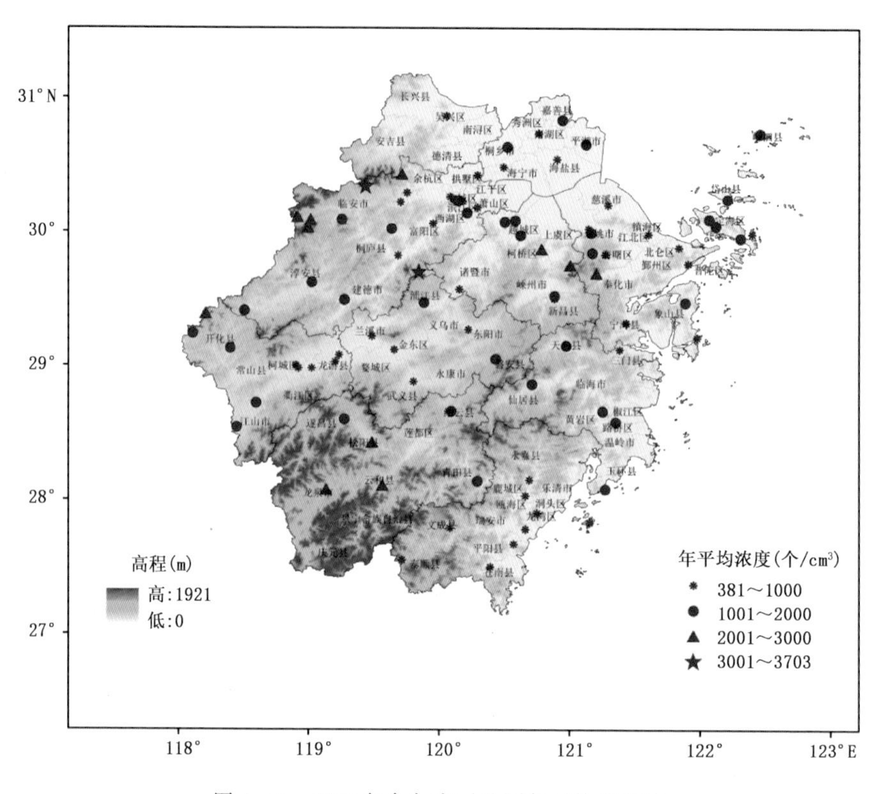

图 1.14　2020 年负氧离子监测年平均浓度值

年平均值超过 2000 个/cm³ 的还有丽水龙泉、丽水云和、临安大明山、临安清凉峰、上虞覆卮山、奉化三隐潭、杭州山沟沟、开化钱江源、丽水松阳等(图 1.15)。

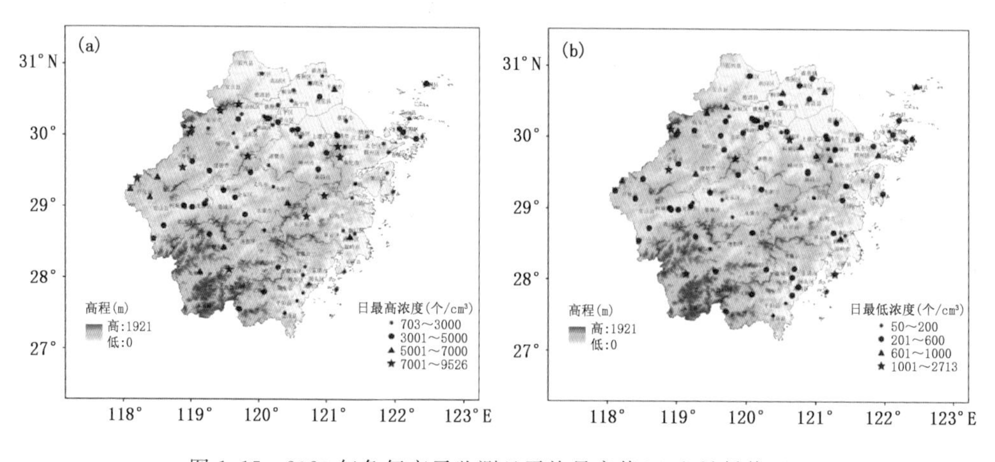

图 1.15　2020 年负氧离子监测日平均最高值(a)和最低值(b)

负氧离子浓度有明显的日变化(任晓旭 等,2016;史琰 等,2009;Wang et al.,2009)。对2020年负氧离子浓度做逐小时和逐月平均得到,负氧离子具有明显日变化特征(图1.16),城镇、郊区和平原公园站的负氧离子浓度日变化幅度较小,夜间和早晨(23:00—06:00)负氧离子浓度较高,城镇站在09:00左右负氧离子浓度相对最低,郊区和平原公园站在11:00左右负氧离子浓度相对最低。浅山景区站的日变化相对较大,上午(07:00—11:00)浓度最低,下午(13:00—16:00)浓度最高。海岛、水体附近和高山林区的负氧离子浓度日变化趋势相似,午后(12:00—17:00)负氧离子浓度较低,夜间到早晨(23:00—07:00)浓度较高。高山林区站各时刻负氧离子浓度的平均值都在2000个/cm^3以上;浅山景区站的负氧离子浓度的变化范围介于1400～1800个/cm^3之间;海岛、水体附近的负氧离子浓度有15 h高于1200个/cm^3;郊区、平原公园站一天中的负氧离子浓度值基本在1000个/cm^3以上;城镇站的负氧离子浓度略低,在800个/cm^3左右。

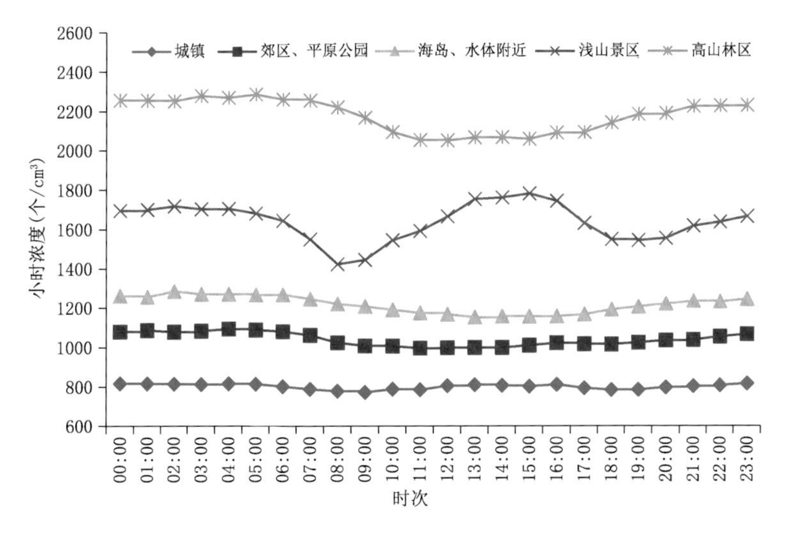

图1.16　2020年浙江省不同类型监测站负氧离子浓度日变化

负氧离子浓度的在各月基本表现为高山林区＞浅山景区＞海岛、水体附近＞郊区、平原公园＞城镇,仅7月、9月、11月海岛、水体附近的负氧离子浓度略大于郊区、平原公园站(图1.17)。负氧离子月变化趋势大致表现为5—9月浓度值较高;除海岛、水体附近外,其余站10—12月浓度值低;海岛、水体附近站的浓度在2—4月最低,月变化最显著。高山林区站全年各月负氧离子浓度值均在1800个/cm^3以上;浅山景区站的负氧离子浓度的月值基本在1300个/cm^3以上;海岛、水体附近的负氧离子浓度达到1100个/cm^3以上;郊区、平原公园站除3月和9—10月外,大多月份负氧离子浓度值都在1000个/cm^3以上;城镇站负氧离子浓度基本在1000个/cm^3以下。

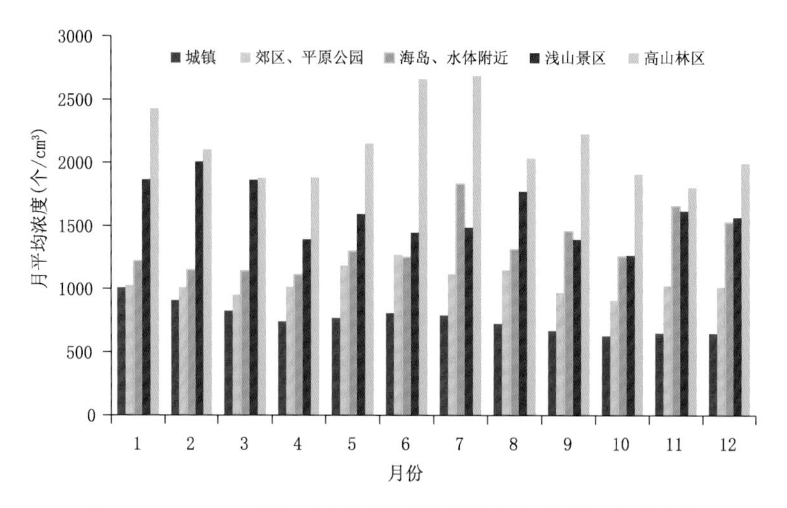

图 1.17　2020 年浙江省不同类型监测站负氧离子浓度月变化

报刊文摘专栏 2

摘自 2017 年 10 月 13 日《中国气象报》第六版

从小粒子到大战略——助力生态文明建设，如何激活负氧离子作用？

在雾霾天气频发的当下，公众对优质空气的期盼愈发强烈，即便不能直接逃离"重霾区"择别城而居，也可以利用假期到空气清新处畅快呼吸。好空气、好环境正像名山大川、人文景观一样，成为新的旅游竞争力，并由此催生了旅游康养新业态。

达到优质空气，除了要求污染物要少以外，还离不开负氧离子的作用。

负氧离子与"好空气"有什么关系？解答完下面三个问号，便可探知究竟。

怎么看？它是好空气和健康的"指南针"

负氧离子，科学称谓是"小粒径的负离子"。

据浙江省气候中心高级工程师李正泉博士介绍，受自然界的宇宙射线、雷电作用、光合作用、水流冲击力等影响，空气中的有些原子会释放出带负电荷的电子，这些游离电子被空气中的氧气等分子吸收，就成了带负电的负离子。空气负离子按其粒径大小分为大、中、小三种离子，"对人体健康有益的是小粒径的负离子，负氧离子就是这种粒子的俗称。"

负氧离子在医学界享有"维他氧""空气维生素""长寿素""空气维他命"等美称。长久待在都市密闭房间内，人们会觉得头昏脑涨，当来到森林海边、瀑布等地，会觉得神清气爽，这就是负氧离子的作用。

中国健康促进基金会副理事长兼秘书长徐卸古指出，经科学验证，负氧离子具有调节人体神经活动、提高免疫力、增强心肌收缩力，减慢心率，调节血脂等功能，可调节人的情绪和行为，使人精力旺盛。它还能刺激大脑，直接作用于中枢神经系统，对人体起到镇静、催眠、止咳、降低血脂等作用。从健康角度来说，负氧离子含量高的空气，就是好空气。

一般来说，公园平均负氧离子浓度达每立方厘米 500 至 900 个，属于二级标准，可以维持人类基本健康需要。旷野负氧离子浓度达 900 至 1200 个，属三级，有增强人体免疫力的效用。山顶、森林负氧离子浓度 1200 至 2100 个不等，属四级到五级，可以减少疾病传染，具有自然痊愈能力。浓度大于 2100 时为六级，一般在森林或者瀑布周边，具有医疗和康复功效。

今年 8 月，浙江省政府办公厅发出通知，提出在全国率先从省政府层面开展清新空气(负氧离子)监测发布体系建设。杭州市环境气象中心主任胡德云表示，清新空气就是以负氧离子数据为主，颗粒物和臭氧等数据为辅进行判定的，负氧离子扮演的是好空气的“正作用”，是好空气和健康的“指南针”。

怎么用？抓牢落实国家发展战略的小切口

按照“既要金山银山，又要绿水青山，绿水青山就是金山银山”论断，把生态优势变成经济优势，是落实国家生态文明建设、推动绿色发展的更高要求。负氧离子就是落实这一国家大战略的小切入点。

在有着“中国天然氧吧”之称的浙江省开化县，赛事经济成为新的经济增长点。从去年开始，那里先后举办了全国掷球锦标赛、全国广场舞大赛、国际铁人三项精英赛，今年年内还将举办钱江源国家公园全程马拉松、世界青年暨女子小金属球锦标赛等 6 场国家级、国际级赛事。

入选“中国天然氧吧”，负氧离子平均浓度是极重的指标。开化县委书记项瑞良介绍，“在负氧离子浓度高的地区比赛更能赛出好成绩、更有利于健康”的理念得到了多方认可。当地把赛事经济、体育产业作为“中国天然氧吧”的衍生经济，取得显著效果。

同样，在浙江景宁的云中大漈，在松阳的大木山茶园，依托于高负氧离子浓度的绿道骑行作为全域旅游中的重要旅游项目，丰富着游客的休憩旅游体验。

中国旅游研究院战略研究所所长吴普认为，旅游产业是能把“绿水青山转化为金山银山”且资源和能源消耗低的生态产业，负氧离子则把我国旅游康养提到新的高度。“过去旅游康养瞄向的是中国特色中医药和医疗，如今，负氧离子含量高的地方成了新的养生目的地。”不仅如此，吴普表示，随着消费的升级和旅游理念从观光转变为休憩放松，全域旅游不断发展，自然资源很可能取代名山大川、人文景观，成为旅游的核心吸引力。相应地，类似于负氧离子浓度这样定量的气象气候数据分析对开发气候资源非常关键。

负氧离子也是健康中国战略实施的切入点之一。徐卸古介绍，健康中国战略的关键是控制好慢性病，要以建设健康支持性环境为重点。鉴于负氧离子对健康的正面作用，也可以对其着重考虑，“北欧一些国家就开设了森林医院，专门收治生活在大都市的相关疾病的患者。”

此外，负氧离子浓度还有潜力成为反映本地环境保护情况的标尺，从科学角度讲，如其他条件不变的情况下，植被覆盖率提升，负氧离子的浓度往往提升。

如何办？统一标准规范观测是重中之重

如果以负氧离子、浓度等为关键词展开检索，类似于“观测显示，××地区负氧离子浓度达到每立方厘米5万个、12万个”这样的新闻不在少数。一般来说，平均浓度大于2100个已极为难得，达到每立方厘米5万个、12万个，是不是有点太离谱了？

事实上，这涉及到负氧离子的分布特点和观测标准问题。

李正泉介绍，负氧离子的寿命一般只有几秒到几十秒，最多仅有二十多分钟。瞬间达到上万是有可能的，但一次瞬时最大监测值并不能代表当地负氧离子浓度的整体水平。此外，不同的观测设备测出的数据也并不相同。

在我国多地，气象、林业、旅游部门根据各自的行业规范分别开展负氧离子监测，建立了监测点位，但监测点位存在分布不均衡、监测技术规范不统一、观测仪器间误差大、评价标准缺乏的情况，不能准确反映负氧离子分布现状。

面对这样的情况，浙江省政府提出由气象部门作为清新空气（负氧离子）监测的技术支撑牵头部门，负责监测技术、站网布设和建设规范、质控要求、数据传输等全省统一的监测技术及质量保障体系建设。按照“统一评价标准、统一监测方法、统一布点规范、统一信息发布、统一技术提升”的目标建设方法科学、标准统一的清新空气监测系统，并实现全省清新空气监测站点集成联网。记者另从中国气象局了解到，目前有关职能部门和业务单位也正加快对观测设备进行技术要求调整。

李正泉的团队承担的就是统一标准和监测方法的研究。他认为，关键是观测需要统一定标、观测方法需要统一规范、评价方法需要统一的问题。

“比如评价方法，不能一个地区发布的是平均浓度，另一个地区是瞬间浓度，可以考虑取全年30个最大小时值的平均，作为平均最高负氧离子浓度。”李正泉说。再比如评价中数据使用的问题，一个地方平均浓度为每立方厘米1000个左右，突然一次雷电过程后观测数据可能就达到每立方厘米五六万个了，这样严重偏离均值的偶然数据不能算错，但做平均的时候还需要规范处理。

李正泉提出，另外还需要考虑数据定量处理问题，“比如如何去除天气的影响，一个地区的负氧离子浓度较往年提高了，到底是生态改善的成果还是天气因素如雷电增多的影响？天气的因素如何定量评估？”

第四节　大气成分和酸雨监测评估

自2012年全省逐步建立大气颗粒物等大气成分观测网以来，观测项目逐步完善，观测体系逐步健全。以具有完整观测项目的杭州气象观测站(代表杭州城区)和临安区域大气本底站(代表长三角区域状况)生态环境观测序列来分析2012年以来杭州城区及长三角区域大气颗粒物及气态污染物变化。分析表明，近10年来，除O_3外，杭州城区PM_{10}、$PM_{2.5}$质量浓度下降接近一半，SO_2质量浓度下降8成，空气质量明显改善，杭州城区的污染减排取得显著成效。杭州城区NO_2质量浓度在2016—2020年期间较2012—2015年期间平均下降约2成，而长三角区域的NO_2本底质量浓度在2017年以来略有升高，今后长三角区域的机动车污染治理难度仍然比较大，仅靠城市的治理还不够，需要加强整个区域的控制。对全省13个酸雨监测站2006—2020年酸雨观测数据进行的分析表明，浙江省酸雨污染总体呈不断减轻的态势，2015—2020年之间全省平均降水pH值较2006—2010年平均升高了0.5左右，2020年全省的酸雨和强酸雨发生频率较2006年分别降低了37%和41%。

(一)2012—2020年PM_{10}、$PM_{2.5}$质量浓度变化

2012—2020年期间，杭州气象站的PM_{10}和$PM_{2.5}$年均质量浓度较临安本底站平均分别高19%和22%，城区的大气颗粒物污染相对较重。2012—2014年期间是近10年来杭州城区及长三角区域大气颗粒物污染较重的时段。在此期间，杭州气象站和临安大气本底站的PM_{10}年均质量浓度分别在80 $\mu g/m^3$和65 $\mu g/m^3$左右(图1.18)，$PM_{2.5}$年均质量浓度分别在45～51 $\mu g/m^3$和35～41 $\mu g/m^3$(图1.19)。2015年杭州城区的PM_{10}和$PM_{2.5}$质量浓度开始出现明显下降，之后直到2020年，PM_{10}和$PM_{2.5}$年均质量浓度总体均呈现不断下降的趋势。长三角区域的大气颗粒物质量浓度同样从2015年开始呈现出了逐渐下降的趋势。到2020年，临安本底站PM_{10}和$PM_{2.5}$质量浓度较2013年的最高值分别下降了33%和42%，杭州气象站的PM_{10}和$PM_{2.5}$质量浓度较2013年的最高值分别下降了40%和45%，城区的下降幅度高于长三角本底区域。因此，从整个长三角区域来看，近年来杭州城区的大气颗粒物污染治理效果更加明显，当地政府在2013年以来采取的污染减排措施对减轻城区的大气颗粒物污染成效显著(姜蕴聪 等，2019；齐冰 等，2019*；蒋琦清 等，2020；王涛，2020)。但从图1.18和1.19也可以看出，当城区的大气颗粒物质量浓度接近本底质量浓度时，PM_{10}和$PM_{2.5}$质量浓度的减少趋势变得缓慢，未来继续降低大气颗粒物质量浓度

* 科技成果名称：杭州及周边区域气溶胶理化-光学特征，成果登记号：中气科成登〔2019〕0954

的治理难度会变大。

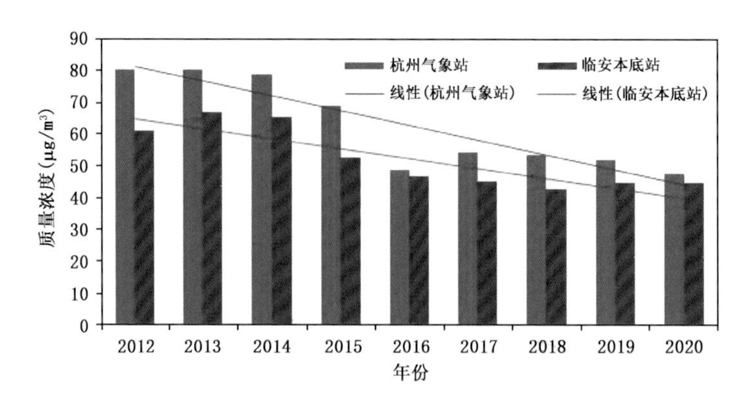

图 1.18　2012—2020 年杭州城区和临安本底站 PM_{10} 质量浓度逐年变化

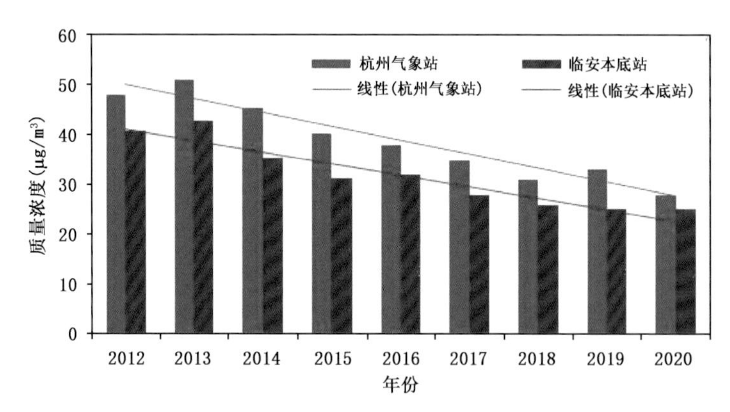

图 1.19　2012—2020 年杭州城区和临安本底站 $PM_{2.5}$ 质量浓度逐年变化

(二)2012—2020 年气态污染物质量浓度变化

1. 二氧化硫质量浓度变化

2012 年以来,杭州城区及长三角区域的二氧化硫质量浓度总体上均呈逐年下降的趋势(图 1.20),其中 2014 年较上年的下降幅度最大,杭州气象站和临安本底站分别较 2013 年下降了 43%和 33%,之后持续降低。到 2020 年,杭州气象站和临安大气本底站的二氧化硫年均质量浓度分别降到了 4.9 μg/m³ 和 1.3 μg/m³,较 2012 年的最高值分别下降了 85%和 91%,表明 2013 年之后,杭州城区及整个长三角区域的燃煤排放二氧化硫控制措施取得了显著成效。从下降趋势来看,杭州城区的二氧化硫下降趋势较长三角区域更为明显,城乡的二氧化硫环境值趋于接近,这与城市燃煤的大量取消有重要关系。

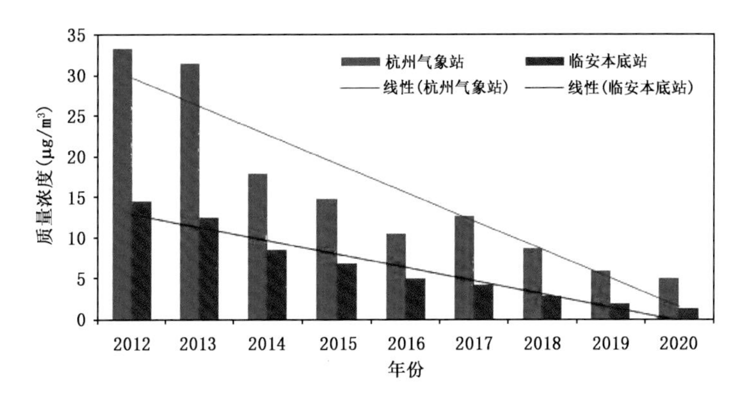

图 1.20　2012—2020 年杭州城区和临安本底站二氧化硫质量浓度逐年变化

2. 二氧化氮质量浓度变化

2012—2020 年期间，杭州气象站的二氧化氮年均质量浓度较临安本底站平均高 94%，总体来看，城区的二氧化氮污染相对较重(图 1.21)。2017 年以来，长三角区域的二氧化氮本底质量浓度呈现出了振荡升高的趋势，这说明随着人民生活水平的改善，城乡汽车保有量增加对长三角区域大气污染的影响在增强(牛彧文 等，2009)。杭州城区的二氧化氮质量浓度自 2012 年以来总体呈现为振荡下降的趋势，2012—2015 年期间杭州气象站的二氧化氮年均质量浓度在 52～56 μg/m³，2016—2020 年期间，年均质量浓度在 38～47 μg/m³，较 2012—2015 年期间出现了一定程度的下降，平均下降了约 20%。这说明杭州城区虽然汽车保有量在增加，但对机动车排放的治理抵消了部分污染增加，当地政府的机动车污染控制效果较好。从整个长三角区域来看，今后的机动车污染治理难度仍然比较大，仅靠城市的治理还不够，今后需要加强整个区域的机动车排放控制。

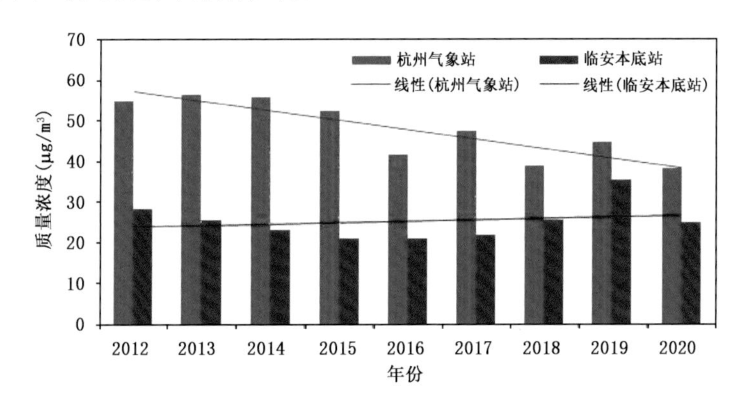

图 1.21　2012—2020 年杭州城区和临安本底站二氧化氮质量浓度逐年变化

3. 臭氧质量浓度变化

与大气颗粒物以及二氧化硫、二氧化氮等气态污染物不同，在2012—2020年期间，杭州气象站的臭氧质量浓度平均较临安本底站低18%，城区的臭氧污染相对较轻(图1.22)。这主要与臭氧的形成机制有关。近地面臭氧主要是氮氧化物和碳氢化合物等前体物在紫外线照射下通过光化学反应生成的二次产物(齐冰 等，2017)，城区排放的前体物在长距离输送过程中会生成更多的臭氧，因此临安本底站臭氧质量浓度较高与臭氧前体物的长距离输送有重要关系。2012年以来，长三角区域的臭氧本底质量浓度变化不明显，年均质量浓度在60～70 μg/m³ 之间波动，杭州城区的臭氧质量浓度总体上呈升高的趋势。2017年是近年来杭州城区臭氧年均质量浓度最高的一年，达到了59 μg/m³，较2012年升高了28%，2018年、2019年和2020年年均质量浓度分别为57 μg/m³、54 μg/m³ 和56 μg/m³，分别较2012年升高23%、16%和22%，表明近年来杭州城区的臭氧污染有加重的趋势，今后应加强臭氧污染的控制。

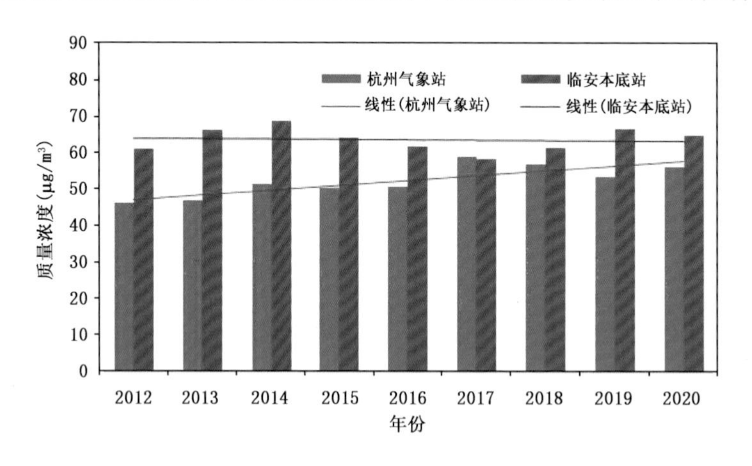

图1.22　2012—2020年杭州城区和临安本底站臭氧质量浓度逐年变化

4. 一氧化碳质量浓度变化

2012年以来，杭州气象站和临安本底站的一氧化碳年均质量浓度均呈现振荡下降的趋势(图1.23)，一氧化碳污染总体在减轻。相比而言，城区的一氧化碳质量浓度高于长三角区域的本底质量浓度，2012—2020年期间杭州气象站的一氧化碳年均质量浓度较临安本底站平均高38%。

(三)酸雨监测评估

对全省13个酸雨监测站2006—2020年酸雨观测数据进行分析表明，浙江省酸雨污染总体呈不断减轻的态势。2015—2020年全省平均降水pH值较2006—2010年平均升高了0.5左右，雨水酸度在明显减弱。酸雨和强酸雨发生频率在持续降低，

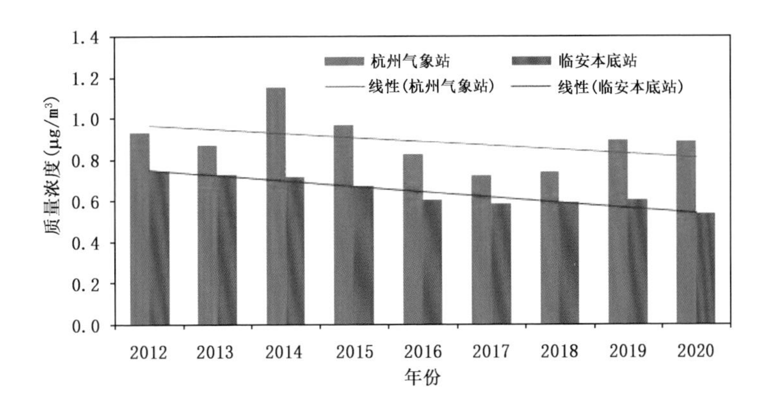

图 1.23　2012—2020 年杭州城区和临安本底站一氧化碳质量浓度逐年变化

2020 年全省的酸雨和强酸雨发生频率较 2006 年分别降低了 37%和 41%，酸雨和强酸雨的出现概率明显降低。以上表明近年来浙江省实行的节能减排措施在减轻酸雨污染方面取得了明显成效(Niu et al.，2018)。

根据 2006—2020 年浙江全省年均降水 pH 值变化，在 2006—2020 年期间，浙江地区的酸雨污染在逐渐减轻(图 1.24)。总体来看，2006—2010 年是近 15 年来浙江地区降水酸化最严重的时期，年均降水 pH 值在 4.13～4.26，达到了强酸雨程度(降水 pH 值小于 4.5)。2011—2014 年，降水 pH 值有所增大，全省年均降水 pH 值维持在 4.51～4.57，降水酸化趋势得到了一定程度的缓解，酸雨污染程度从强酸雨转为了弱酸雨。2015—2020 年，降水 pH 值进一步增大，全省年均降水 pH 值超过了 4.70(4.71～4.99)，较 2006—2010 年平均升高了 0.5 左右，雨水酸度明显减弱。

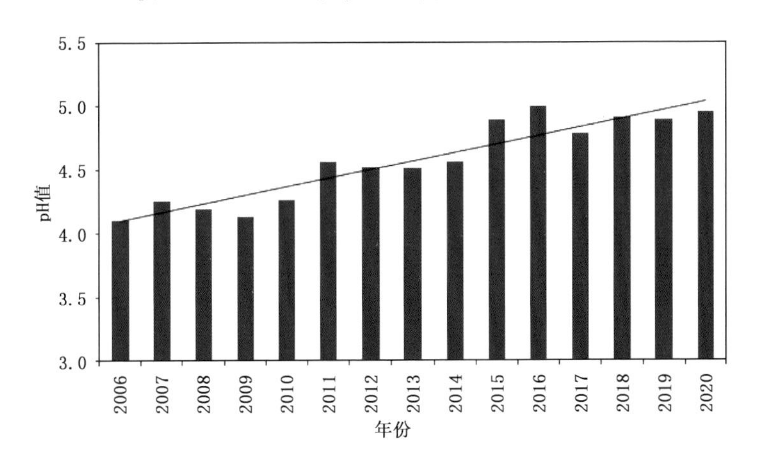

图 1.24　2006—2020 年浙江地区年均降水 pH 值变化

2006 年以来，浙江地区的酸雨（pH＜5.6）和强酸雨（pH＜4.5）发生频率均呈逐渐降低的趋势（图 1.25）。在 2006 年，全省酸雨和强酸雨发生频率分别为 76％和 47％，到 2020 年全省的酸雨和强酸雨发生频率分别下降到了 38％和 6％，较 2006 年分别降低了 38 和 41 个百分点，酸雨和强酸雨的出现概率明显减小。

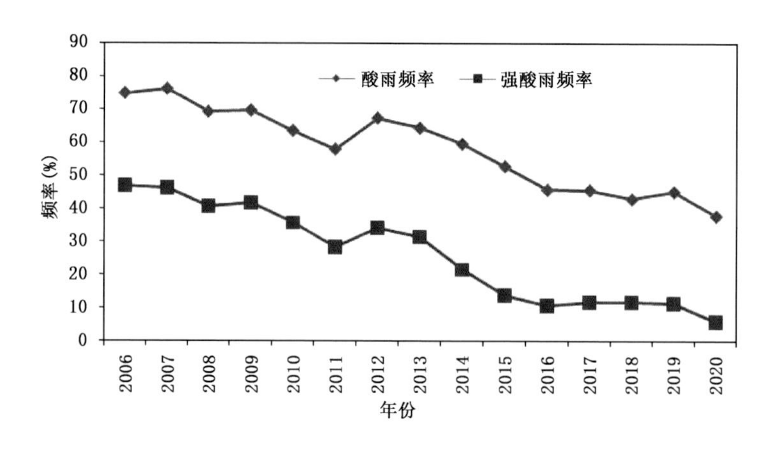

图 1.25　2006—2020 年浙江省降水酸化频率变化

降水酸度和酸雨发生频率的上述变化表明近年来浙江省实行的节能减排措施在减轻酸雨污染方面取得了明显成效。

降水中最主要的致酸物质是硫酸根和硝酸根（牛彧文 等，2017）。对比临安区域大气本底站 2008 和 2015 年酸雨化学组分观测数据发现，燃煤排放形成的硫酸根对降水酸度的贡献率从 52％下降到了 47％，而硝酸根对降水酸度的贡献率则从 22％上升到了 31％，表明尽管燃煤仍然是浙江降水酸化的主要致酸因素，但以机动车排放为标志的氮氧化物对酸雨的贡献在明显增大，浙江区域的酸雨正从“硫酸型”转变为“硫酸硝酸混合型”（Niu et al.，2017），未来在继续控硫的同时，需进一步加强对氮氧化物的控制。

第五节　大气扩散能力和自净能力评估

近十多年来大气环境问题日趋严重（高大伟 等，2015；毛敏娟 等，2015a，2015b），全国平均年霾日数呈现明显的增加趋势（高歌，2008），成为环境治理的关注重点，引起浙江省对“大气”生态环境问题的高度重视。2010 年 6 月，省政府发布《浙江省清洁空气行动方案》，大气污染问题首次成为专项治理目标，这表明继水环境重点整治后，浙江省正式向大气污染宣战。环境空气质量受大气污染物排放的影响，也受气象要素变化的影响（蒋维楣 等，1993；毛敏娟 等，2013，2018）。气象条件对大气污染的影响主要通过物理和化学两种过程实现，气象条件不仅影响大气中各种污染物成分尤其是二次污染物的变化(毛敏娟 等,2015a,2015b)，而且也影响污染物的传输和扩散(赵军平 等,2017)，其中大气扩散对大气自净能力具有决定性作用。影响大气扩散能力的气象要素很多，但有正负反馈之分，因此需要建立气象条件对大气扩散能力和自净能力影响的综合评价方法(陈海燕 等,2015;毛敏娟 等,2019a,2019b)。

(一)大气扩散能力评估

采用USEPA推荐、以大气扩散理论为基础的高斯大气扩散模型，其也是ADMS、CALPUFF大气环境评价模式的基础，如下式所示：

$$C(X,Y,Z)=\frac{Q}{2\pi\bar{u}\sigma_Y\sigma_Z}\exp\left(-\frac{Y^2}{2\sigma_Y^2}\right)\left\{\exp\left[-\frac{(Z+H)^2}{2\sigma_Z^2}\right]+\exp\left[-\frac{(Z-H)^2}{2\sigma_Z^2}\right]\right\} \quad (1.1)$$

式中，C为大气中任意点浓度；X为排放源至下风向任意点水平方向上的距离；Y为排放源至任意点直角水平方向上的距离；Z为排放源至任意点垂直方向上的距离，H为排放源有效高度；Q为源强，表示单位时间内污染物排放量；σ_Y为水平扩散系数；σ_Z为垂直扩散系数；$\bar{u}$为大气平均风速；π为圆周率。

通过将源强归一化、任意点用下风向与污染源相对固定的参考点代替等处理手段，建立了包括气温、辐射、风速、云量等气象条件在内的大气扩散能力综合定量评估技术，分析了不同气象要素与大气扩散之间的关系(表1.2)。从表中可以看到，风速与大气扩散能力的关系最强，两者之间的相关系数为0.85，其次是相对湿度和云量，相关系数分别为0.55和0.54，与气温的相关性却最弱，相关系数仅为0.32。

表1.2 大气扩散指数与气象要素之间的相关系数

	气温	相对湿度	云量	降水量	风速
大气扩散指数	0.32	0.55	0.54	0.18	0.85

用大气扩散能力评估方法分析了浙江省大气扩散能力的时空分布(图1.26)。从空间分布来看，浙江省大气扩散能力呈“北部较南部强、沿海较内陆强”特点，其中东部沿海地区的大气扩散指数最大，丽水地区最小。杭州地区、温州和台州内陆地区都属于大气扩散指数较小地区，可能与这些地区周边较复杂的山脉地形对扩散的影响有关。绍兴—金华有一条大气扩散指数较大的区域带，这可能是因为受杭州湾气流的影响。衢州地区较大的大气扩散指数则可能是这一地区的气象站点海拔比较高、风速比较大所致。

从时间分布(图1.27)来看，过去40多年浙江省年均大气扩散能力变化分两个阶段：一是1980—2014年为明显下降阶段；二是2015—2020为明显上升阶段，这种变化与天气形势、风场等气象要素的统计规律是一致的。虽然大气扩散能力与大气污染变化趋势相吻合，但近几年环境空气质量的改善主要是减排措施实施的成效，气

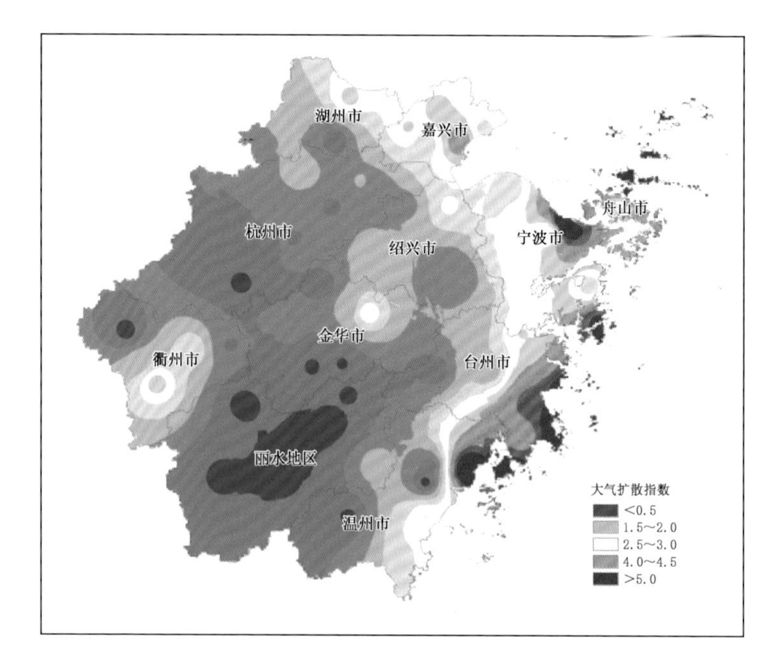

图 1.26 浙江省大气扩散能力分布

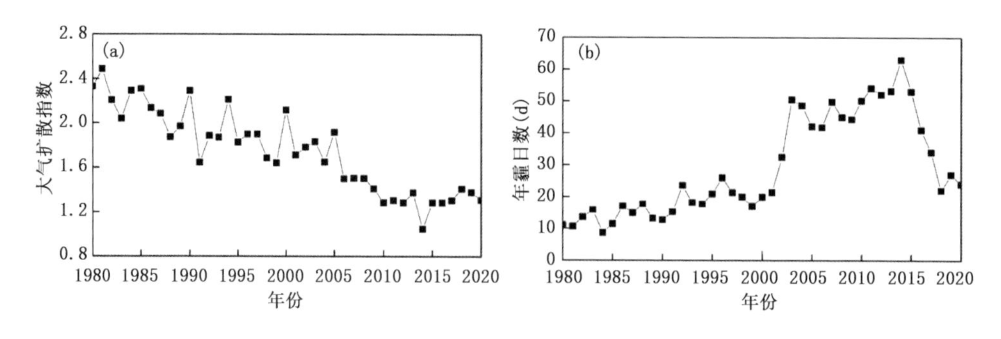

图 1.27 1980—2020 年浙江省年均大气扩散指数(a)和霾日数(b)变化

象条件对其有约 11.9%左右的贡献。

大气扩散能力评估方法也通过成果转化，实现了业务化应用。评估业务产品在浙江气象业务网、“长三角一体化”业务平台、智慧气象 APP 上推送，为常规空气污染预报及世界互联网大会、杭州 G20 峰会等重大国际活动提供服务，为政府更高效的决策提供科技支撑。

(二)大气自净能力评估

研究表明，ERA-Interim 资料在中国地区的适用性较好，与观测资料的相关性也较好(郭艳君 等,2016)。因此利用高时空分辨率的 ERA-Interim 探空和地面资料，计算分析了浙江省大气输送和自净能力的时空分布变化特征，结合省生态环境厅空气质量监测数据探讨了浙江省空气质量与大气自净能力的关系。

赵珊珊等(2006)基于大气环境容量的 A 值计算方法，考虑大气通风扩散能力，结合干、湿清除过程对大气中污染物的清洁作用，在降水清洗比取 6×10^5 和单位面积 S 取 100 km^2 的情况下，利用平流扩散方程简化得到的大气自净能力公式为：

$$A = 3.1536 \times 10^{-3} \times \frac{\sqrt{\pi}}{2} \times V_E + 2.19 \times 10^{-2} \times R \times \sqrt{S}$$

等式右侧两项分别代表了大气的输送能力和清洗能力。其中 V_E 为通风量(m^2/s),R 为降水率(mm/d)。由于 A 值的标准单位为 10^4 km^2/a,浙江省主要城区面积一般在几十到几百千米，参考前人文献并结合浙江省实际情况，取 $\sqrt{S}=10$ km。要计算 A 值，首先要求得混合层厚度，再求得通风量。

从时间变化特征来看，全省最大混合层厚度和通风量季节差异较大，夏季太阳辐射强烈，地表面白天吸收太阳能多，大气边界层热力湍流旺盛，7—10 月最大混合层厚度最大，月均值在 1000 m 以上；冬季则太阳辐射较弱，致使午后边界层湍流相对较弱，12 月及次年 1—2 月最大混合层厚度最小，基本在 950 m 以下。随着时间推移，各月最大混合层厚度和通风量有所增大，尤其是 21 世纪后。20 世纪，冬季通风量基本在 5000 m^2/s 以下，夏季通风量基本在 5500～6000 m^2/s；到了 21 世纪，冬季通风量增大了 500 m^2/s 左右，夏季通风量增大到 6000～7500 m^2/s。

大气自净能力的时间变化也表现出夏季大、冬季小，随时间明显增大的变化趋势(图 1.28)。20 世纪的冬季大气自净能力基本在 14 以下，夏季在 16～20；到了 21 世纪，冬季大气自净能力增大了 1～2,夏季增大了 2～3。

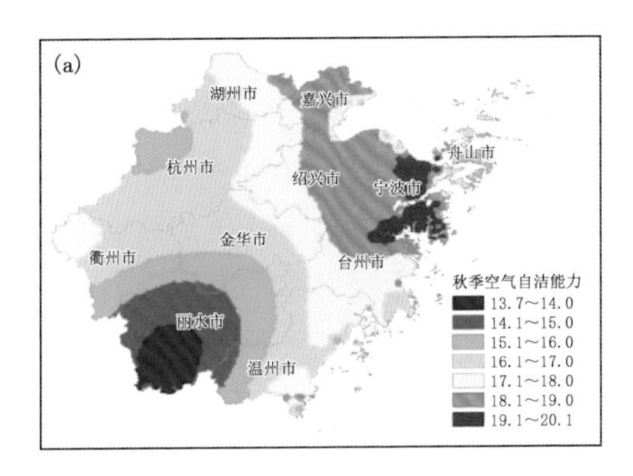

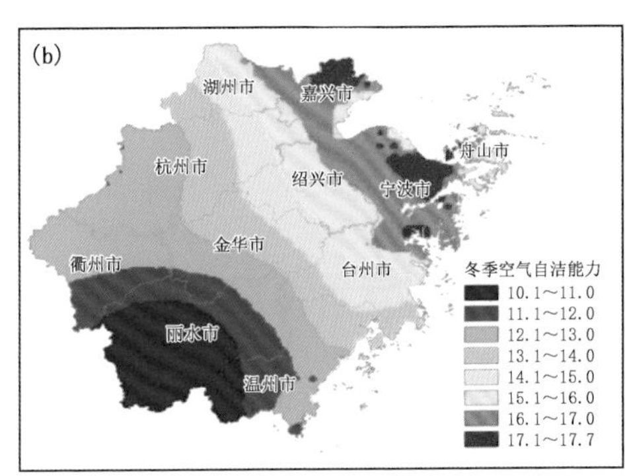

图 1.28　浙江省秋(a)、冬(b)大气自净能力分布图

城市化发展导致下垫面粗糙度增加，加上高大建筑物的遮挡作用，10 m 风速略有减小，在秋冬季最大、夏季最小。浙江省近地面风速的减小也是空气污染加剧的可

能原因之一。

从空间分布来看,沿海地区秋冬季的混合层高度处于最高时期,通风量增大,大气自净能力明显优于内陆地区。浙北地区的大气自净能力总体上比浙南地区好一点。

浙江省较严重的空气污染以北方污染物输入为主(洪盛茂,2010;翁之梅 等,2016;赵军平 等,2017),因此风向也是一个比较重要的气象条件。从 10 m 风向频率和风速来看(图 1.29),当天空气质量等级为优良时,偏东风占主导风向,风速较大,带来东部海上的洁净空气;空气质量为重度及以上时,偏西风特别是西北风的频率明显增大,风速较轻度—中度污染时更小,上风方东北、华北地区污染空气随弱偏西北风而下,在浙江地区造成严重污染。可见,浙江省冬季盛行的偏北风容易将上风方的北方污染物带下来,加上大部分地区冬季区域大气自净能力较差,在风速较小的时段,容易造成污染物的积累,导致较严重的空气污染。

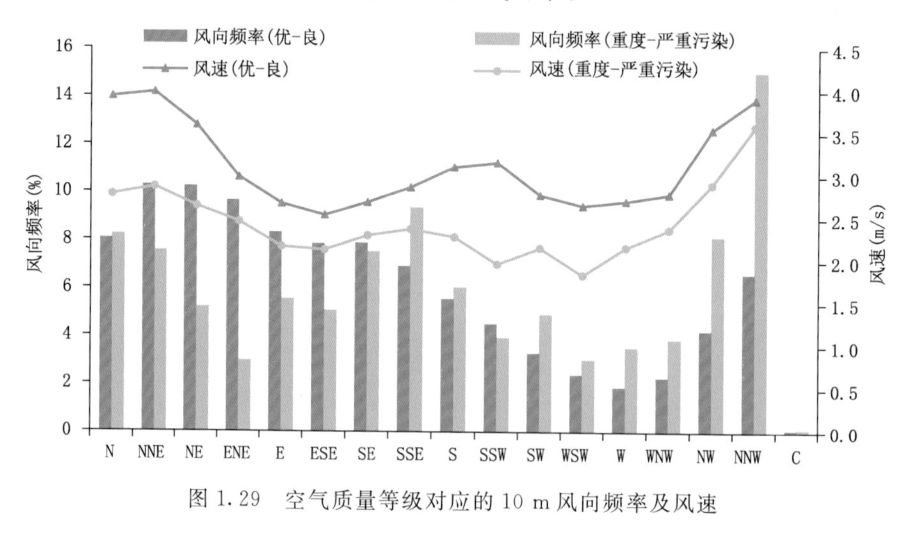

图 1.29 空气质量等级对应的 10 m 风向频率及风速

通过定义百米通风量为从地面开始每百米高度层内垂直于风向上的每单位时间大气水平输送量,例如 0～100 m、100～200 m 通风量,代表每百米高度层内大气的输送能力。综合分析了浙江省 1979—2019 年各地区 0～1000 m 每百米多垂直空间尺度的大气扩散能力,找出了大气扩散能力对浙江省空气质量的影响的敏感区域和敏感高度,探讨了气象条件对大气环境质量的可能影响。

浙江省 0～1000 m 的通风量空间分布均表现在沿海地区最大,其中舟山地区为高值区。由东北往西南大致呈现逐渐变小的变化特征,杭州的山区较小,丽水地区为低值区。另外,通风量随高度的增高而增大(图 1.30)。

浙江省 0～1000 m 各层通风量与 AQI 的相关系数基本随高度逐渐减小。全省 0～100 m、100～200 m、200～300 m 的通风量与当日 AQI 均呈显著负相关,这三层

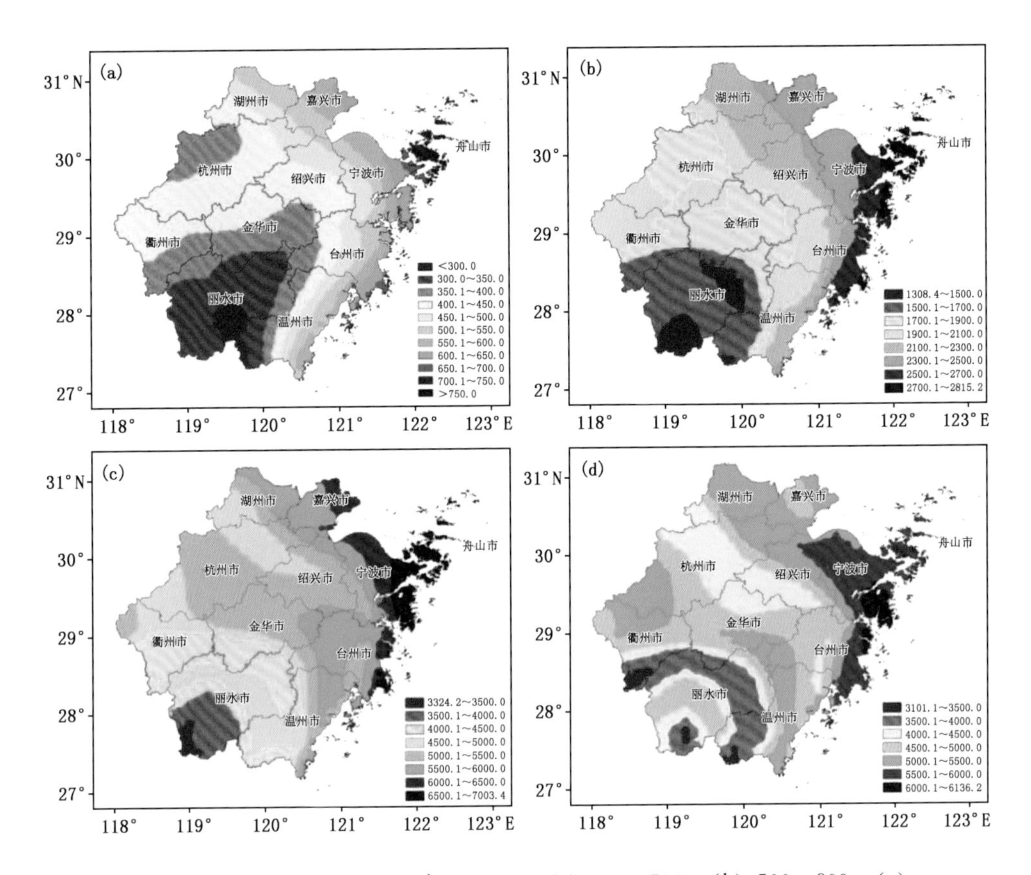

图 1.30 浙江省 1979—2019 年 0～100 m(a)、300～500 m(b)、500～800 m(c)、800～1000 m(d)通风量(单位：m^2/s)

的分布图基本一致，在全省基本通过了 0.01 的显著性检验（相关系数绝对值＞0.14)，其中浙北中部地区相关系数最大，浙中北沿海地区较小，丽水和衢州的山区最小。说明当 0～300 m 大气扩散能力较强时，AQI 越小，空气质量越好(图 1.31)。

300～700 m 的各层通风量与当日 AQI 的相关系数在全省大部分地区也都能通过 0.05 以上的显著性检验(相关系数绝对值＞0.11)，不显著的地区包括 300～400 m 的舟山大部、丽水和温州的小部分地区，400～500 m 的绍兴、金华、台州、丽水和衢州的部分地区，500～600 m 的舟山地区、丽水大部以及台州、温州、金华和杭州的部分地区，600～700 m 的丽水大部以及台州、温州、金华、宁波、绍兴和舟山的部分地区，说明在全省大部分地区当 300～700 m 大气扩散能力较强时，AQI 越小，空气质量越好。

700 m 以上的通风量与当日 AQI 的相关系数未通过显著性检验的地区范围扩大，700～800 m 的相关系数仅在除沿海和杭州西南部的浙北大部通过 0.05 以上的

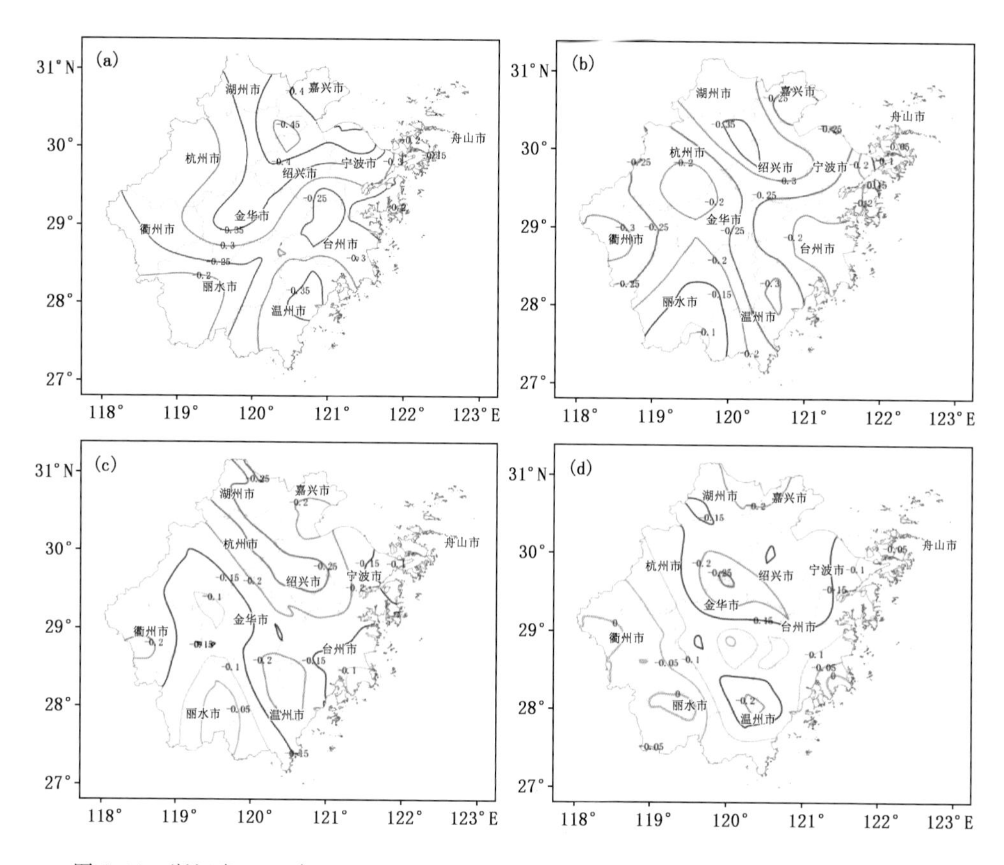

图 1.31　浙江省 2019 年 0～100 m(a)、300～400 m(b)、500～600 m(c)、700～800 m(d)通风量与 AQI 相关系数图

显著性检验。浙北部分地区以及浙南小部分地区 800～900 m 的相关系数通过 0.05 以上的显著性检验。浙北部分地区、浙中和浙南小部分地区 900～1000 m 的通风量与当日 AQI 的相关系数通过 0.05 以上的显著性检验，其余地区均未通过显著性检验。

浙江省 700 m 以下的大气扩散能力对全省大部地区的空气质量有明显影响，部分地区 700～1000 m 的大气扩散能力对空气质量也有一定的影响。但位于沿海的舟山，仅 300 m 以下的大气扩散能力对空气质量有显著的影响。将低层大气扩散能力分别与逆温层高度、空气质量做相关性分析，结果显示通过显著性检验的影响区域和影响高度有很好的一致性，说明三者之间存在密切的联系。逆温层高度越低，低层大气扩散能力越弱，空气质量越差，严重污染天气出现时常常伴随着强度较强或贴近地面的逆温发生。浙江省大气层结大部分时间处于中性状态，当大气层结转为较稳定时，污染物不易扩散稀释，空气污染较易发生(图 1.32)。

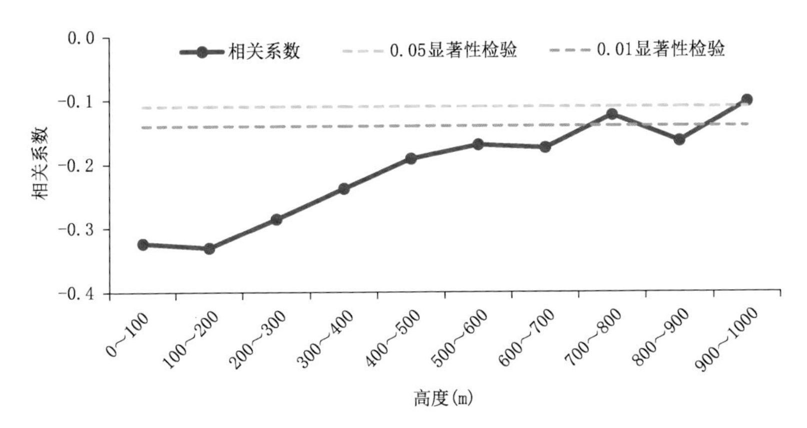

图 1.32　浙江省 2019 年每百米平均通风量与当日 AQI 的相关系数

第二章 生态环境气象保障服务

加强生态环境保护，坚决打好污染防治攻坚战是党和国家的重大决策部署，助力生态文明建设也一直是气象服务的重点之一。浙江省气象部门在国家推进生态文明建设过程中坚持利用气象科技、业务、服务优势，推进发展具有世界先进水平的现代气象业务，建设具有浙江特色的气象防灾减灾体系，强化生态环境气象保障服务功能。以“绿水青山就是金山银山”为核心指导思想，浙江省各级气象部门紧密围绕生态省、“美丽浙江”建设目标，积极融入“蓝天保卫战”“五水共治”等重大部署，加强重污染天气应对气象保障服务，开展大气细颗粒物污染的监测评估以及气象传输条件的深入研究；建立生态遥感业务体系，加强生态系统保护地基监测站网建设；开展重大生态修复工程气象保障，推进生态修复型人工影响天气工程建设。从空气质量预报、大气污染防治气象条件评估、太湖蓝藻监测气象服务和人工影响天气等多方面积极对接地方需求，找准切入点，发展具有特色的生态环境气象保障服务，推进气象服务地方产业结构优化升级和发展方式绿色转型，助力推动传统和新型基础设施高质量发展，推动节能环保产业发展壮大。只有生态环境的高水平保护推动经济质量的高质量发展，才能把绿水青山建得更美，把金山银山做得更大。浙江省气象局在生态环境保护气象保障服务方面的工作成效显著，社会服务效益明显，得到了社会的广泛认可。

第一节 空气质量预报

(一)发展环境气象数值预报模式

为提升浙江省的雾霾(环境气象)预报服务能力，2013 年 6 月，浙江省气象科学研究所引入了由中国气象科学研究院自主研发、具有自主知识产权的环境空气质量数值预报模式 CUACE(CMA Unified Atmospheric Chemistry Environment)系统。CUACE 是区域天气－大气化学－大气气溶胶双向耦合模式，考虑了比较完善的微量气体和气溶胶的物理化学过程，能实现气体、气溶胶模块与天气模式的在线双向耦合运行。CUACE 模式包括天气预报模式(MM5/GRAPES)和气体-气溶胶模块，考虑了平流、扩散、干湿沉降等主要物理过程和气相化学反应、液相化学反应以及气溶胶过程，能够模拟大气中气态组分和气溶胶的分布情况（图 2.1）。

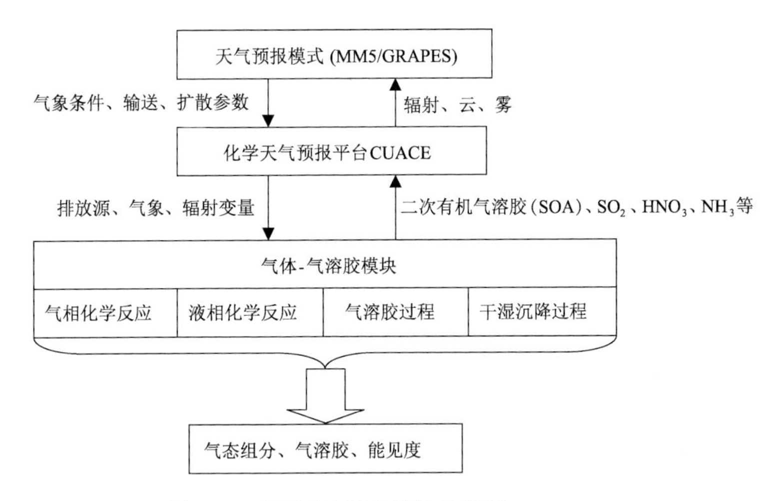

图 2.1 CUACE 模式结构示意图

在完成 CUACE 模式的本地化应用基础上，浙江省气象科学研究所建立了环境空气质量预报业务平台（图 2.2），实时提供 $PM_{2.5}$、PM_{10}、SO_2、NO_2、CO、O_3 等大气环境要素和空气质量指数（Air Quality Index AQI）的小时和日值预报产品并在浙江全省气象部门共享，从业务运行效果检验来看（图 2.3），性能良好，能够为省市县三级开展空气质量预报提供有力支撑。

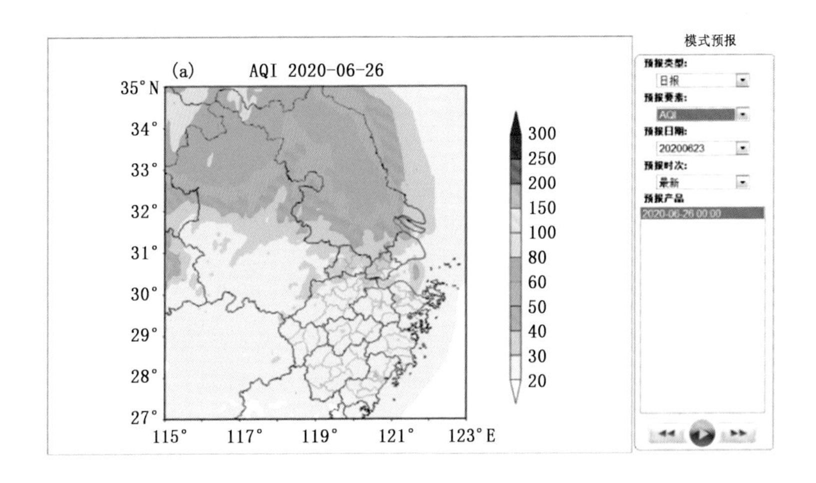

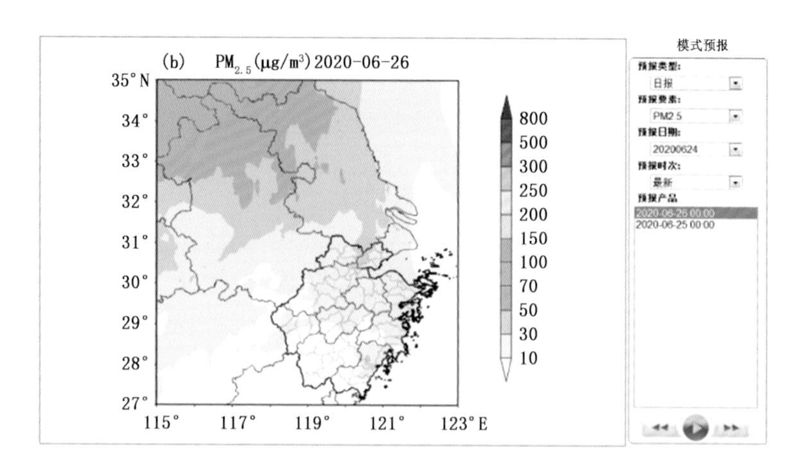

图 2.2 CUACE 模式预报产品

(a)AQI 预报产品;(b)$PM_{2.5}$ 预报产品

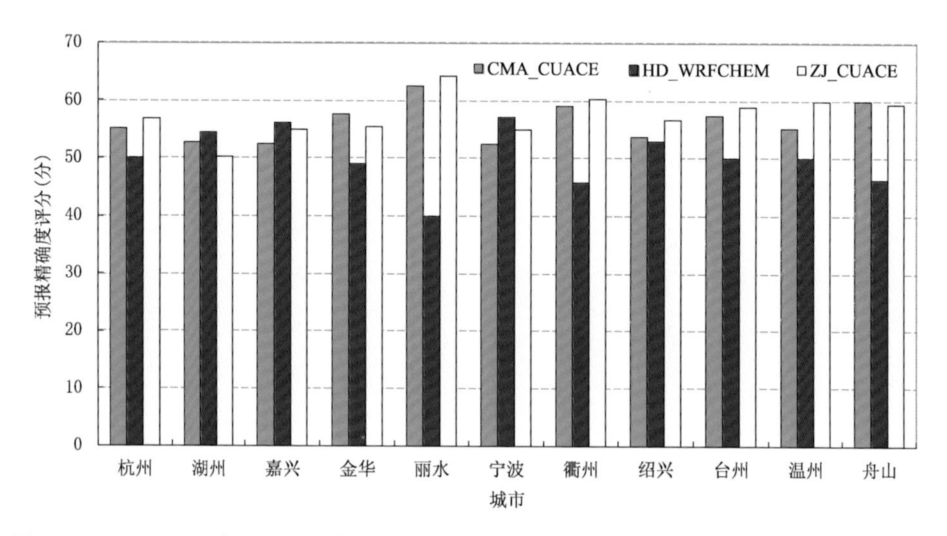

图 2.3 2016—2020 年 CUACE 模式(ZJ_CUACE)与中国气象局(CMA_CUACE)及华东区域气象中心模式(HD_WRFCHEM) 的预报检验对比

CUACE 模式预报产品的释用研究方面,在系统分析模式预报误差的基础上,利用移动平均法(式(2.1)、图 2.4),建立了 $PM_{2.5}$、PM_{10}、O_3 等预报要素的订正方法,有效提高了模式对浙江地区环境空气质量预报的准确度(图 2.5、图 2.6),为诸多重大经济社会活动的环境气象保障以及重污染天气的预测预报业务提供了重要科技支撑。

$$C_{i,\text{订正}} = C_{i,\text{预报}} + \frac{\sum_{n=i-15}^{i-1} C_{n,\text{实测}}}{15} - \frac{\sum_{n=i-15}^{i-1} C_{n,\text{预报}}}{15} \tag{2.1}$$

式中，$C_{订正}$ 为订正后质量浓度，$C_{预报}$ 为 CUACE 模式预报质量浓度，$C_{实测}$ 为实况质量浓度。

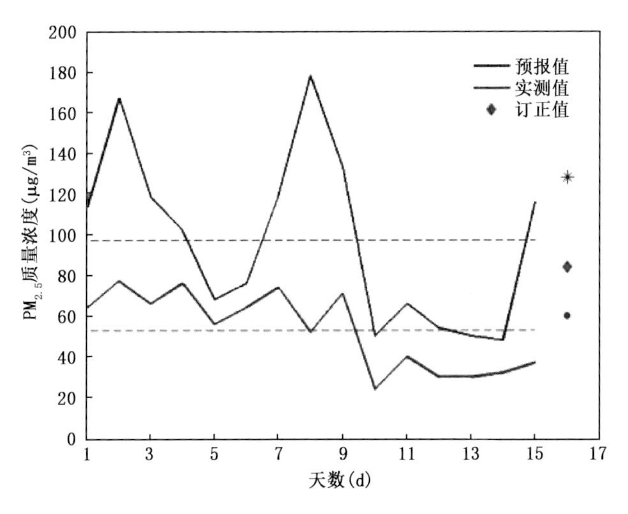

图 2.4　移动平均订正方法

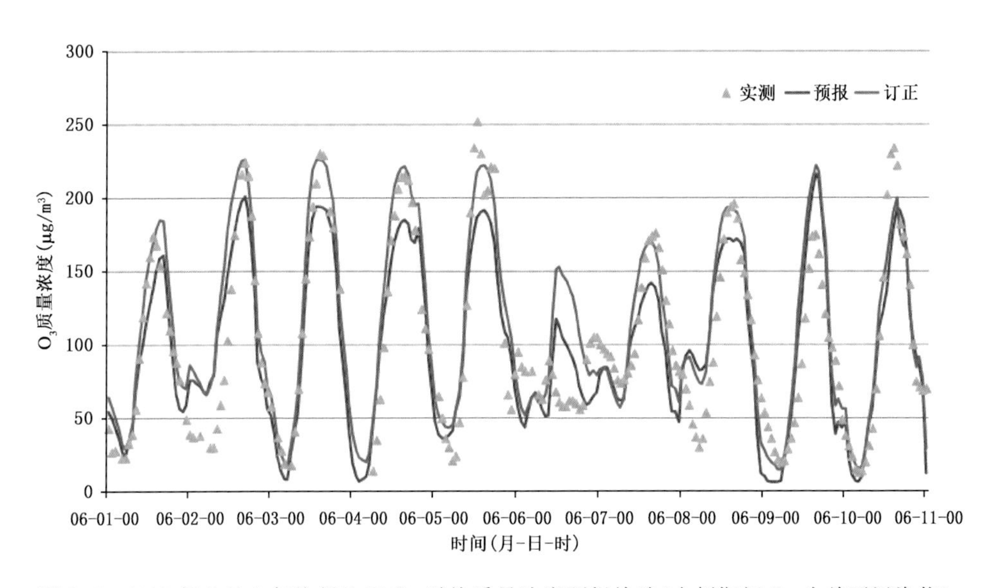

图 2.5　2019 年 6 月上旬杭州地区 O_3 时均质量浓度预报检验(个例期间 O_3 为首要污染物)

(二)发展环境气象业务

1. 建立环境气象业务流程

2013 年 12 月，浙江省气象部门建立环境气象业务流程，编制下发《浙江省污染

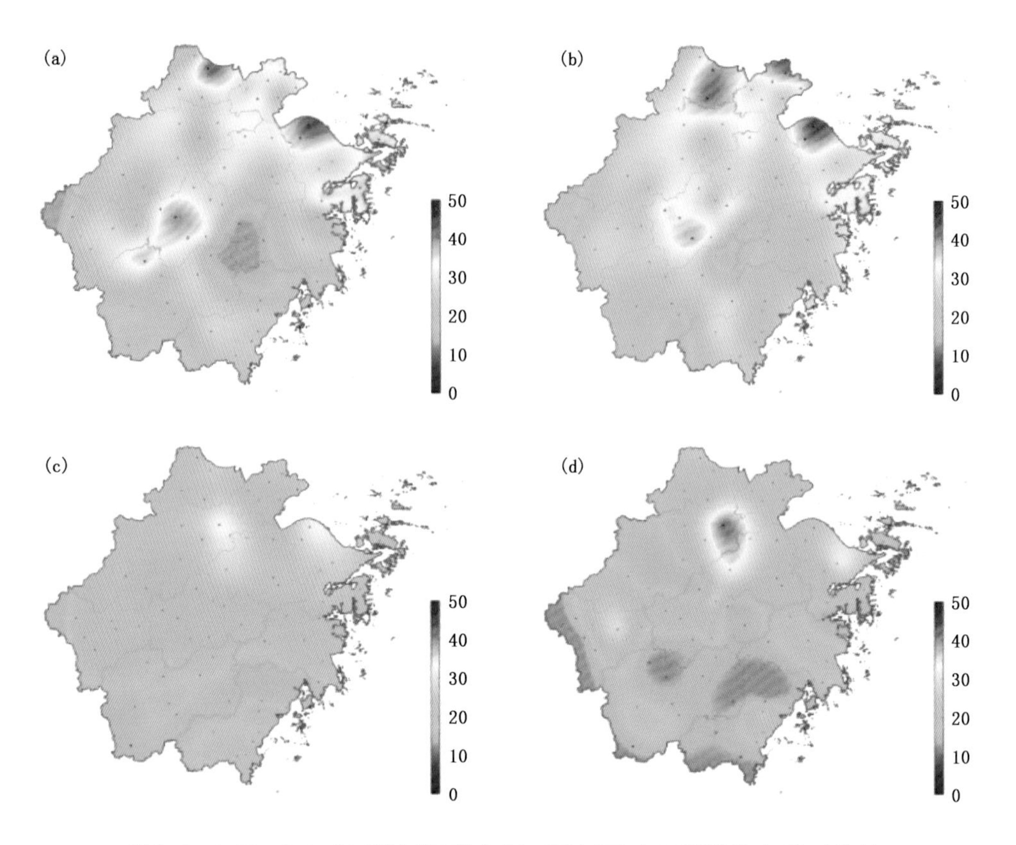

图 2.6　2017—2020 年 CUACE 模式(ZJ_CUACE)AQI 预报检验(绝对偏差)
(a)2017 年;(b)2018 年;(c)2019 年;(d)2020 年

天气分析规范》。省级负责基于国家级、华东区域中心等数值预报产品,结合天气模式输出产品的环流形势和关键物理量,制作本省空气污染气象条件和空气质量指导预报。市县级根据省级环境气象指导产品,结合本辖区大气污染监测实际情况,负责开展对指导预报的检验和订正,制作辖区城市站点预报。

环境气象会商纳入常规天气会商流程。当实况或预报可能出现影响严重的污染天气或需要调整提高发布重污染天气预警等级时,可视情况加密会商或组织专题会商。部门合作方面,浙江省气象台依据《浙江省环境空气质量及霾天气预警联合会商方案》,适时与生态环境部门开展联合会商。区域联防联控方面,每年 11 月 1 日—次年 3 月 15 日每周参加由长三角环境气象预报预警中心组织的华东区域环境气象预报会商。

2. 建立并完善环境气象预报产品体系

0～72 h 逐小时空气质量预报格点产品。2016 年,浙江省气象台综合 CUACE、WRF-Chem、CMAQ 等模式产品,构建浙江省空气质量多模式集成预报系统,发布 0～72 h 精细化格点的空气质量预报指导产品，包括 AQI(图 2.7)、$PM_{2.5}$、PM_{10}、SO_2、NO、CO、O_3 7 个要素，每日更新 2 次(08/20 时起报)，时空分辨率分别为 12 h 和 3 km(图 2.8)。

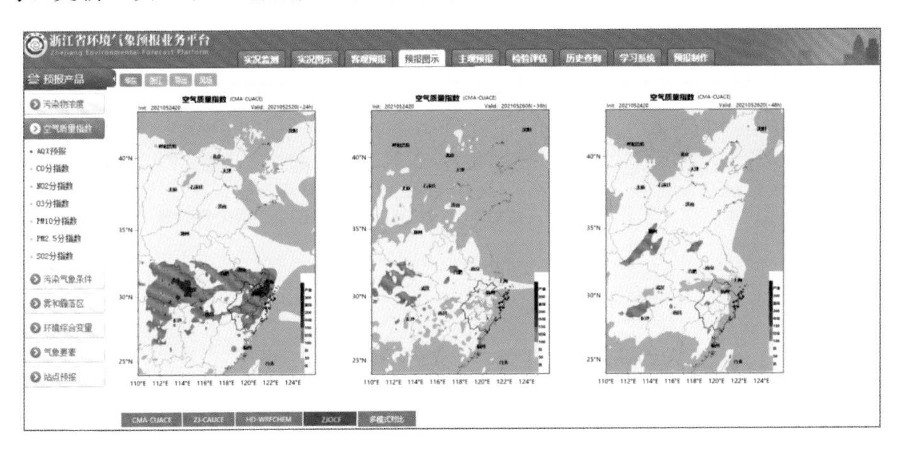

图 2.7　空气质量指数 AQI 预报产品

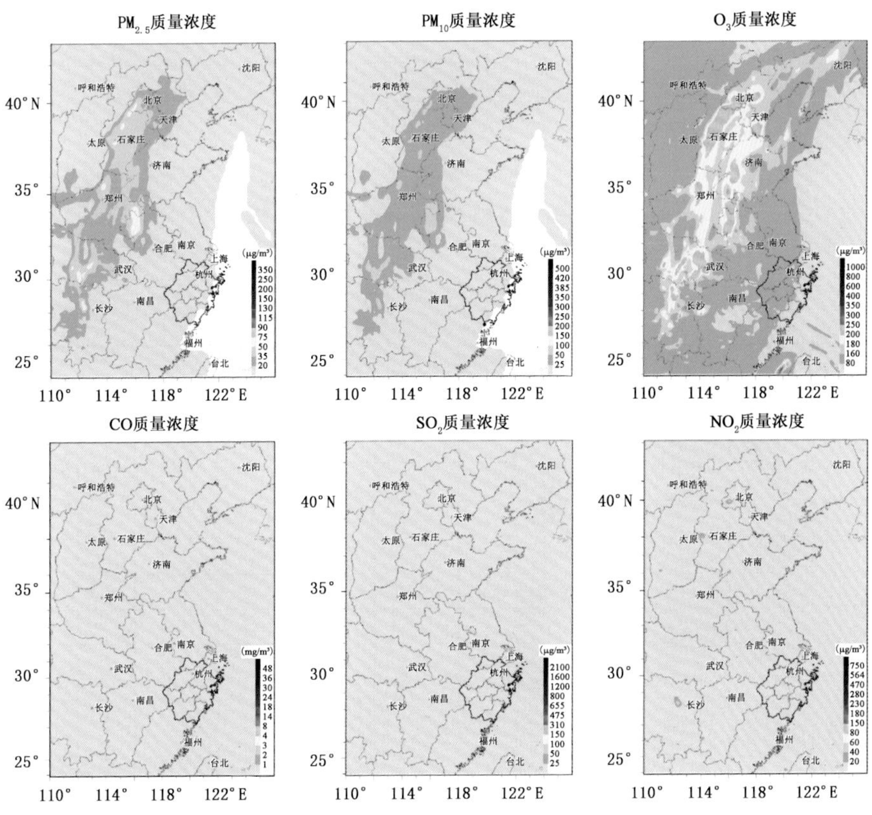

图 2.8　空气质量预报产品($PM_{2.5}$、PM_{10}、O_3、SO_2、NO_2 质量浓度单位为 $\mu g/m^3$，CO 质量浓度单位为 mg/m^3)

0～72 h逐小时空气质量预报站点产品。基于气象要素和污染物质量浓度实况的观测数据，采用自适应偏最小二乘法对WRF-Chem模式的污染物质量浓度预报产品进行客观订正，进而得到AQI的模式客观释用产品。该产品每日更新2次，08/20时起报，预报站点包括150个环保站和80个设区市(图2.9)。

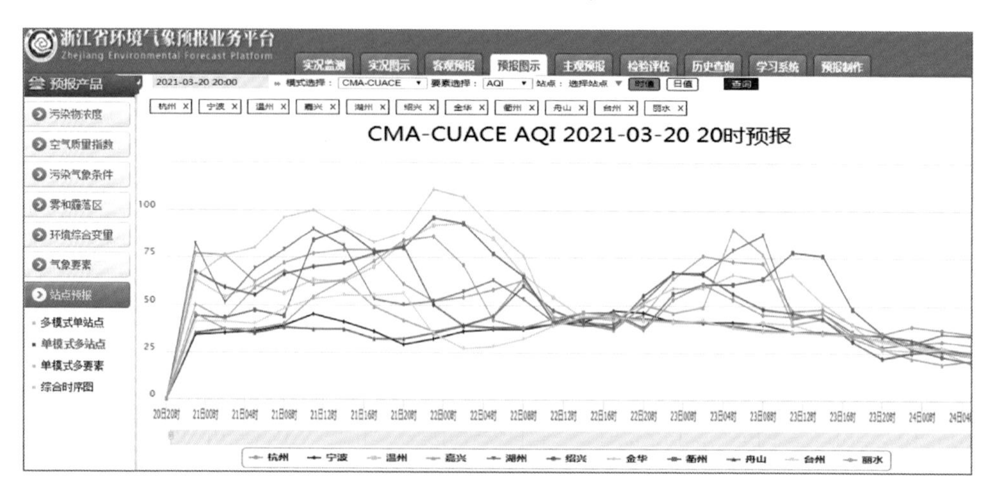

图2.9　空气质量AQI站点预报

0～10 d逐12 h间隔的空气污染气象条件预报产品。将气候学方法(天气分型法)和统计学方法相结合，研发空气污染气象条件预报产品，分为站点预报和格点预报两种(图2.10)，预报时效为0～72 h，时间间隔为12 h。预报产品每日更新两次，分别为08时和16时，根据中国气象局业务规定，预报分为六个等级。

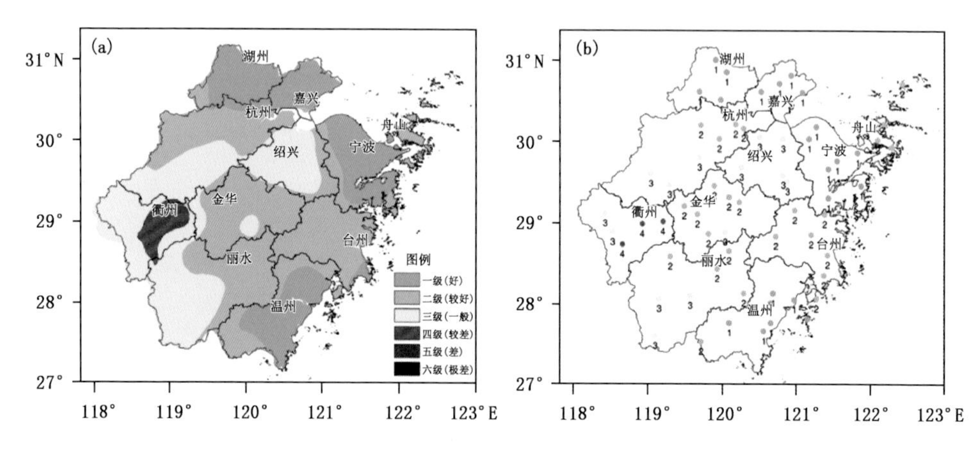

图2.10　空气污染气象条件预报产品
(a)格点预报；(b)站点预报

环境气象特征物理量预报产品。浙江省环境气象综合变量预报产品有混合层高度、通风系数、里查森数、逆温强度、大气稳定度、静稳指数六种，均为模式释用的客观预报产品(图 2.11)。6 种特征物理量预报产品的预报时效为 0～72 h，时间间隔为 3 h。预报产品每日更新两次，分别为 08 时和 20 时。

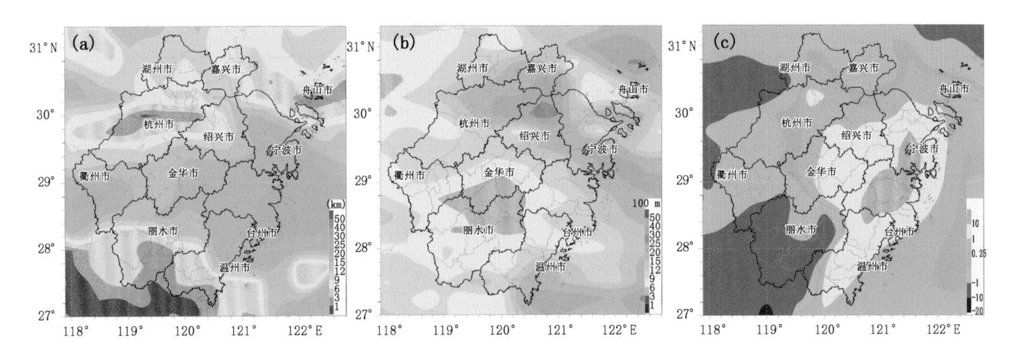

图 2.11 环境气象特征物理量预报产品

(a)通风系数；(b)混合层高度；(c)里查森数

3. 建立空气污染气象条件预报业务考核规范

2015 年，建立省级空气污染气象条件等级预报的效果评估和检验评分等业务管理考核规范，定期开展空气污染气象条件预报效果评估和检验工作。空气污染气象条件效果评估包括模式输出产品性能、客观产品的质量和运行稳定状况等。空气污染气象条件预报检验方法是按照气象实况要素计算分县空气污染气象条件等级实算值，并与分县预报等级对比检验。

4. 建立浙江省空气质量预报检验系统

2016 年，浙江省气象台建立了空气质量预报预测业务质量评价系统，实现了环境气象预报产品实时检验功能，研发了多模式数值预报产品检验产品，实现了对各类主客观预报产品进行精细化、定量化的业务质量评估功能。检验结果为省市县三级气象台站的预报业务直接提供分析依据，为浙江省环境气象预报质量稳步提升发挥了积极作用。同时，业务管理部门利用该平台，强化对全省环境气象预报质量的客观化考核、通报工作，完善环境气象预报业务质量评价机制。

(三)建立部门联动机制

2013 年 5 月，省气象局与省环保厅签订了大气环境质量监测预警预报服务工作合作协议，开展全方位合作，推进大气环境监测资料共享，建立联合会商预报预警服务和应急响应机制，开展大气环境科学研究和学术交流。省气象局制定《浙江省环境空气质量和霾会商预警方案》，会商分为常规会商和重大活动保障会商，采用电话、视频及现场的方式。常规会商一般在秋冬季颗粒物污染和夏季臭氧污染时期，重大活动举行期间气象与环保部门联合成立空气质量保障工作小组，省台派技术专家驻点在环保部门进行日常会商，做好会期服务保障。

第二节　大气污染防治效果气象条件影响评估

进入21世纪以来，在城镇化及经济发展现代化进程双重驱动下，我国的大气环境问题开始凸显，大范围高影响的空气污染事件开始出现。2013年1月、12月初，我国中东部地区出现了大范围的持续性空气污染过程，其中12月初浙江省发生了有史以来最为严重的一次雾霾事件，12月7日杭州、湖州、宁波、绍兴、金华、衢州6个地市达到严重污染级别。

为遏制大气污染发展势头，加快向高质量发展转型，2013年9月，国务院出台了《大气污染防治行动计划》，即“大气十条”，其中要求长三角地区2017年$PM_{2.5}$年均质量浓度相比2013年下降20%。在科学分析局地空气污染问题时，通常需要发展定量化技术以评价$PM_{2.5}$跨界输送对霾天气形成与发展的贡献率。

（一）长三角重点源减排对$PM_{2.5}$削减效果评估

浙江省气象科学研究所依据浙江省环境保护科学设计研究院提供的长三角地区大气污染物排放清单（图2.12）与重点源减排情景（表2.1），利用天气—化学预报模式WRF-Chem，以$PM_{2.5}$污染最为严重的2013年为基准年，评估长三角地区重点源减排对浙江省$PM_{2.5}$质量浓度的削减效果（于燕 等，2019）。一般减排情景下，浙江省SO_2、NO_x、$PM_{2.5}$和NMVOC排放量分别削减352.5 kt、315.0 kt、64.7 kt和193.4 kt，削减比例分别为39.7%、25.5%、30.7%和14.9%；强化减排情景下，浙江省SO_2、NO_x、$PM_{2.5}$和NMVOC排放量分别削减491.7 kt、498.5 kt、75.0 kt和382.8 kt，削减力度分别增强至55.3%、40.3%、35.6%和29.6%。

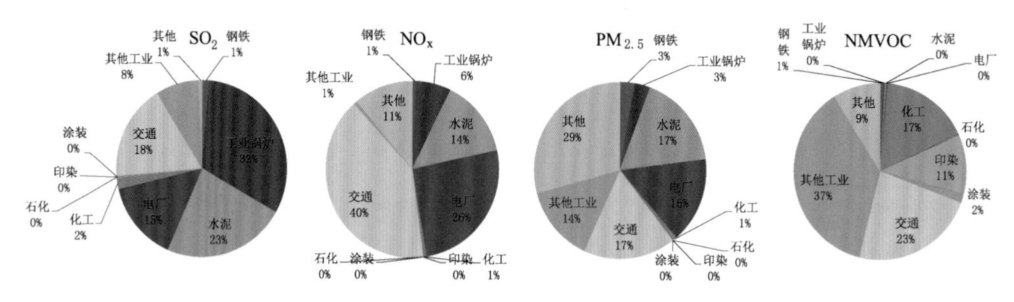

图2.12　2014年浙江省SO_2、NO_x、$PM_{2.5}$和NMVOC各行业排放分担率

表 2.1　长三角地区减排情景设置

减排行业 （重点源）		减排措施 （产业、能源、交通结构调整）		减排目标	
				一般减排情景	强化减排情景
八大重点行业	工业锅炉	燃煤小锅炉淘汰改造 “煤改电”“煤改气” 集中供热建设	废气清洁排放技术改造提升	达到国家或地方标准制定的强制排放限值	达到国家或地方标准制定的特别排放限值
	电力	燃煤电厂超低排放改造			
	钢铁、水泥	脱硫脱硝、除尘改造			
	化工、石化、印染、喷涂	VOCs 污染治理			
交通	机动车	黄标车、老旧车淘汰 清洁能源汽车增加 汽（柴）油机动车排放标准提升		提升汽（柴）油机动车至国Ⅴ标准	提升汽（柴）油机动车至国Ⅵ标准
	船舶	船舶发动机排气污染物排放限值 提高低硫电和岸电使用		提高船舶发动机排气污染物排放至第一阶段限值	提高船舶发动机排气污染物排放至第二阶段限值

WRF-Chem 的模拟结果显示，两组减排情景下浙江省 45 个国控点 $PM_{2.5}$ 年均质量浓度分别下降 1.7～7.4 μg/m³ 和 2.1～9.1 μg/m³，降幅分别为 5.8%～17.0%和 7.7%～21.1%（图 2.13）。季节特征表现为冬季降幅最小，夏季降幅最大，表明减排在夏季最有效，冬季效果最差。值得注意的是，$PM_{2.5}$ 削减效果明显弱于大气污染物的减排幅度，一方面由于重点源考虑的是固定点源和移动线源，尽管削减力度较大，但空间分布不均；另一方面由于减排导致大气氧化性增强，有利于二次 $PM_{2.5}$ 的生成，阻碍了 $PM_{2.5}$ 质量浓度的降低。以上两方面因素最终导致 $PM_{2.5}$ 削减效果不显著。因此建议浙江省考虑重点源以外的其他源共同削减，并且制定大气污染物协同

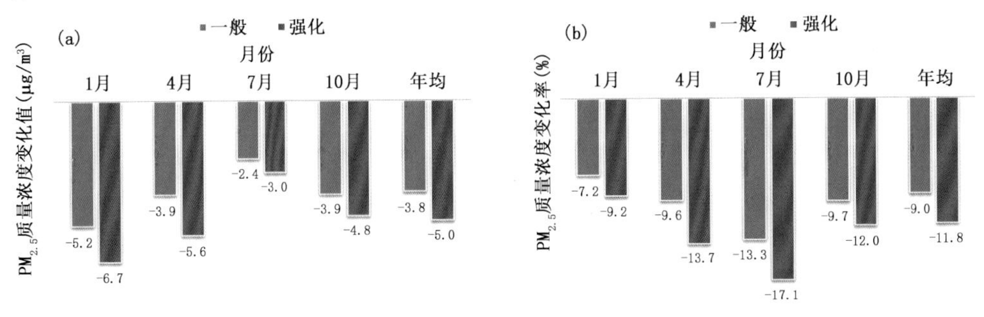

图 2.13　两组减排情景下浙江省平均 $PM_{2.5}$ 质量浓度变化值（a）和变化率（b）

减排方案，降低减排对大气氧化性的影响，才能达到 $PM_{2.5}$ 质量浓度显著下降的效果。此外，由于冬季是 $PM_{2.5}$ 污染最严重的季节，因此应在冬季实施更加全面、更大力度的减排措施。

（二）高污染个例中 $PM_{2.5}$ 输送定量分析

浙江省气象科学研究所在 WRF-Chem 模式分析基础上（于燕 等，2016a，2016b，2017），改进已有的源于受体模型的基于 $PM_{2.5}$ 质量守恒公式的跨界输送计算方法，增加了干、湿沉降项 M_{Dep}，完善了细颗粒物（$PM_{2.5}$）跨界输送贡献率的数值计算方法（Jiang et al.，2015；Yu et al.，2021）。该方法可量化分析气流输送对 $PM_{2.5}$ 质量浓度抬升的影响，当源于外界的气态前体物生成的二次 $PM_{2.5}$ 和源于本地的 $PM_{2.5}$ 输出相对较小时，计算得到的 $PM_{2.5}$ 跨界输送的贡献就近似为外来源贡献。

$$\boldsymbol{F}(t)=\int_{s=1}^{N}\int_{z=0}^{H}C(s,z,t)\cdot\boldsymbol{U}(s,z,t)\cdot\Delta x\mathrm{d}z\mathrm{d}s \tag{2.2}$$

$$\Delta M=M_{\mathrm{Trans}}+M_{\mathrm{Emis}}+M_{\mathrm{Chem}}+M_{\mathrm{Dep}} \tag{2.3}$$

$$CR_T=\frac{M_{\mathrm{Trans}}}{M_{\mathrm{Trans}}+M_{\mathrm{Emis}}+M_{\mathrm{Chem}}}\times 100 \tag{2.4}$$

公式（2.2）中，$\boldsymbol{F}$ 是 $PM_{2.5}$ 跨界输送通量，C 是 $PM_{2.5}$ 浓度，$\boldsymbol{U}$ 是水平风场，Δx 为模式分辨率，z 为高度，s 为区域边界；公式（2.3）与（2.4）中，ΔM 是区域内 $PM_{2.5}$ 总量变化量，M_{Trans} 是 $PM_{2.5}$ 跨界输送量，M_{Emis} 是区域内 $PM_{2.5}$ 一次排放量，M_{Chem} 是 $PM_{2.5}$ 二次转化，M_{Dep} 是干、湿沉降量，CR_T 是 $PM_{2.5}$ 跨界输送贡献率。

针对 2013 年 12 月初的高影响污染事件，首先从气象条件开展分析。11 月 28 日—12 月 10 日 08 时 NECP－FNL 全球再分析资料的 500 hPa 位势高度场和 850 hPa 风场显示（图 2.14），11 月 28 日较强的东亚大槽位于中国东部地区，向浙江输送北方的干冷空气。随着东亚大槽逐渐减弱并向西北方向移动，浙江地区的等压线越来越稀疏，使得 11 月 28 日—12 月 1 日的西北风减弱。随后，12 月 4—7 日浙江省大部分地区都处于这一弱气压梯度区，表明这一严重污染时段空气基本处于停滞状态，不利于浙江地区污染物的水平扩散。这一时段，中纬度槽仍然较弱使得西北风只能到达浙江的北边，不能到达南部地区，从而有利于污染物输送至浙江并累积。850 hPa 风场显示 12 月 5—7 日浙江省被弱高压控制，不利于污染物的垂直扩散，来自东海的暖湿气流促进了霾污染天气的形成和发展。最后，12 月 9—10 日，中纬度槽加深，西北风增强，有利于污染物的水平扩散，一定程度上缓解了浙江省空气污染状况。

基于本地化的 WRF-Chem 天气-化学耦合模式结果显示在无污染的 11 月 28—30 日和轻度污染的 12 月 9—10 日两个时段，强北风和西北风出现频率最高，平均风速分别为 3.3 m/s 和 4.2 m/s（图 2.15），这非常有利于污染物从浙江输出。在雾霾形成的时段 12 月 1—6 日，风向的频繁变化和较低的风速共同抑制了污染物的扩散。

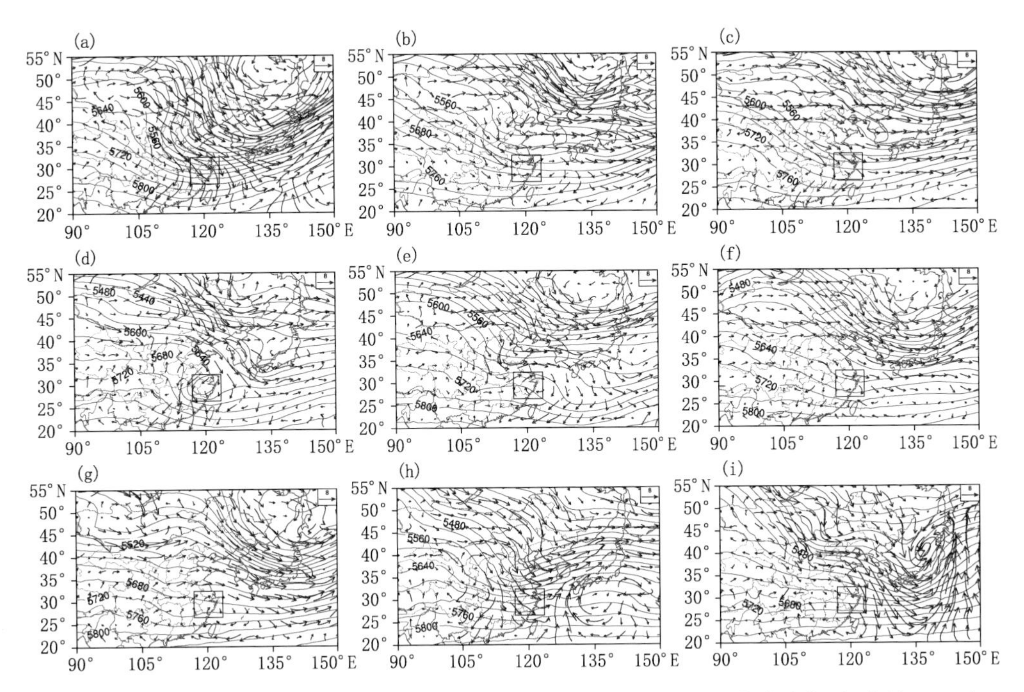

图 2.14　2013 年 11 月 28 日—12 月 10 日 08 时东亚地区 500 hPa 位势高度场(红色线)(m)和 850 hPa 风场(蓝色箭头)(m/s)

(a)11 月 28 日;(b)11 月 30 日;(c)12 月 1 日;(d)12 月 4 日;(e)12 月 5 日;(f)12 月 6 日;(g)12 月 7 日;(h)12 月 9 日;(i)12 月 10 日

湿润的弱东风/东南风有助于细颗粒物的吸湿增长以及二次 $PM_{2.5}$ 的形成,从而使得污染加重,近地面 $PM_{2.5}$ 质量浓度在 7 日达到峰值。另一方面,来自海上的洁净空气一定程度上能够缓解浙江省的 $PM_{2.5}$ 污染状况,使得 $PM_{2.5}$ 质量浓度在 8 日有所下降。

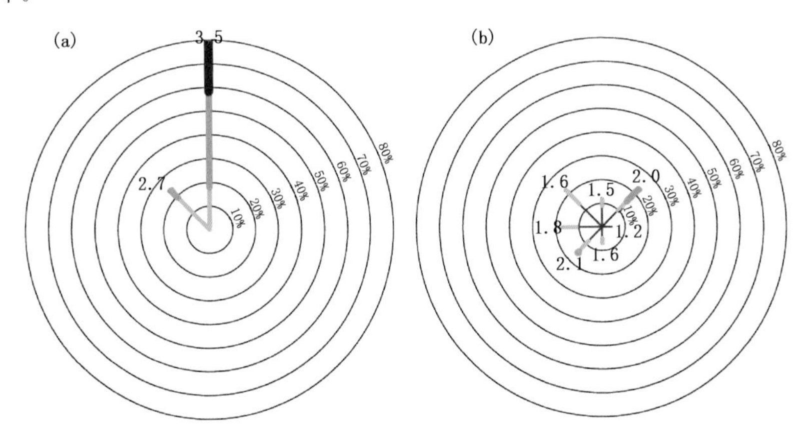

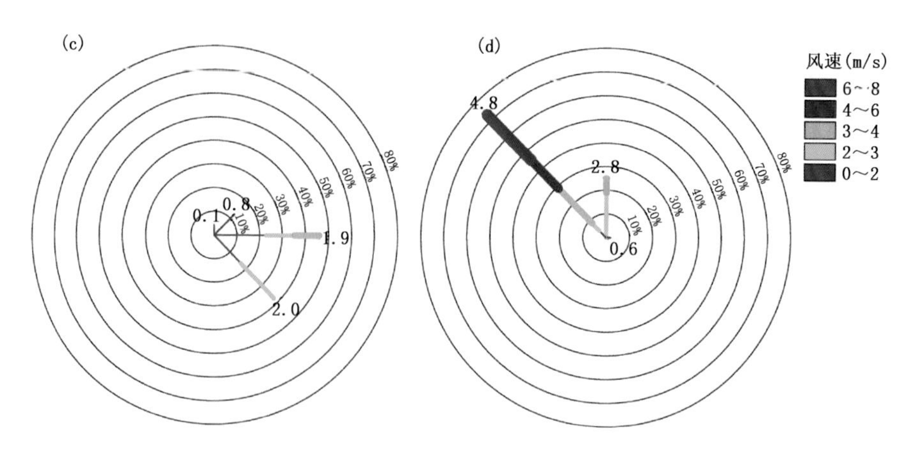

图 2.15　浙江省平均近地面风速(m/s)的风玫瑰图

(a)11 月 28—30 日;(b)12 月 1—6 日;(c)12 月 7—8 日;(d)12 月 9—10 日

2013 年 12 月 4—7 日 $PM_{2.5}$ 近地面质量浓度与累积跨界输送量变化趋势基本一致,滞后 7 h 相关系数最大(0.88),同时近地面质量浓度与边界层高度呈反相关关系,相关系数为−0.39(图 2.16),表明静稳天气条件下的 $PM_{2.5}$ 跨界输送对近地面高

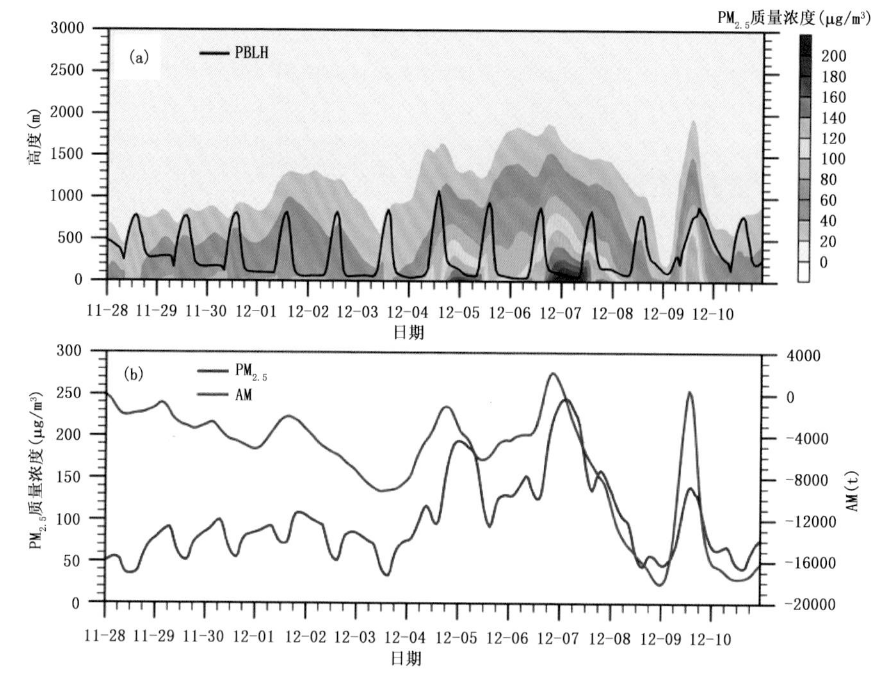

图 2.16　浙江省平均 $PM_{2.5}$ 质量浓度时间-高度剖面及边界层高度变化(a)及近地面质量浓度($PM_{2.5}$)和累积跨界输送量(AM)的时间序列(b)

浓度的形成有重要影响。$PM_{2.5}$跨界输送通量的空间特征显示，影响浙江的外来污染物主要通过自北向南的气流输送。

在近地面$PM_{2.5}$质量浓度达到最大值(12月7日)以前，12月4日和6日有很强的净输入，尤其是在边界层高度以内，污染物主要来自北和西北方向。而当质量浓度达到最大值时，浙江省总体呈现净输出的状态，净输出主要从北边输出，但边界层高度以下净通量几乎为0(图2.17)，即污染物仍然累积在浙江省内。

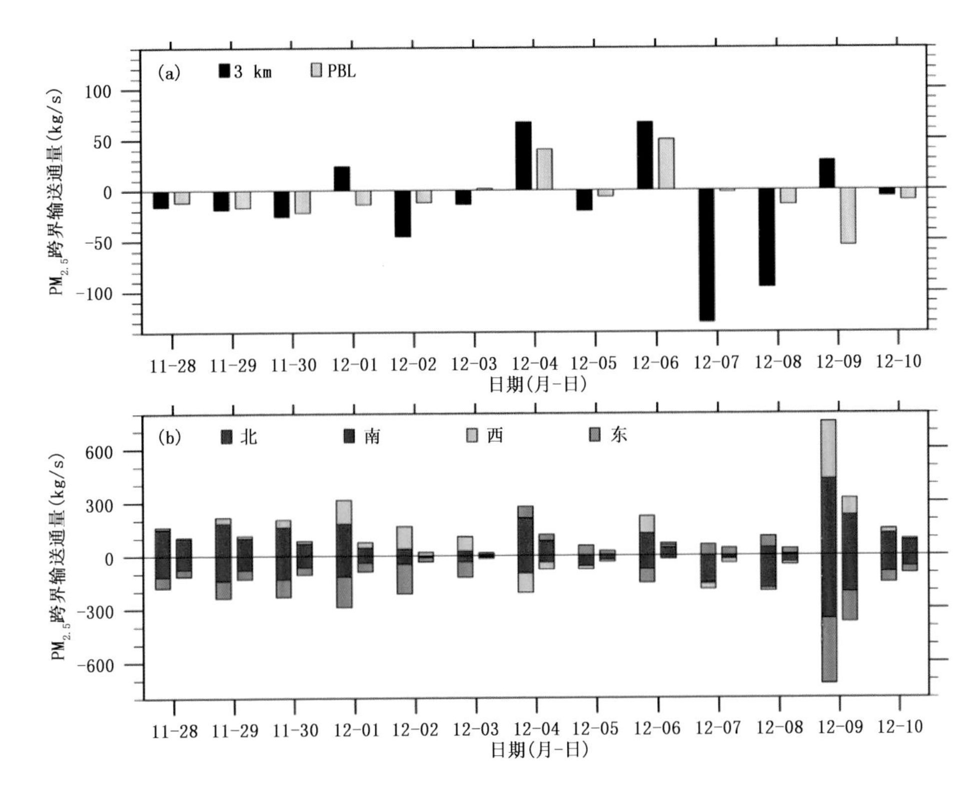

图2.17 浙江省3 km高度以下和边界层以下逐日$PM_{2.5}$跨界输送通量(纵坐标)(a)及东、南、西、北四个方向分量(b)

在霾形成过程中(12月3—6日)，浙江省$PM_{2.5}$总量增加了17111.6 t，跨界输送量为10945.6 t，跨界输送的贡献率为62%，浙江省本地一次$PM_{2.5}$排放和二次转化的$PM_{2.5}$贡献率分别为15%和23%，表明$PM_{2.5}$的输送影响对浙江省这次严重雾霾事件的形成贡献最大。另外，12月9日下午也出现了一次$PM_{2.5}$近地面质量浓度激增的过程，但时间上明显较短，$PM_{2.5}$总量从01时的最低值升至14时的峰值对应于更强的跨界输送通量。这一时段$PM_{2.5}$的跨界输送贡献率高达93%(图2.18、表2.2)。

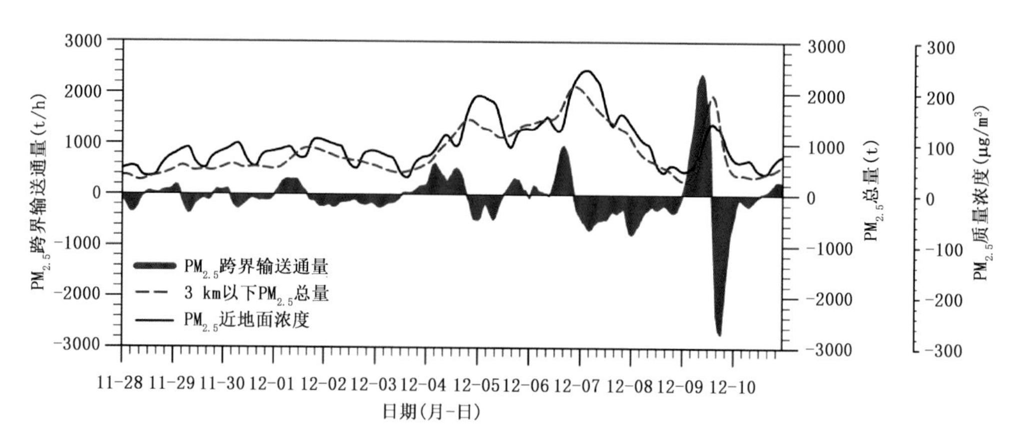

图 2.18 浙江省近地面 $PM_{2.5}$ 质量浓度、3 km 以下 $PM_{2.5}$ 总量以及 $PM_{2.5}$ 跨界输送通量时间序列

表 2.2 $PM_{2.5}$ 跨界输送贡献计算方法中各要素与贡献值

要素	物理意义	$PM_{2.5}$ 质量浓度第一次抬升（12 月 3 日 11 时—6 日 21 时）	$PM_{2.5}$ 质量浓度第二次抬升（12 月 9 日 01—14 时）
ΔM	3 km 高度内 $PM_{2.5}$ 总量变化(t)	17111.6	16899.4
M_{Trans}	$PM_{2.5}$ 跨界输送(t)	10945.6	17992.7
M_{Dep}	干湿沉降(t)	−473.6	−2349.4
M_{Emis}	本地排放(t)	2697.8	427.7
M_{Chem}	本地二次转化(t)	3941.8	828.4
CR_T	跨界输送贡献率(%)	62	93

(三)环境气象指数浙江本地化释用

中国气象局于 2019 年 8 月 1 日起实施《$PM_{2.5}$ 气象条件评估指数(EMI)》气象行业标准，并由应急减灾与公共服务司于同年 9 月印发了《气象条件对大气污染防治效果影响评估服务规范(暂行)》。浙江省气象科学研究所依此规范开展了 EMI 的本地化应用与评估工作。

EMI 定义为气象条件变化所导致的细颗粒物($PM_{2.5}$)质量浓度变化的指标，在实际业务应用中使用示踪方式计算 EMI。通常设定 EMI 为地面—1500 m 高度气柱内示踪物平均浓度与参考值浓度的比值(无量纲)，EMI 越大，表明气象条件越差，越不利于 $PM_{2.5}$ 的稀释与扩散。

$$\mathrm{EMI} = C/C_0 \tag{2.5}$$

式中，C 为气柱(地面—1500 m 高空)内示踪物平均浓度；C_0 是根据环境空气质量指数技术规定(HJ633—2012)中 $PM_{2.5}$ 质量浓度优先等级的上限值(35 μg/m³)。

图 2.19 给出了 2013—2020 年 EMI 年距平场的空间分布。2013 年、2016—2018 年、2020 年浙江省范围 EMI 平均值基本为负距平，尤其是 2020 年更为明显，表明相比于多年平均，这 5 年的气象条件对当年 $PM_{2.5}$ 质量浓度的下降有正贡献。2014 年、2015 年、2019 年浙江省范围 EMI 大体上均为正距平，表明相比于多年平均，这 3 年的气象条件对当年 $PM_{2.5}$ 质量浓度的下降有负贡献，即气象条件有利于 $PM_{2.5}$ 质量浓度的升高。

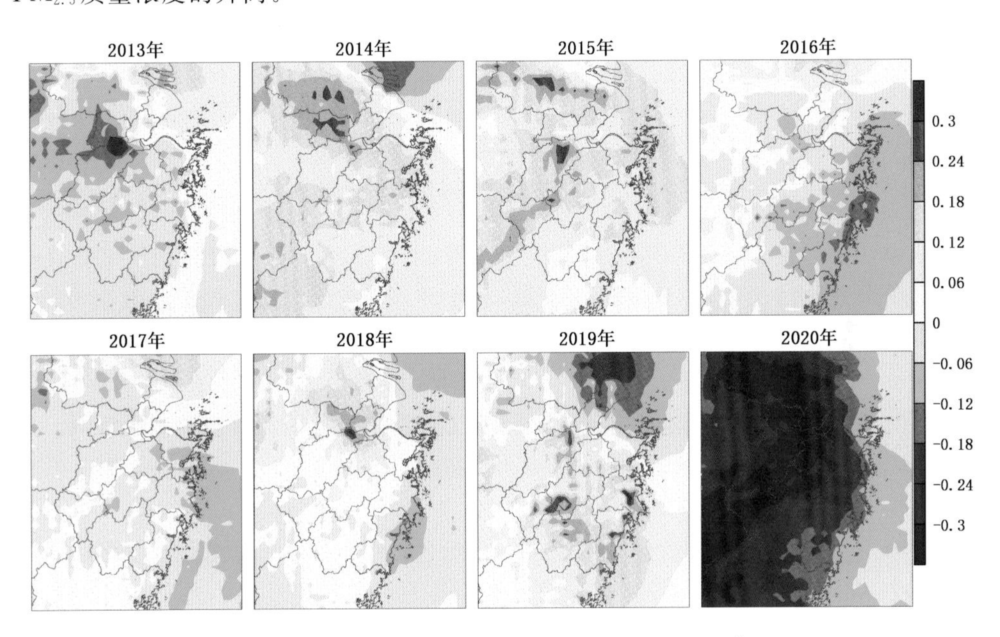

图 2.19 2013—2020 年 EMI 年距平场空间分布

为了从时空上更加清晰地识别浙江省范围气象条件的影响特征，将 15 km×15 km 水平分辨率的 EMI 距平场提取出浙江省范围数据，由于 EMI 表征的是气象条件对细颗粒物质量浓度的影响，因此 EMI 距平代表了气象条件的影响异常状态。图 2.20 给出了 EMI 距平场的 EOF 时空分解的第一模态。主模态解释方差为 85%，表明 EMI 距平场主要以第一模态的形式出现，距平场的时空分布特征稳定。相比于逐年距平可以看出，主模态与 2020 年异常分布十分一致。浙江省 EMI 异常呈现全省一致性，其中异常的低值区主要位于湖州、嘉兴、杭州主城区以及金衢盆地，表明这些地区 $PM_{2.5}$ 质量浓度变化与气象条件的变化息息相关，属于气象条件高敏感区。而沿海的舟山、台州、温州以及丽水南部一带的异常主模态更加接近于零，尤其是舟山。沿海地区相比内陆地区边界层高度在污染容易发生的秋冬季比春夏季更高，相比于内陆地区 $PM_{2.5}$ 受气象条件影响敏感性相对较低，主要是输送的影响以及二次转化。EOF 的时间序列显示出一定的年际振荡现象，对于 EOF 来说，仅 8 年数据，时间相对偏短,时间变率特征无法显现。

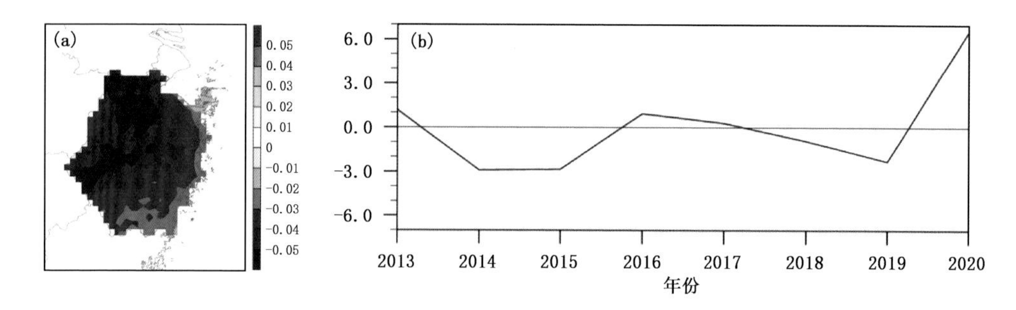

图 2.20 EMI 年距平的 EOF 分解

(a)空间分布特征;(b)时间变化趋势

从浙江省逐月 EMI 与 $PM_{2.5}$时间演变来看(图 2.21),EMI 与 $PM_{2.5}$浓度均具有明显的季节变化特征,即春夏季量值较低,秋冬季量值较高,二者相关系数为 0.66,但二者又有明显差异。$PM_{2.5}$质量浓度水平呈现逐年降低的趋势,而 EMI 仅有季节变化特征,年际趋势不显著。2013—2020 年 EMI 最高值分别出现在 2013 年 12 月(4.1)和 2019 年 1 月(4.2),表明这两个月的气象条件均不利于细颗粒物的扩散。然而 2013 年 12 月,浙江省平均 $PM_{2.5}$近地面质量浓度高达 120 $\mu g/m^3$,2019 年 1 月浙江省平均 $PM_{2.5}$质量浓度仅为 47 $\mu g/m^3$,远低于 2013 年 12 月质量浓度水平,这表明浙江省大气污染物的减排措施成效显著。至 2020 年,EMI 月指数较低,最大仅为 3.2,$PM_{2.5}$月质量浓度值也是自 2013 年以来的最低值。

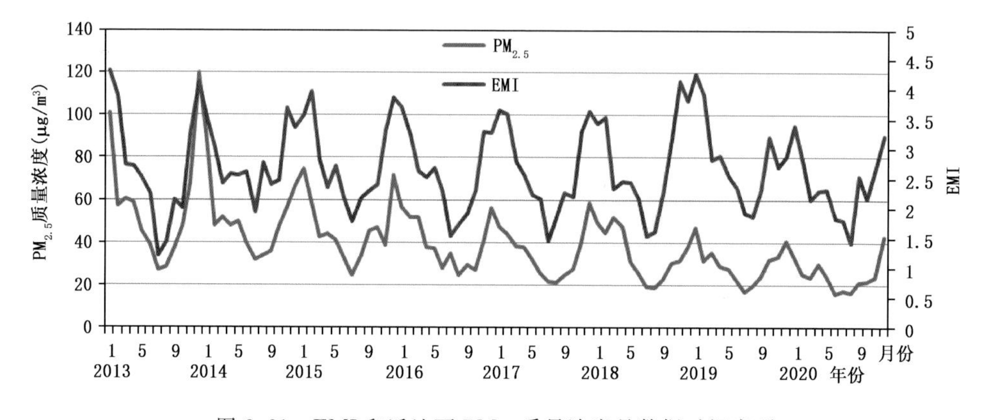

图 2.21 EMI 和近地面 $PM_{2.5}$质量浓度月数据时间序列

图 2.22 为 2014—2020 年秋冬季和年均气象条件变率与 2013 年的对比。对比浙江省年均和秋冬季 EMI 变率可以看出,2014 年、2015 年、2018 年、2019 年不利气

象条件对 $PM_{2.5}$ 质量浓度的下降是负贡献，而 2016 年、2017 年和 2020 年刚好相反，气象条件转好，有利于浓度的降低。值得注意的是，2014—2018 年秋冬季气象条件变率均为正，即秋冬季气象条件转差，但 2014—2017 秋冬季 EMI 变率呈逐年下降趋势，表明在大气污染防治过程中，2014—2017 年秋冬季气象条件也在逐年转好，2017 年相比 2013 年秋冬季气象条件影响甚小。而 2018 年秋冬季不利气象条件使得 $PM_{2.5}$ 质量浓度升高超过 20%。2019 年，全年平均 EMI 变率为正，而秋冬季变率为负，表明 2019 年秋冬季气象条件使得 $PM_{2.5}$ 质量浓度下降，而春夏季气象条件使 $PM_{2.5}$ 质量浓度升高。2020 年，秋冬季 EMI 变率与全年 EMI 变率基本一致，表明这一年有利气象条件尤其是秋冬季使 $PM_{2.5}$ 质量浓度降低。

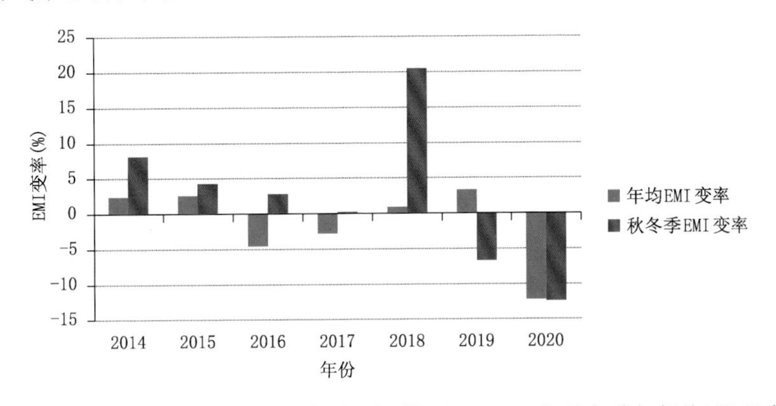

图 2.22　2014—2020 年秋冬季与年均(分别相比于 2013 年秋冬季与年均)EMI 变率

第三节　太湖蓝藻监测气象服务

(一)太湖蓝藻遥感监测

蓝藻水华是多年来困扰太湖水环境的热点问题。自 2007 年 5 月底太湖蓝藻水华暴发引发无锡自来水污染事件以来，社会各界高度重视，浙江省气象局密切关注蓝藻动向，加强太湖蓝藻的卫星遥感监测。

蓝藻水华水体在近红外波段具有明显的植物特征“陡坡效应”，是卫星遥感监测蓝藻水华的主要依据(张娇 等，2016)。在长期的遥感监测中，浙江省气象局不断丰富遥感数据源，综合利用 MODIS、FY-3 等极轨卫星资料开展太湖蓝藻的日常监测，综合分析评价太湖蓝藻的时空分布特征及变化规律。由于蓝藻水华发生发展变化非常快，每天一次的观测在时效性与动态跟踪等方面都不能很好地满足实时动态监测的需求。因此，近年来浙江省气象局加强了葵花 8 号(逐 10 min)及高分卫星(GF，16 m 分辨率)的业务应用,并在浙江省卫星遥感监测系统中增加太湖蓝藻监测模块,提高监测的时空精度,满足太湖蓝藻监测预警的需要(王萌 等, 2017)。随着太湖蓝藻监测模型不断完善与时空分辨率不断提高,太湖蓝藻的气象服务更具针对性。

利用卫星遥感对太湖蓝藻十多年的连续监测发现,蓝藻水华面积波动较大,影响机制复杂(李瑶 等, 2016)。在春季,随温度上升和光辐射加强,底泥表面蓝藻开始复苏,在 4 月底 5 月初有一小高峰。太湖蓝藻的生物量峰值一般出现在每年的 6—9 月,此时太湖营养盐浓度、光照与温度合适,快速生长,生物量增加,在合适水文与气象条件下,蓝藻处于快速生长与漂移期,藻类漂移聚集形成水华。11 月水温下降,蓝藻开始下沉,进入休眠期,但 11 月冷空气过后往往会出现蓝藻的另一个小高峰。随着全球气候的变暖,太湖蓝藻生长季节初始时间提前,促进了春季蓝藻水华更早的形成和更频繁的发生(张民 等, 2019;杭鑫 等, 2019a, 2019b)。此外,监测发现近年来蓝藻水华全年皆可见,即使是冬季仍能通过卫星遥感影像发现有少量的蓝藻水华,表明太湖流域蓝藻水华降解过程的缓慢。

通过有关部门近年来对太湖流域的综合治理,太湖湖体富营养化程度明显减轻,太湖蓝藻遥感监测显示,太湖蓝藻无论是规模还是强度都有减弱的趋势,但是个别年份的大面积聚集不容忽视。

从太湖蓝藻的空间分布特征来看,蓝藻聚集的区域多集中于太湖北部及西部沿岸,特别是以湖心北区、梅梁湖、竺山湖以及太湖西北部靠宜兴沿岸等区域较多。但近两年太湖南部水域靠湖州、长兴沿岸亦出现明显的蓝藻聚集现象,特别是 2019 年 8 月底至 9 月上旬,湖州、长兴内河蓝藻较严重。其中 9 月 16 日哨兵 2(10 m 分辨率)的卫星影像上监测到湖州、长兴沿岸有明显的蓝藻信息(图 2.23)。

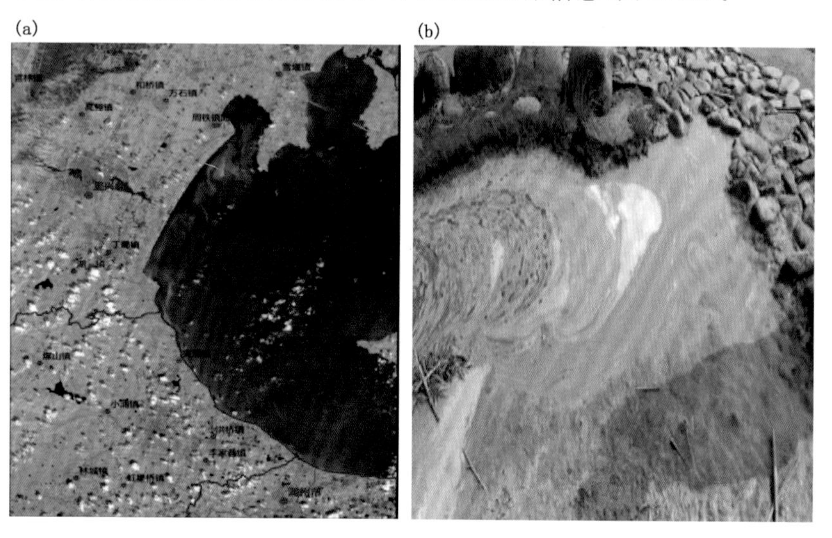

图 2.23　2019 年 9 月 16 日太湖西部蓝藻遥感监测图(10 m 分辨率)(a)和实况照片(b)

2020年5月卫星遥感监测的太湖蓝藻面积较大，共监测到4次蓝藻面积超过800 km^2，其中5月31日遥感监测到太湖蓝藻的最大面积为1168.81 km^2。从空间分布来看，多分布于太湖北部、西部和宜兴、长兴、湖州沿岸。图2.24分别为2020年5月11日和24日太湖蓝藻遥感监测图。

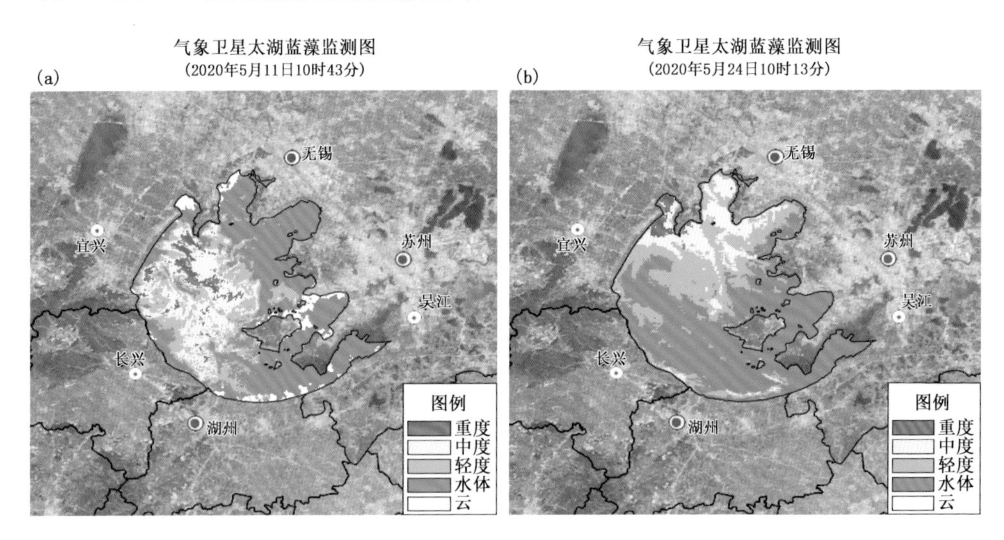

图2.24　2020年5月11日(a)和24日(b)太湖蓝藻遥感监测图

(二)太湖蓝藻监测预警服务

浙江省气象局作为浙江省太湖流域水环境综合治理领导小组成员单位，主要负责太湖流域特别是南太湖区域的气候气象分析、气温水温监测预报工作，定期提供太湖及周边水域的卫星遥感图像，在特定情况下组织人工增雨作业等工作。

近15年来，浙江省气象局不断加强构建太湖流域气象综合探测网，实现对流域气象条件、蓝藻生长发育情况等的动态监测，强化太湖蓝藻监测预警气象服务，体现太湖蓝藻监测预警科技支撑。截至2019年，浙江省气象部门在湖州市共布设有170个自动气象站(图2.25)，实现了风、温、压、湿、降水等气象资料的实时观测，其中湖州地区设有包括太湖中小岛—小雷山在内的近50多个自动气象站，并设有太湖通量梯度观测平台和首个自动化水温监测仪，装备S波段新一代多普勒天气雷达1部、边界层风廓线雷达1部、X波段局地警戒雷达3部，列装5套人工增雨火箭系统、1套增雨烟炉和4套增雨燃气炮，通过增加降水量稀释蓝藻，改善和修复生态环境。

目前，浙江省气象局按照蓝藻水华卫星遥感监测评估业务规范和服务需要，全年逐日开展太湖蓝藻水华的卫星遥感监测，实时跟踪太湖蓝藻最新现状和发展态势并常态化地发布太湖蓝藻监测产品，为生态文明建设气象保障服务水平的提高提供技术支持。

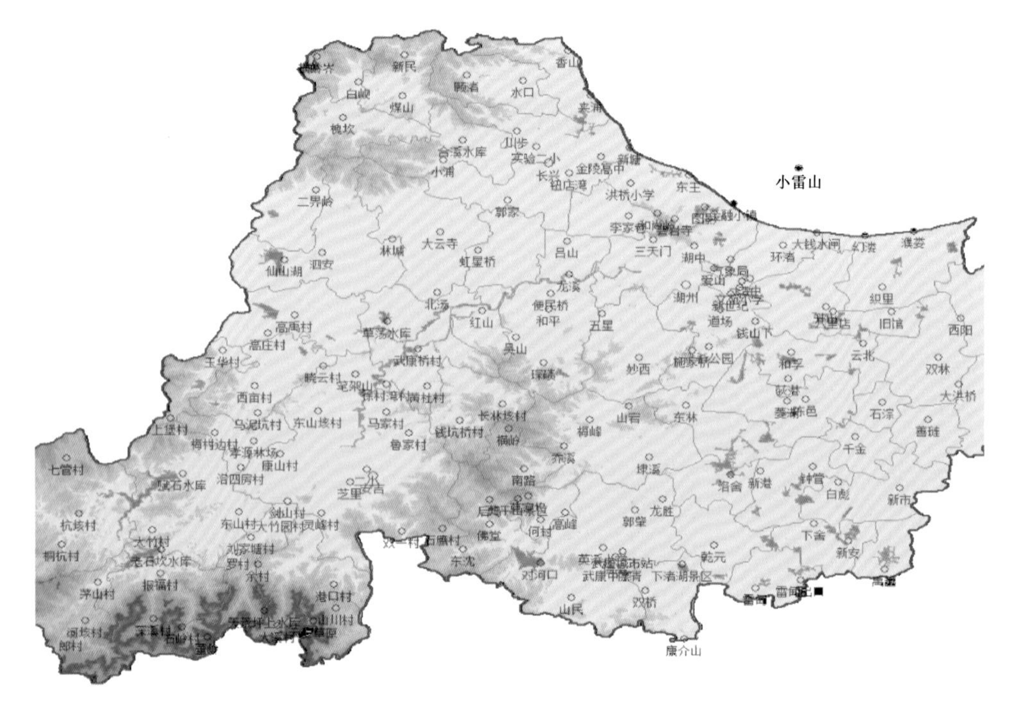

图 2.25　湖州全市自动气象站站点位置分布图

(三)积极开展部门合作

在中国气象局的指导下，积极加强与邻省的交流合作，多次组织野外观测实验，开展气象条件与蓝藻水华的定量相关性研究，建立省气象局与湖州市气象局、长兴县气象局及苏州市气象局的联动反馈和协作机制，推进科技成果向业务应用转化，不断提高蓝藻监测服务能力。2008 年，浙江省气象局作为“蓝藻水体监测预警系统建设项目(一期)”的合作单位多次与国家卫星气象中心及环太湖省份单位交流探讨和实地考察，以加强对太湖蓝藻水华遥感监测模型及产品精度的改进，提高太湖蓝藻水华监测服务的质量和水平，并与国家卫星气象中心建立长期的合作交流机制，持续加强科研分析。

湖州市气象局与市生态环境、水利、城建等部门建立了实时监测数据与分析资料的信息交换机制与共享平台；获得国家卫星气象中心、国家海洋第二研究所与浙江大学环资学院等科研院校的技术支持，建立了良好的科研协作关系。2009—2010 年湖州市气象局主持完成了浙江省科技厅项目“南太湖蓝藻监测评估预警业务系统建设”，应用卫星遥感信息与水文气象等资料，建立了南太湖蓝藻遥感监测、评估、预警方法和蓝藻信息、水质参数等多源资料库与查询系统；2010—2012 年参加了“十一五”国家水专项(水体污染控制与治理国家科技重大专项)之第九子课题“农业面源污染河流综合整治技术集成与示范工程”的研究，承担南太湖蓝藻监测评估预警技术研究工作任务;2015年参加了“十二五”国家水专项(水体污染控制与治理国家科技重大专项)“太湖富营养化控制与治理技术及工程示范”第四子课题“入湖口氮磷污染减负与水生态修复综合示范”科研项目工作,承担“入湖口区域蓝藻监控及多参数预警平台构建”任务,综合入湖口气象、水文和水质等资料,构建多参数集成的蓝藻预测预警模型,建立了跨部门的信息共享平台,为入湖口区域蓝藻控制及应急响应提供重要信息及决策依据。

(四)服务典型案例

湖州气象助力“太湖明珠”璀璨夺目

——2019年太湖蓝藻暴发气象监测预警服务

湖州市地处浙江省北部、太湖南岸,东邻嘉兴,南接杭州,西依天目山,北濒太湖,是环太湖地区因湖而得名的城市。“绿水青山就是金山银山”,作为“两山”理念的诞生地和实践先行区,15年来,全市气象部门坚持以习近平生态文明思想为指导,贯彻落实党的十九大精神和党中央、国务院以及中国气象局、浙江省委省政府、浙江省气象局等上级部门有关推进生态文明建设的战略部署,发挥气象科技优势,主动融入地方发展,紧跟形势、结合实际、把好定位,积极探索实践,坚持趋利与避害并重,在防灾减灾、环境监测、资源开发、污染防治、生态农业、生态旅游、绿色发展等方面发挥着积极作用,不断提升生态文明建设气象保障服务能力和水平,为建设“美丽浙江”、打赢“蓝天保卫战”“碧水攻坚战”贡献气象智慧。

1. 工作背景

太湖,中国五大淡水湖之一,横跨江、浙两省,北邻无锡,南濒湖州,西依宜兴,东近苏州。“太湖美,美就美在太湖水”,如今南太湖水质显著改善,入太湖水质连续12年稳定在Ⅲ类水以上,实现了“一江清水送太湖”。图2.26为太湖风景图。

图2.26　太湖风景图

太湖蓝藻覆盖面积超过 500 km^2 最多日数出现于 2007 年，达 14 次，超过 300 km^{2}最多日数出现于 2017 年，达 22 次。2007 年、2017 年蓝藻暴发较为严重，2009 年、2018 年太湖蓝藻相对较弱(图 2.27)。而近两年太湖蓝藻有加重趋势，需持续关注，其中 2019 年 5 月及 8 月以来，湖城多晴少雨，气温升高，适宜蓝藻生存发展，太湖湖面蓝藻再次暴发，并随着风向和水流不断向南岸聚集，倒灌内河。为此，湖州市气象局紧紧围绕“两山”理念，及时开展蓝藻气象保障服务。

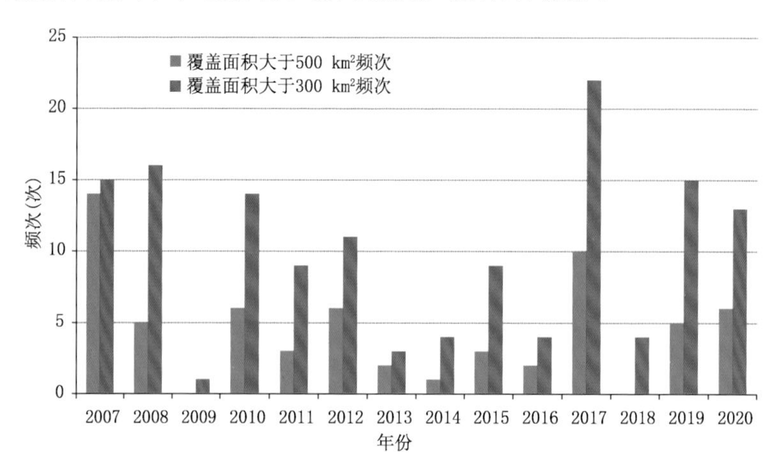

图 2.27 2007 年以来太湖蓝藻覆盖面积超过 500 km^2 和 300 km^2 的历年频次变化序列图

2. 工作举措

(1)监测组网精细化

2007 年以来，湖州市气象局在原有观测站网基础上，继续加强气候、天气观测站网建设，增设区域自动气象站。目前湖州地区设有包括太湖中小岛-小雷山在内的近 50 多个自动气象站及首个自动化水温监测仪，填补了南太湖水域气象监测资料的空白。

2012 年开始，与耶鲁—南京信息工程大学大气环境中心合作，在湖面架设观测平台，搭建相关梯度观测仪器(图 2.28)(涡度相关系统、小气候仪等)，为深入开展太湖的湖气通量交换研究工作提供技术支撑和依据。

(2)专题服务高效化

湖州市气象局长期以来注重蓝藻专题服务能力提升，持续加强部门信息共享。2019 年 3 月，湖州市气象局对太湖蓝藻近十年来每年首次出现特征进行了分析，将相关的气候特征及蓝藻出现特点共享给市生态环境局。入夏以后，蓝藻出现暴发趋势，市气象台及时启动蓝藻加密服务工作，每天向湖州市蓝藻指挥小组及长兴县气象局发送蓝藻监测动态和未来天气趋势，共编发蓝藻气象内参 2 期，蓝藻专题服务材料 133 期，为市政府蓝藻水华打捞、治理和蓝藻暴发事件应急处理提供决策依据(图 2.29)。

图 2.28　太湖湖面梯度观测仪器

气象信息内参

湖州市气象台　　第 6 期　　2019 年 5 月 27 日

未来天气趋势及蓝藻信息

一、前期天气回顾

今年以来（截止 5 月 26 日），雨量正常，气温偏高。降雨量为 482.4 毫米，比常年 460.2 毫米多 22.2 毫米；雨日为 66 天，比常年 63.9 天多 2.1 天；平均气温为 12.1℃，比常年 10.3℃高 1.8℃；极端最高气温为 34.6℃，出现在 2019 年 5 月 23 日，极端最低气温为-2.1℃，出现在 2019 年 1 月 27 日。其中 3 月 20 日及 4 月 9 日分别出现较明显强对流天气，5 月 25～26 日出现全市范围暴雨天气，具体如下表。

灾害天气日期	灾害天气实况
3 月 20 日	南浔区、安吉南部山区出现较明显雷雨大风，其中练市阵风达 9 级，安吉磻溪、大竹阵风达 8 级，并伴有雷电和短时强降雨。
4 月 9 日	我市自西向东出现雷雨大风和短时强降水天气，伴有较强雷电，强降雨主要集中在我市中北部地区，吴兴、长兴和安吉北部有大到暴雨，最大长兴泗安 70 毫米，最大阵风达 10 级（太湖小雷山 12 级）。
5 月 25～26 日	全市面雨量 80（毫米），吴兴 75.6、南浔 67.8、长兴 69、安吉 98.1、德清 73.2，最大出现在安吉章村 131.1。

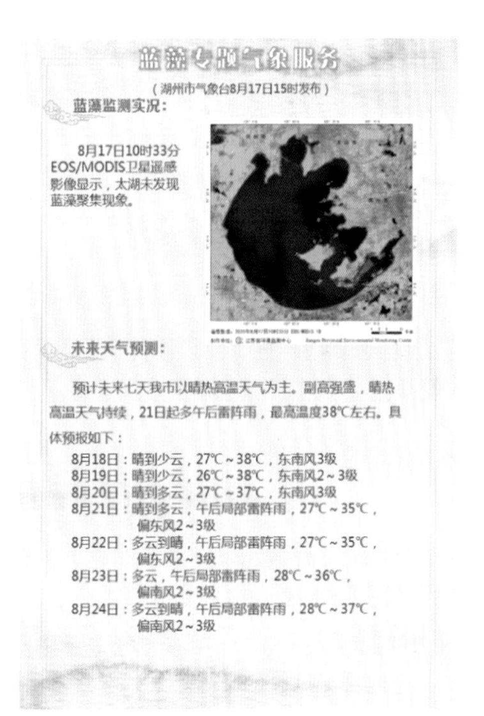

蓝藻专题气象服务

（湖州市气象台8月17日15时发布）

蓝藻监测实况：

8月17日10时33分EOS/MODIS卫星遥感影像显示，太湖未发现蓝藻聚集现象。

未来天气预测：

预计未来七天我市以晴热高温天气为主。副高强盛，晴热高温天气持续，21日起多午后雷阵雨，最高温度38℃左右。具体预报如下：

8月18日：晴到少云，27℃～38℃，东南风3级

8月19日：晴到少云，26℃～38℃，东南风2～3级

8月20日：晴到多云，27℃～37℃，东南风3级

8月21日：晴到多云，午后局部雷阵雨，27℃～35℃，偏东风2～3级

8月22日：多云到晴，午后局部雷阵雨，27℃～35℃，偏东风2～3级

8月23日：多云，午后局部雷阵雨，28℃～36℃，偏南风2～3级

8月24日：多云到晴，午后局部雷阵雨，28℃～37℃，偏南风2～3级

图 2.29　气象信息内参及蓝藻专题气象服务产品

(3)人工增雨方式多样化

湖州市气象局大力推进人工影响天气作业活动来开发利用空中云水资源，通过增加降水量洗刷空中浮尘、稀释蓝藻等，改善和修复生态环境。其中，2019年充分利用湖州市境内现有16个人工增雨作业点，适时开展人工增雨作业，共组织开展火箭、新型人工增雨设备（增雨燃气炮、增雨烟炉等）等多形式作业30次，增雨量1000余万t，既弥补了市区附近不能实施火箭增雨的空白，又为缓解太湖蓝藻起到重要作用（图2.30）。

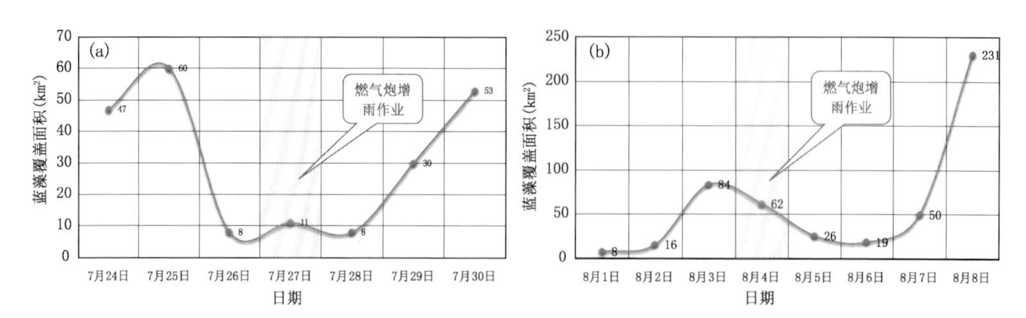

图2.30　2019年7月24—30日(a)和8月1—8日(b)卫星遥感蓝藻覆盖面积逐日变化曲线

(4)科学研究深入化

湖州市气象局从2007年无锡蓝藻暴发事件后开始尝试开展蓝藻专题气象服务工作，先后承担了浙江大学水专项课题子项目“入湖口氮磷污染减负与水生态修复综合示范”、2009年浙江省科技厅的项目“南太湖蓝藻监测评估预警业务系统建设”等，实现了蓝藻科研服务的从无到有，从有到精，有效提升生态文明气象保障能力。

(5)科普宣传扩大化

湖州市气象局在日常工作的同时，还积极加强专业气象科普知识的宣传，本着“科技强国 气象万千”的理念，将气象科普融入日常工作中，每年“3·23”世界气象日均举办开放日活动，积极向公众普及气象与蓝藻相关知识，倡导保护水环境的重要性。

此外，还积极参加全省乃至全国的气象科普宣传大赛，2019年湖州市气象局以“趣谈蓝藻那些事儿”为题参与浙江省气象科普讲解大赛，生动形象地向大家科普了蓝藻的含义、危害以及与气象的关系，荣获全省二等奖，并代表浙江省参加全国气象科普讲解大赛和全国科普讲解大赛，荣获优秀奖，实现了蓝藻科普走出湖州、走向全国。

3.服务效益

(1)经过多年专项服务工作总结和技术研究，提高了业务与服务能力。建立的资料库与检索系统为太湖蓝藻影响分析提供了有效支撑，提高了监测预警分析能力，为专题气象服务材料提供了高质量的产品及丰富的素材积淀。

(2)多种服务方式的改进,提升了综合服务效率。图文并茂的专题气象服务材料是湖州市政府和相关部门制定蓝藻视察行程、打捞方案、治污行动方案、用水保障方案等工作部署的重要参考依据。服务材料提供的分析数据翔实,内容丰富,预测意见明确,为领导决策提供了可行的背景分析意见,较好地发挥了决策参谋的作用。

(3)科学研究逐步深入,成果落地转化明显。湖州市气象局承担的多项蓝藻相关科研项目针对气象、水文与环境条件对南太湖蓝藻水华复苏、发生发展和消亡进行了影响分析,建立蓝藻水华强度中期预报与密度短期预报模型,开发了评估、预警系统和信息共享平台,建立了蓝藻查询平台、多源数据融合应用平台、蓝藻信息服务网和蓝藻短信发布平台,实现了跨部门跨地区资料的共享(图 2.31)。成果产出方面完成技术论文 3 篇,荣获湖州市科学技术进步奖二等奖。

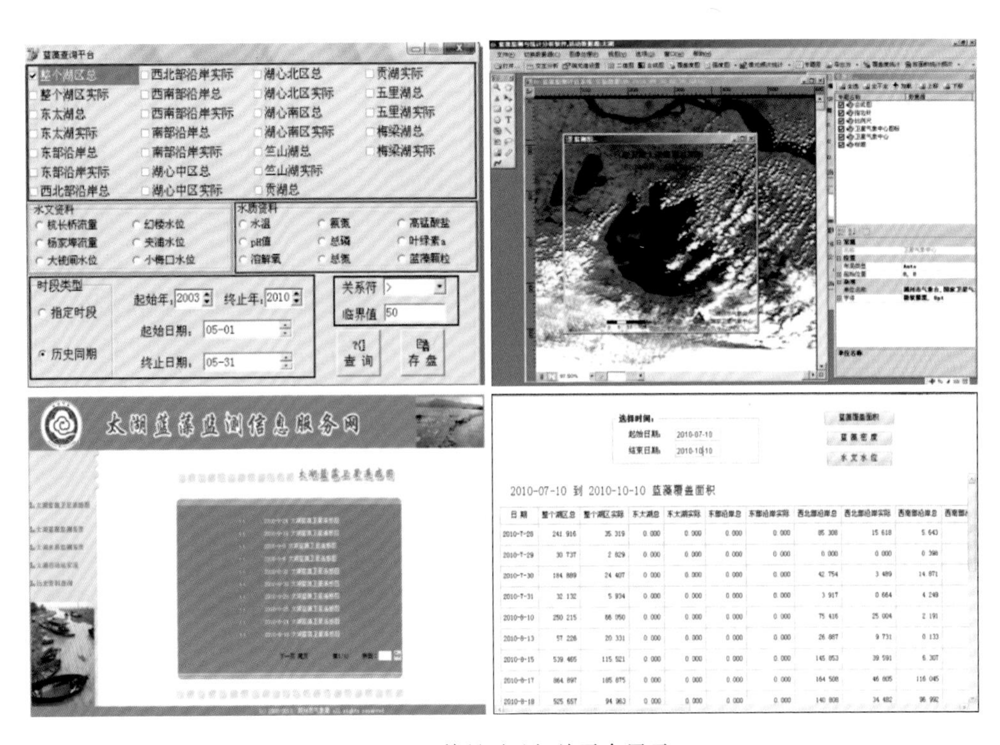

图 2.31　科研项目相关平台展示

(4)政府部门充分肯定市气象局人工增雨工作

2019 年,湖州市气象局的题为《燃气炮增雨试验情况汇报》呈阅件多角度评估了燃气炮增雨效果及对太湖蓝藻水华和空气质量改善带来的影响,受到了湖州市政府领导的批示肯定。

第四节　人工影响天气服务

(一)人工增雨助力森林防扑火

人工增雨作业是降低森林火险等级、减少火情的有效手段之一,通过人工增雨增加林区土壤、植被湿度,降低森林火险等级,是践行"预防为主"的有力措施。

2011 年 4 月 2—3 日,在清明防火关键期,全省 24 家作业单位自北向南开展人工增雨作业,这是全省首次规模性人工影响天气作业,也是全省首次利用人工增雨变被动扑火为主动预防,探索出一条有效预防森林火灾的新路子。2012 年浙江省气象局联合省林业厅共同印发《关于加强人工增雨作业切实保障森林消防安全的通知》(浙气发〔2012〕25 号),建立了森林消防人工增雨作业长效机制,省内 55 个重点森林火险县(市、区)成立标准化人工增雨作业队伍。

2012 年至今,每年春季特别是清明期间,浙江省气象局组织全省多地积极实施人工增雨作业,有效降低森林火险等级,持续为绿色浙江建设、森林消防保障工作做出贡献,省森防办多次致电并表示感谢。以 2018 年为例,清明期间浙江省共有 15 地实施作业 27 次,作业有效保护面积 6600 km^2。期间,全省共发生森林火灾 14 起,造成受害森林面积 43.72 km^2,比近 10 年平均数分别下降了 33.33%和 60.40%。

(二)人工增雨助力"五水共治"

"五水共治"是浙江省委、省政府贯彻落实党的十八大、十八届三中全会精神,推进新一轮改革发展,再创浙江发展新优势,建设"美丽浙江"、创造美好生活而采取的重大战略决策。

2017 年浙江省委、省政府下达"五水共治"考核任务,人工影响天气首次列入浙江"五水共治"工作考核评价指标体系,省治水办将水环境改善人工增雨保障任务完成率作为"生态配水与修复工程"的基础指标之一。为进一步发挥人工影响天气在水环境改善、水资源调度中的积极作用,对照考核细则,浙江省气象局要求各级气象部门从政府主导、作业标准化、合理作业布局、安全责任落实等方面积极推进人工影响天气工作。

近几年浙江省各级气象部门紧密围绕"美丽浙江"绿色发展和经济社会发展需求,坚持人工干预和自然生态协调发展,积极组织开展生态修复养护型、水环境改善人影服务,逐渐探索形成典型可复制的成功经验,如温州的乐清 2020 年开展人工增雨作业助力治水"百日攻坚"专项行动,连续作业期间、作业后增雨效果明显,水库和河道的水位均得到了有效补充,当地政府领导曾多次点赞,对气象部门的人工增雨工作给予充分肯定。

(三)人工增雨助力抗旱保供水

浙江降水时空变率大，易出现季节性缺水问题，如2003—2004年、2013年、2018年、2019年秋冬季及2020年夏季都出现了持续的、有一定规模的干旱情况。因此，在日益强烈的人工增雨作业抗旱保民生的需求驱动下，浙江省气象局近几年多举措推动人工影响天气常态化作业发展。自2017年开始，全省常态化人工影响天气作业次数稳步上升，实现月月有作业，并涌现出了一批如汤浦、芝堰等水库人工增雨保民生供水服务的优秀案例。此外，浙江省气象局通过印发《人工影响天气服务美丽浙江“耕云”行动计划(2020—2022年)》(浙气发〔2020〕42号)，进一步促进了人工影响天气服务能力提升和服务效益发挥。

2013年7—8月浙江省出现了罕见的高温热浪天气，高温持续时间长、强度大、范围广，多地最高气温和高温日数突破历史纪录，加上降水少、蒸发大，气象干旱发展较快，森林火险等级持续偏高，对农业生产、人民生活造成很大影响。为缓解旱情、保障农业生产、降低森林火险等级，气象部门在各级政府的领导下，组织了第一次全省范围火箭抗旱防暑作业，人工增雨作业规模突飞猛进，短时内各地组建作业队伍，建立相应的配套措施，全省人影作业单位也从24家快速增长到64家。作业单位紧盯天气形势演变，抓住有利时机，实现火箭作业应做尽做及全覆盖，取得了较好的作业效果，受到各级党委政府的肯定和社会各界的好评。

(四)人工增雨保护空气清洁

每当秋冬季节，受静稳少雨、逆温、高湿、边界层较低等不利气象条件以及扬尘污染和持续减排空间缩窄等因素影响，浙江地区空气质量不甚理想。

大气污染问题危害群众健康、影响社会安定，是制约经济社会又好又快发展的主要瓶颈，已引起国家和各级政府的高度重视。2017年3月5日，李克强总理在中华人民共和国第十二届全国人民代表大会第五次会议的政府工作报告中提出了“坚决打好蓝天保卫战”。各级气象部门积极与生态环境部门就完善污染天气等事件的人工影响天气应急工作机制进行对接，各级人影机构发挥专业优势，参与当地政府大气污染防治相关工作，在气象条件合适的情况下，有针对性地实施人工影响天气作业，延长降水时间，增加降雨量，促进大气污染物湿沉降，有效消除或者缓解污染天气，明显改善环境空气质量。

根据《打赢蓝天保卫战三年行动计划》，2020年是蓝天保卫战的攻坚之年，各地必须完成国家下达的秋冬季空气质量管控目标任务。全省人影机构紧紧依靠各级党委政府，做好各项准备工作，多措并举不让疫情中断人影服务；抓住一切有利时机，坚持推进人工影响天气常态化作业。在进行人工增雨作业时，各作业单位充分播撒催化剂，精准作业，充分开发空中云水资源。以金华为例，根据监测数据显示，人工增雨作业后作业影响区的 $PM_{2.5}$、PM_{10} 等指标明显优于周边地区，人工增雨作业取得了良好的成效，受到当地蓝天办肯定，并引起省生态环境厅关注。

（五）服务典型案例

乐清市人工增雨助力“百日攻坚”治水专项行动服务

乐清市位于浙江省东南部，地处浙南丘陵地区沿海小平原，属于括苍山系。东临乐清湾与台州为邻，南濒瓯江和温州市区相望，地形呈现西北向东南倾斜的态势，以中小水库为主，没有大型水库，水库蓄水十分有限。山区自然降水是河水径流的主要来源，山区来水不稳定使水库水量季节性变化大，导致干旱灾害时有发生，严重影响居民生活用水和农业用水。通过开展人工增雨作业，可以有效防御和应对干旱、森林火灾等灾害，开发空中云雨资源、改善生态环境和增加水库蓄水工作。

1. 工作背景

2020 年 2 月，乐清市委、市政府为坚决贯彻落实省委“决不把污泥浊水带入全面小康”的目标要求和上级有关治水工作部署，大力推进生态文明建设，深入实施“五水共治”，加快推动全市断面水质改善提升，在全市范围开展治水“百日攻坚”专项行动。根据《关于开展治水百日攻坚专项行动的通知》（乐委办发〔2020〕8 号）成立乐清市治水“百日攻坚”专项行动领导小组，乐清市气象局主要负责人为市治水“百日攻坚”专项行动领导小组成员。气象部门作为人工增雨作业实施单位，高度重视，积极开展人工增雨作业助力治水“百日攻坚”专项行动。

2. 工作举措

一是业务值班人员密切关注天气变化，积极与省、市气象台天气会商，捕捉人工影响天气作业有利天气条件，及时向市委、市政府等领导汇报近期的天气形势和增雨作业准备信息，适时进行人工增雨作业。图 2.32 为乐清人工增雨作业现场。

图 2.32　乐清市人工增雨作业现场

二是在疫情防控时期，通过视频会商系统开展了人工影响天气工作人员自测及装备自检工作。参与培训、考核的人影作业人员共17名，合格率为100%，除乐清市气象系统外还邀请了乐清市应急管理局联合作业队伍人员参与。同时，5月6日和25日分别进行安全隐患自查并上报省、市局备案。

三是连续作业期间，在人少任务重的情况下，克服困难，坚持24 h守班，分工负责，做到服从指挥、步调一致，按照上级领导"不放过任何一次作业机会"的指示，择机实施人影作业。此外，联合了永嘉县气象局、乐清市应急局各进行一次联合作业。截至2020年8月底，乐清市气象局共实施火箭人工增雨作业18次，发射火箭弹136枚，烟炉作业1次，烟条2枚。

3. 服务效益

2020年5月30日—6月8日乐清市气象局抓住有利天气条件先后实施连续作业6次，发射火箭弹48枚，在自然降水和人工增雨作业共同作用下，作业点周边部分乡镇出现明显降水，水库和河道的水位均得到了有效补充，其中水库库容增加300余万 m^3。

第五节 杭州市环境气象业务服务实践

2005年以来，杭州市气象局认真贯彻省、市党委、政府对杭州市生态文明建设的重要决策部署，紧紧围绕服务国家战略和地方需求，在大气环境、城市规划、气候资源等领域充分发挥气象科技优势，通过完善环境气象观测体系，提高环境气象服务质量，形成观测、预报与服务相衔接的业务系统，大力提升生态文明建设气象保障服务能力和水平，为建设"美丽浙江"贡献气象智慧。

(一)社会需求驱动，促进环境气象站网率先发展

进入21世纪以后，杭州市区霾天气明显增加，年霾日数一度连续数年维持在150 d以上，萧山、富阳和临安等地也出现了50 d以上的霾天气，城市空气质量面临严峻挑战。

2005年，针对杭州霾天气呈明显增多的趋势，杭州市气象局根据人工观测历史资料做出了第一份《杭州雾霾天气发展趋势》的决策材料，引起了市委市政府领导的高度关注和重视。市委市政府果断部署，由气象部门开展常态化雾霾监测。

2009年9月，杭州市发改委组织有关专家对杭州市气象局和市环保局联合编制的《杭州市大气复合污染综合监测及预警系统建设方案》进行了论证。杭州市政府领导高度重视，市长明确批示该项目"很有必要，请市财政研究，明年一期启动建成"。2010年，依托杭州市地方政府资金的投入，杭州市气象局在馒头山杭州国家基准气

候站建立了全省气象部门第一个雾霾监测中心站，也是全国空气质量和气象要素最齐全的监测站。在随后的几年里，分别在萧山、余杭、临安、富阳、桐庐、建德和淳安建立雾霾监测子站，观测项目涵盖 PM_1、$PM_{2.5}$ 和 PM_{10} 质量浓度，O_3、SO_2、NO_x、CO 等反应性气体，黑碳、浊度、气溶胶光学厚度、OC/EC、颗粒物化学组分等 6 大类 20 多种要素，同时辅以微脉冲激光雷达、微波辐射仪、激光云高仪等垂直结构特性观测的建设，一张监测要素齐全、覆盖全市的环境气象监测网孕育而生。

（二）气象科技支撑，促进环境气象业务深化发展

2009 年 12 月 9 日，杭州市长就市气象局呈交《杭州市灰霾天气监测报告(总第 7 期)》中提出杭州"系统深入地研究'灰霾-气候变化-节能减排及转变发展方式'等系列问题"做出批示，要求"应作为重要课题予以研究"。杭州市气象局积极落实，迅速组织人员开展专题研究，经过一年多的时间，针对杭州雾霾天气特征及成因的研究取得了初步成果，研究结果表明大气成分变化是杭州霾天气多发的关键原因、气候变化和城市效应是杭州霾日增加的重要条件、特殊的地理位置和地形地貌是杭州雾霾出现较多的自然背景。在 2011 年 11 月 16 日召开的项目咨询会(图 2.33)上，由中国工程院李泽椿院士、中国工程院任阵海院士、国家气候中心罗勇研究员、中国环境科学研究院柴发合研究员等 12 位国内知名专家学者组成的专家组完成了对《杭州雾霾天气特征及成因研究》成果评审，一致认为"该项研究工作取得了阶段性成果，为杭州深入研究雾霾天气成因和机理、制定针对性治理政策奠定了良好基础"。

图 2.33　杭州雾霾特征及成因研究专家咨询会

为切实做好 G20 峰会气象保障，杭州市气象局未雨绸缪，2015 年初组织撰写《杭州市 9 月高影响天气风险及“西湖蓝”大气扩散条件分析报告》，报告详细分析杭州 9 月主要高影响天气风险以及气象条件对杭州 G20 峰会大气环境的影响，针对台风、高温、大雨、大风、雷电、雾、霾等灾害性天气防御提出了合理建议；明确提出了 $PM_{2.5}$ 质量浓度 40 $\mu g/m^3$“平均控制线”的建议指标，并通过污染物扩散轨迹和潜在源分析，提出了大气污染物排放源区控制的合理化建议。2015 年 7 月 25 日，报告通过了由中国工程院李泽椿院士、南京信息工程大学管兆勇教授等 10 位国内知名专家学者组成的专家组评审（图 2.34）。在 2016 年 8 月保障“西湖蓝”行动环境质量工作方案专家会上，报告获得了清华大学教授、中国工程院郝吉明院士高度评价和肯定，认为该报告为划定区域联防环境空气质量控制区提供了重要参考依据。

图 2.34 《杭州市 9 月高影响天气风险及“西湖蓝”大气扩散条件分析报告》专家评审会

（三）党政组织推动，保障环境气象工作持续发展

杭州环境气象服务对象主要是杭州数百万社会公众。为此，市委、市政府始终把发展环境气象事业作为造福百姓的民生工程来抓，通过统筹协调、加大投入、完善机制，使杭州环境气象工作得到了持续健康发展。

2009 年以来，市财政连续投入了数千万元资金用于支持环境气象监测设施建设，并将设施维护经费纳入每年维持经费预算。2011 年市委、市政府连续三年将环境气象工作纳入对区、县（市）“生态市”考核，先后组织气象、生态环境等部门开展了杭州城市雾霾监测分析与评价、森林火情卫星遥感监测分析、城市大气污染扩散气象条件研究和生态文明试点市建设等多项环境气象领域的专题研究。2013 年市委、市政府联合印发的《“美丽杭州”建设实施纲要(2013—2020 年)》和《“美丽杭州”建设三年行动计划(2013—2015 年)》明确将“开展城市通风廊道、大气环境容量、大气扩散条件等环境气象研究和大气环境、雾霾天气、酸雨等监测预警,建立区域性酸雨治理协调和大气污染防控响应机制”等工作列入“美丽杭州”建设内容。市政府还制定出台了《大气污染防治三年行动计划》,确定了环境气象监测、分析、研究等方面的任务。

(四)部门合作联动,推进环境气象服务健康发展

2009 年杭州市雾霾天气现象已经引起了政府和公众社会的广泛关注,从而对环境气象服务提出了更多的需求和更高的要求。为适应和满足公众对环境气象服务的需求,杭州市气象局以已有的环境气象业务和科研成果为支撑,坚持每月编发大气环境和雾霾监测报告,适时报送环境气象专题服务材料,为市委、市政府提供重要决策依据,也多次获得了领导批示。领导批示指出“人民群众非常关注雾霾状况,气象局要继续以人为本,民生所需,做好天气的分析、监测和预警,为品质生活之城的打造作好有力支撑”。

2012 年杭州市气象局与市环保局签订了战略合作备忘录,确定了共建空气污染和气象参数观测数据与信息共享平台,深化气候变化和空气污染关系等问题的研究,建立统一的环境空气质量监测和气象观测的质量保证体系等合作事项。2013 年,杭州市气象局与市环保局又签订了深化合作三年行动计划,建立大气重污染预报预警及应急指挥的联动工作机制;合作制定了《杭州市区空气质量(AQI)预报业务暂行规定》,研究并及时向公众推出了新空气质量标准下的 AQI 指数预报。

此外,杭州气象和新闻媒体等通过电视、电台、报纸、网站、微博、微信等载体,大力开展了环境气象相关的科普宣传,对提升公众主动应对大气污染和雾霾天气的意识与能力起到了积极作用。2014 年 2 月 11 日杭州市气象局主要负责人在接受中国新闻网记者采访时表示,气象部门是前哨,在防灾减灾上是第一道防线,在大气环境治理方面,气象也是站在最前面的。杭州市气象部门从雾霾科普宣传、监测分析雾霾天气入手开展雾霾天气成因研究、发布雾霾预报预警,制作空气质量预报、发布大气重污染预警,将环境气象工作从“美丽杭州”建设的幕后走向前台。

(五)监测数据表明,杭州环境空气质量逐步转好

随着杭州市持续开展大气污染综合整治工作,空气质量得到明显改善,大气能见度明显好转。杭州国家基准气候站监测表明杭州主城区年霾日从 2004 年的 176 d 下降至 2020 年的 59 d(图 2.35),其中 2018 年仅为 40 d,大气能见度年平均值从 2014 年的 6.4 km 增长到 2020 年的 10 km 以上(图 2.36)。$PM_{2.5}$ 和 PM_{10} 质量浓度也持续下降,其中 $PM_{2.5}$ 年平均质量浓度从 2013 年的 75.5 $\mu g/m^3$ 下降至 2020 年的

33.1 μg/m³（图 2.37），PM_{10} 年平均质量浓度从 2002 年的 128.2 μg/m³ 下降至 2020 年的 55.8 μg/m³（图 2.38）。

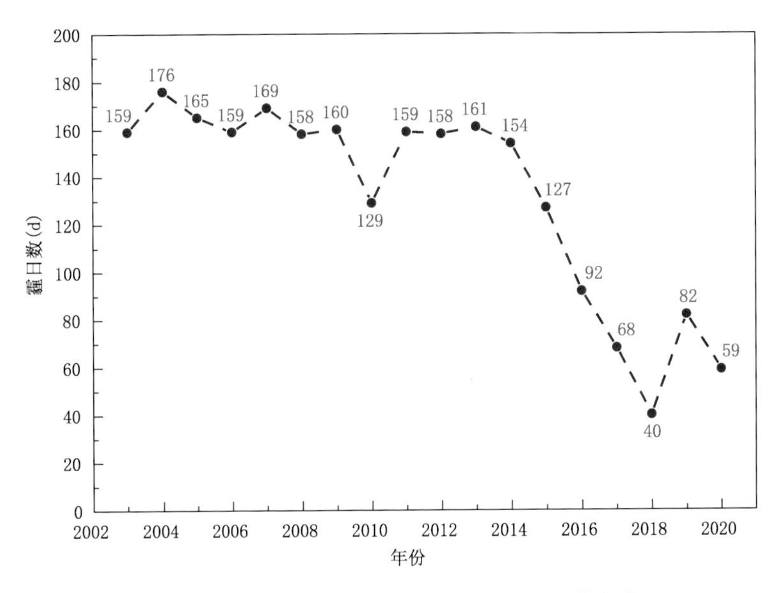

图 2.35　2003—2020 年杭州主城区年霾日数变化

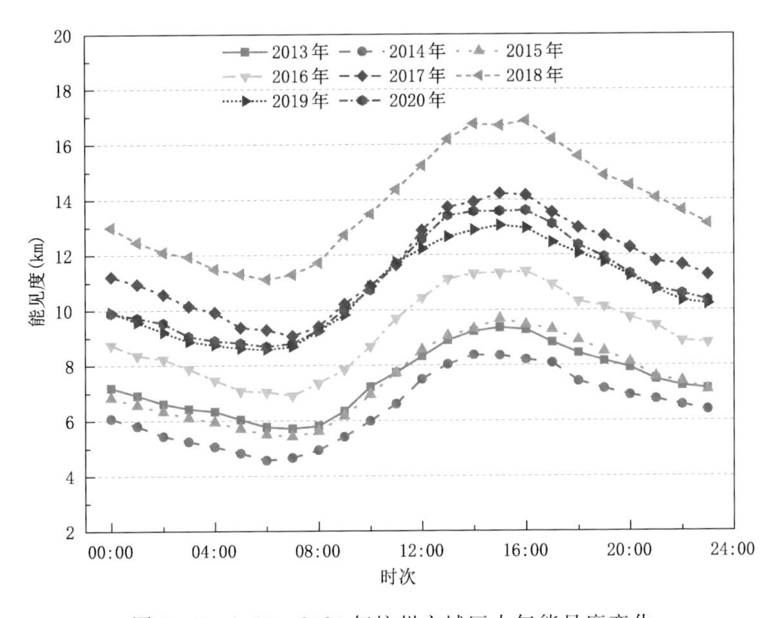

图 2.36　2013—2020 年杭州主城区大气能见度变化

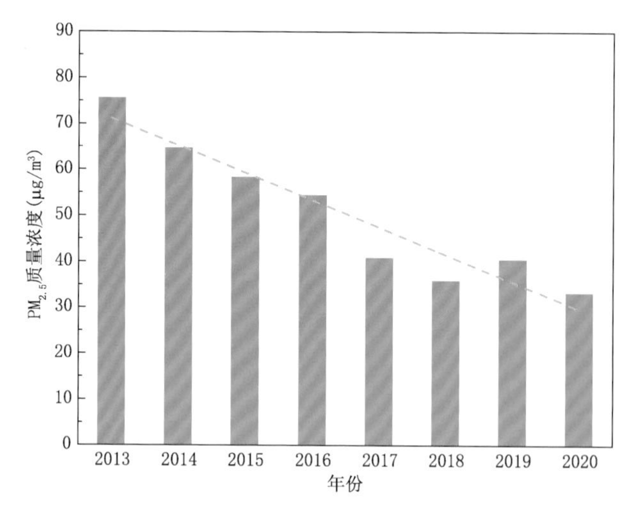

图 2.37　2013—2020 年杭州主城区 $PM_{2.5}$ 年平均质量浓度变化
（监测仪器采用 SHARP5030）

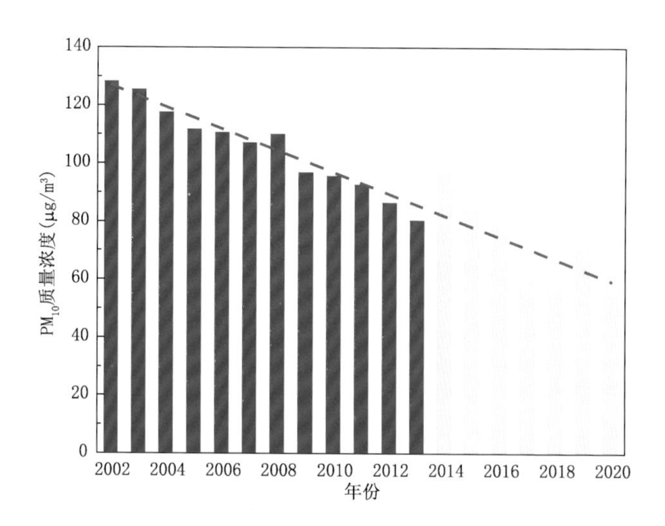

图 2.38　2002—2020 年杭州主城区 PM_{10} 年平均质量浓度变化
（注:2014 年后监测仪器采用 SHARP5030 代替 TEOM1405）

根据 GB3095—2012《环境空气质量标准》评估表明，杭州主城区以 $PM_{2.5}$ 为首要空气污染物的超标日数也稳步降低，从 2014 年的占比年超标日数的 52.4％下降至 2019 年的 17.2％。但杭州主城区臭氧超标日数呈逐年上升趋势，2013 年仅占年超标日数的 11.4％，2017 年起上升至 50％以上，成为杭州最主要的大气污染物。这一状况说明细颗粒物和臭氧的协同控制将成为今后杭州生态文明建设过程中的一项重要任务。

报刊文摘专栏 3

摘自 2014 年 2 月 11 日中国新闻网

杭州气象从幕后走向台前 盼三五年内重回水墨雾西湖

看杨柳依依、湖波荡漾，远观水雾缭绕、山色朦胧。雾中西湖似水墨画，迷蒙剪影，煞是好看，是浙江杭州的一张金名片。

不过，2013 年影响了大半个中国的雾霾天气让西湖很“受伤”。同样是朦胧，谈“霾”色变下，霾西湖的朦胧却让人心有芥蒂。

而杭州市气象局局长苗长明则对重回水墨雾西湖表达了期望和信心，“通过环境监测和治理，快则三五年，慢则七八年，我总相信还能呼吸到西湖边清新的空气。”

AQI 指数预报、雾霾成因研究、通风廊道研究……杭州气象工作正在从“美丽杭州”建设的幕后逐步走向前台。

“雾”西湖成了“霾”西湖

“在中国的审美中，朦胧是美，朦胧江南有柔情，多受文人雅士赞歌，但现在的人对朦胧却感到不踏实。”苗长明直言雾霾天气让城市美景大打折扣。

一般情况下，人们常用“雾霾”通称大气低能见度现象。气象学上，这可是两种具有不同成因的天气现象。

根据气象学定义，当大气中因悬浮的大量微小水滴导致能见度低于 1 千米的天气现象就称为雾，水平能见度在 1 千米以上但小于 10 千米的称为轻雾。

霾则是指大量极细微的干尘粒等均匀地浮游在空中，使水平能见度小于 10 千米的空气普遍混浊的一种现象。

“过去，雾西湖是一种特有的美，朦胧中感觉西湖很清爽，呼吸的空气味道也比较清新，因为空气中多数是自然的水汽；现在大家看到雾西湖会感到害怕，真正的雾西湖少了，因为霾压过了雾，空气中不再只是水汽，而是悬浮的固体小颗粒，即使真的出现了雾西湖大家还是心存怀疑。”

据杭州市气象局统计，近 10 年来杭州每年出现霾天数几乎都在 150 天以上。

“原来干净清爽的雾西湖到哪里去了？杭州的蓝天到哪里去了？”苗长明问出了人们心中的疑问。

苗长明说，气象部门与天打交道，在气象观测中较早发现了这个问题，工业废气、汽车尾气等都是造成雾霾的源头。

杭州市气象局还发现，$PM_{2.5}$ 质量浓度的起伏与人类活动有相关性，比如上下班的早晚高峰时，$PM_{2.5}$ 质量浓度相对其他时间就高一点。

分析原因，苗长明认为，早晚高峰交通排放最多是一个原因。此外，早晨与傍晚时大气容易形成逆温层，本来下热上冷能形成对流的空气却出现了反差，上热下冷，空气流通受阻，上层的逆温层像锅盖一样压在城区，雾霾便久久消散不了。

另外，杭州地形特殊，三面环山一面城，东北方向吹来的风，顺着钱塘江口进来，进来后环山遮挡就很难走掉。苗长明说，这是造成杭州本地容易受外来污染影响的原因。

并且，城市高楼建设，热岛增加，城市的通风能力下降，风减小了，自身扩散便不通畅，郊区与城区的风没有流通。“像血管一样，城市中的风道‘微血管’堵塞了，城里的风起不来，外面的风进来又出不去。”

2009 年，杭州市气象局率先完成了一份雾霾天气发展趋势分析。

研究发现，进入新世纪以来，杭州 PM_{10} 在逐年下降，但遗憾的是，$PM_{2.5}$ 处于稳定状态，并没有明显下降。

杭州建设环境气象业务服务体系

2014 年，治理污水和治理雾霾排在浙江省政府将要重点督办的十件民生实事头两位

杭州市气象部门自认为身担重任，“气象部门是前哨，在防灾减灾上是第一道防线，在大气环境治理方面，气象也是站在最前面的。”苗长明如是说。

为此，杭州市气象部门从开展雾霾科普宣传、监测分析雾霾天气、发布雾霾预报预警，到制作空气质量预报、发布大气重污染预警，环境气象工作正在从“美丽杭州”建设的幕后走向前台。

2005 年，杭州市气象局根据人工观测历史资料做出了第一份《杭州雾霾天气发展趋势》的决策材料，杭州市部署气象部门开展常态化雾霾监测。

四年后，杭州市组织实施了杭州市大气复合污染综合整治项目一期建设，在位于上城区馒头山的杭州国家基准气候站建成了杭州主城区雾霾监测中心站。

至 2013 年底，杭州市气象部门负责建设的主城区 1 个雾霾监测中心站和萧山、余杭、富阳、临安、桐庐、建德、淳安涵盖 $PM_{2.5}$ 等颗粒物监测仪、黑碳仪、浊度仪、自动太阳跟踪分光光度计等观测设备 7 个子站全部建成。

也在这一年，杭州气象、环保部门联合开展了空气质量(AQI)指数预报研究，建立了融合上级 AQI 指数预报指导产品、杭州主城区 AQI 指数数值预报产品和统计预报产品的集合预报方法，初步建立了空气质量预报业务系统。

目前，杭州市已初步形成了从大气环境和雾霾监测、分析、研究，到预报、预警和服务的环境气象业务服务体系。

治雾霾一手抓源头一手强联防联控

“过去城市规划就知道有一个风向玫瑰图，气象局提供这么一个玫瑰图，规划

部门就开始做规划了，实际上并不是那么简单的问题。”苗长明坦言，如今的城市规划已经不再是避免污染源设在上风方向的问题，城市中风力小，乱流多，气候不稳定，外排自净能力减小……气象工作在城市规划中扮演的角色将越来越重要。

苗长明认为，过去城镇化建设更多只是考虑城镇的经济发展，仅追求直观的美，路要横平竖直，还要有高楼以显示城市气息，但是，忽略了人与自然和谐的最基本原则。“这也造成我们道路建筑规划都没有考虑通风问题，雾霾来了，长期停留，无法扩散。”

2011 年，杭州市气象局最先提出了开展通风廊道评估的设想。

“通风廊道怎么保留，最起码不再恶化，在下一步城市发展中，不能在城市的主要通风廊道上增加负担，并且需优化城市总体规划，以后在城镇化建设或未来城市新的发展区建设时，我们一定要保留必要的通道。”苗长明说。

不过，杭州的风道究竟在哪儿？连钱塘江沿江的城市交换带都立满了高楼，下一步工作如何开展？苗长明表示，目前，杭州的城市通风廊道课题已通过模拟历史状态，初步证实因为城市的发展而使城市内通风减少，下一步，将计划把这个成果与城市发展结合起来。

另外，治理雾霾，仅靠杭州自身是不够的。苗长明多次强调，一手抓源头，一手强区域性联防联控，实现连片治理。

虽然，杭州过去一直在控制大气污染排放，加强对扬尘的处置力度等，但这种控制对空气中的大颗粒污染物容易清除，而小颗粒的清洁难度大。

苗长明表示，颗粒越大，传输路径越近，本地治理的效果更容易体现出来。但是，小颗粒因其颗粒较小，输送路径长，自然沉降慢，除了本地排放外还有远距离输送。“2013 年几次大的霾天气，几乎都是区域性雾霾天气引起的，并不是杭州本地排放一个原因造成的。”

为此，苗长明认为，由于周边地区的互相影响，治理 $PM_{2.5}$，联防联控要提上日程，本地要治理，但区域间共同合作更重要。

如今，苗长明看到，不只杭州在为治理空气污染做努力，整个华东地区，甚至全国都在努力。只是目前仍处于最困难的时期，人们需要改变过去的生活方式，经济生产方式也急需改革、转型。

“以人为本，我们可以通过监测和治理，快则三年五年，慢则七年八年，我总相信我们还能呼吸到西湖边清新的空气。”苗长明笑言，对重回水墨雾西湖还保持着信心。

第三章　生态气候品牌创建

浙江地处我国东南沿海，属亚热带季风气候区，境内呈现为“七山一水二分田”的自然地理特征。气候的南北过渡和地势的东西转折，造就了浙江省多姿多彩的自然生态类型。如何做好气象服务、更好地展现浙江优质生态气候资源、更充分地发挥宜人气候和优质生态的绿色经济价值，浙江省气象部门一直在探索追求。近些年浙江省气象局紧紧围绕浙江省委省政府“大花园”“全域旅游”“美丽浙江”等建设重大部署和中国气象局业务发展要求，以“两山”理念为指引，积极开展全省生态气候资源监测、生态气候适宜性评估论证和特色生态气候资源价值挖掘等气象科技服务工作，为浙江30余个市县成功创建“天然氧吧”“气候宜居”“气候养生”等国字号生态气候品牌，并推出“避暑气候胜地”和“乡村氧吧”等省级生态气候品牌，在推动当地特色生态气候资源价值转化、助力文旅康养产业发展、服务生态文明建设等方面积极贡献气象力量。

第一节　国家级品牌创建浙江先行

依托优质生态气候资源，打造国字号生态气候品牌，有助于提升城市的知名度和整体形象。浙江省各级气象部门十分重视生态气候品牌创建工作，并将打造国家级生态气候品牌作为服务当地绿色发展、推进生态文明建设的重要载体。2014年丽水市成功创建“中国气候养生之乡”国字号气候品牌，2016年衢州开化和2018年杭州建德分别获评全国首批“中国天然氧吧”和全国首个“中国气候宜居城市”荣誉称号。截至2020年3月，浙江省已成功创建30余个国家级生态气候品牌。无论是生态气候品牌创建的先行性还是品牌创建的数量，浙江省气象部门均走在全国前列。

（一）中国气候养生之乡

浙江省的生态气候品牌创建工作始于“丽水·中国气候养生之乡”气候品牌的打造。丽水市是浙江西南山区的一个地级市，生态环境优越、山区气候宜人。习近平总书记任职浙江在丽水市调研时曾指出：“绿水青山就是金山银山，丽水尤为如此。”2013年丽水副市长来到浙江省气象局，就“如何更充分发挥丽水当地生态气候经济价值，打造国字号气候城市金名片”等问题，与省局领导进行了深入交谈。

浙江省气象局对此事十分重视，立即与中国气象学会就此事进行沟通协调，并组织科研人员对丽水市生态气候状况展开调研分析。浙江省气候中心负责生态气候适宜性评估指标体系建立和评价方法研究，丽水市气象局负责当地生态气候本底调查和多部门数据收集汇总，两条工作线路既相互独立又有交叉协作。

通过综合调研国内外生态气候研究大量文献，甄别选取与人们休闲养生活动相关联的生态气候指标，浙江省气候中心创建了由 9 类生态气候指标(人体舒适度气象指数、温湿指数、寒冷指数、度假气候指数、优良空气天数、森林丰度、负氧离子浓度、断面水质达标率和生态景区数量)、30 余项环境因子构成的生态气候休闲养生适宜性评价指标体系。丽水市气象局通过多次召开发改、气象、生态环境、林业、旅游、农业、宣传等多部门联席会议，尽可能地收集了当地生态气候休闲养生适宜性评价所需的基础数据，为丽水生态气候指标计算和评估论证报告编制提供了丰富翔实的数据基础。

经浙江省气候中心和丽水市气象局共同努力，2014 年 5 月《丽水 · 中国气候养生之乡》评估报告编制完成，涵盖了丽水气候、生态、养生资源和气候养生适宜性等多方面综合评价成果。与国内 20 座城市对比分析显示(图 3.1)：丽水市的 9 项生态气候指标在休闲养生适宜性方面总体表现为“气候条件占优、生态指标领先，生态气候综合优势突出”。同年 6 月，中国气象学会组织院士专家组对《丽水 · 中国气候养生之乡》评估报告进行了评审论证(图 3.2)，一致认为“丽水气候宜人、生态优质、休闲养生条件优越”，授予丽水市“丽水 · 中国气候养生之乡”称号。

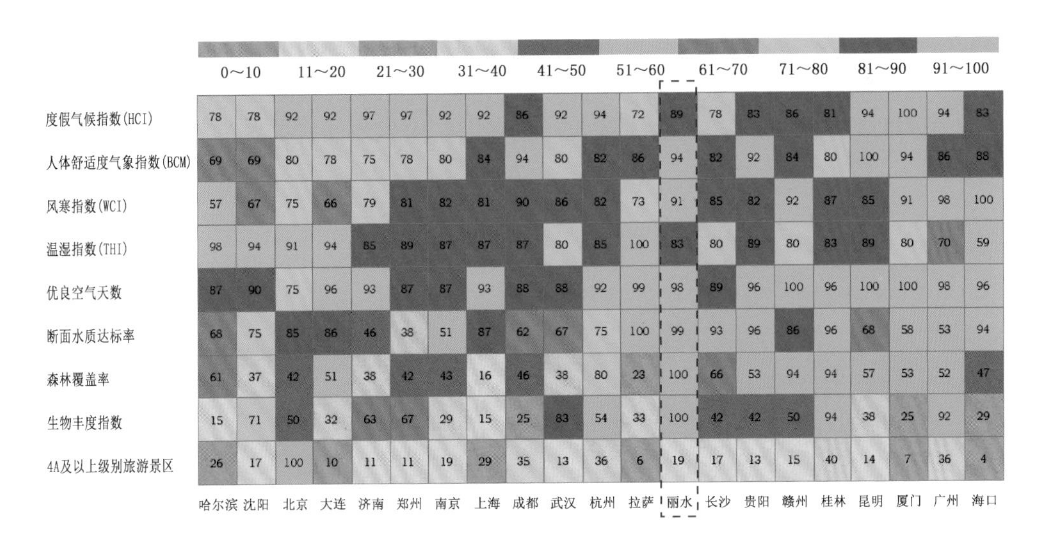

图 3.1 丽水与国内代表城市的生态气候指标对比分析

图 3.2 “丽水·中国气候养生之乡”论证会

“丽水·中国气候养生之乡”国字号气候品牌为丽水带来了良好的经济社会效益，大幅促进了当地旅游业和康养产业的快速发展，助推了优质生态气候资源向经济价值的转化。2014 年 12 月，省领导对“丽水·中国气候养生之乡”品牌创建工作给予肯定，并做出批示：这是一件很有意义的事情，它必将促进“绿水青山就是金山银山”，绿水青山带来健康长寿。

浙江各地市(县)敏锐察觉到“中国气候养生之乡”国字号城市品牌所具有的潜在影响力——正悄悄给丽水当地带来可观的经济效益、社会效益和品牌价值。于是，继此之后浙江各地争先开始积极打造各自的生态气候品牌，由此拉开了浙江争创国家级生态气候品牌的序幕。浙江省气候中心率先建立的生态气候休闲养生适宜性评价指标体系(李正泉 等，2016)，也为后续中国气象局“国家气候标志”的评估评选工作奠定了前期基础，其中：人体舒适度气象指数、温湿指数、寒冷指数、度假气候指数、负氧离子浓度等评价指标先后被“中国天然氧吧”和“中国气候宜居城市”的评估评选所采用。

(二) 中国天然氧吧

“中国天然氧吧”创建活动是由中国气象服务协会在 2016 年发起，意在通过对区域旅游气候及其生态环境质量的综合评价、发掘国内高质量的旅游憩息资源、倡导生态旅游和绿色生态理念。

参与“中国天然氧吧”评选的城市或区域，其基本条件应满足：①年人居环境气候舒适度达“舒适”的月份不少于 3 个月；②年负氧离子平均浓度不低于 1000 个/cm^3；③年均 AQI 指数不大于 100；④旅游设施齐全、服务管理规范。“中国天然氧吧”评选委员会对参评单位上报材料进行审查、复核、评定，经中国气象服务协会审定后，对符合条件的地区授予“中国天然氧吧”称号，并颁发牌匾和证书，同时向社会发布。据

《2019 中国天然氧吧绿皮书》报道："中国天然氧吧"城市品牌显著促进了旅游经济增长，氧吧城市的旅游热度比获评前普遍上涨 1 倍以上(中国气象局公共服务中心，2019)。

衢州市开化县气象局早在 2011 年就已开展了空气负氧离子观测，先后在古田山国家自然保护区、钱江源国家森林公园和县城区等地布设负氧离子监测仪，开展负氧离子观测，为创建中国天然氧吧城市积累了大量的负氧离子观测数据。当 2016 年中国气象服务协会开始组织全国首批"中国天然氧吧"创建活动时，开化县气象局主动与中国气象服务协会对接，并积极参与《天然氧吧评价指标》(T/CMSA 0003—2017)团体标准制定，其中：5 个一类指标、16 个二类指标，多以开化数据为基准，充分体现了开化的示范性。

2016 年 7 月，经过层层材料审核、实地数据考察、统一监测对比分析、专家评议、联合审定等多个环节，中国气象服务协会公布了全国首批"中国天然氧吧"城市名单，并在北京钓鱼台国宾馆召开了首届"中国天然氧吧"创建活动发布会。开化县以综合排名第一的成绩，位居全国首批"中国天然氧吧"城市榜单榜首。次年 9 月，中国气象服务协会在开化县举办了第二批"中国天然氧吧"创建活动发布会暨首届中国天然氧吧论坛，围绕"中国天然氧吧"和生态文明建设展开交流，论坛发布了《中国天然氧吧创建开化宣言》。

截至 2020 年 3 月，中国气象服务协会在全国共授牌 115 个县(市、区)"中国天然氧吧"称号，其中：浙江占据 20 个，约占总授牌数的 17.4%。获得"中国天然氧吧"称号浙江的县(市、区)有：桐庐县、临安区、富阳区、余姚四明山景区、奉化区、宁海县、泰顺县、开化县、衢江区、柯城区、武义县、庆元县、龙泉市、青田县、遂昌县、云和县、缙云县、松阳县、景宁县、莲都区等。丽水全市 9 个县(市、区)均被授牌为"中国天然氧吧"城市，成为全国首个"天然氧吧"全覆盖的地级市。

(三) 中国气候宜居城市

"中国气候宜居城市"是国家气候标志的气候宜居类品牌。国家气候标志是衡量一地优质气候生态资源综合禀赋的权威认定，它是指由独特气候条件决定的气候宜居、气候生态、农产品气候品质等具有地域特色的优质气候品牌的统称，其创建活动由国家气候中心在 2018 年发起，意在通过国家科学评定，引导人们认识气候、主动适应气候、合理利用气候、努力保护气候，进一步发挥优质生态气候资源绿色经济价值。

2018 年初，建德市气象局抓住国家气候标志首批城市创建机遇，主动对接上级部门和地方政府并获得大力支持，积极开展"中国气候宜居城市"国家气候标志创建申报工作。建德市委市政府各级领导高度重视，市政府专门成立了由分管市长任组长的创建工作领导小组，市委书记专题听取了创建工作情况汇报并对创建工作进行安排部署。省、市、县气象部门三级联动，形成创建工作合力，编制浙江建德"中国气候宜居城市"申报材料。2018 年 5 月，经全国气候与气候变化标准化技术委员会院士专家组评审和国家气候中心权威认定，建德市以气候禀赋高、生态环境优、气候风险低、气候舒适度良、气候景观多等多个优势，获评全国首个“中国气候宜居城市”称号。

为充分发挥“中国气候宜居城市”国家气候标志在建德市的品牌效应，建德市长在首发仪式上亲自发布并宣读了《建德气候宜居指数白皮书》，市委、市政府设计了以“宜居建德”为主元素的城市形象标志，开发了建德城市形象视觉识别系统，多次举办以“宜居建德”为主题的系列活动，如：建德 17 ℃新安江高铁旅游上海推广活动、宜居建德城市品牌发布杭州推介会和建德 17 ℃新安江国际半程马拉松赛事等(图 3.3)。2018 年建德市还精心策划举办“中国气候宜居城市”高峰研讨会和“未来地球与生态文明论坛”，中国科学院秦大河院士、中国工程院丁一汇院士等国内知名院士专家 70 余人莅临建德，围绕“气候宜居与建德”和“生态文明建设领域关键科学问题”等主题，共商气候资源开发利用和保护，共享“中国气候宜居城市”创建成果，并发布了《气候宜居城市建德宣言》和《未来地球与生态文明建德共识》。诸多以“气候宜居”为主题的大型活动举办，显著提升了建德城市品牌的知名度和影响力，增强了公众市民对建德市的认同感和幸福感。

图 3.3 “宜居建德”城市形象标志设计与宣传

2018—2019 年，杭州、宁波、温州、台州等气象部门主动服务地方政府，积极为“国家气候标志”申报创建开展服务，先后有 7 个市县获“国家气候标志”品牌（气候宜居类 2 个：建德市、温州市；气候生态类 4 个：宁波四明山景区、台州三门县、湖州安吉县、台州黄岩县；农产品气候品质类 2 个：建德苞茶、苍南四季柚）。

（四）国家级生态气候品牌创建汇总

浙江省气象局紧密围绕浙江省委省政府“大花园”“全域旅游”“美丽浙江”建设等重大部署，积极开展全省生态气候资源调查评估，深入挖掘各地生态气候特色资源，主动对接中国气象局生态气候品牌的创建与管理部门，大力推进浙江各地国家级生态气候品牌创建工作。依托浙江宜人气候条件和优质生态资源，在各级政府大力支持下，截至 2020 年 3 月浙江已成功创建“中国气候养生之乡”“中国天然氧吧”“中国气候宜居城市”“中国气候生态区”“中国气候康养县”等 30 余个国家级生态气候品牌（表 3.1 和图 3.4），生态气候品牌的创建数量位居全国首位，其中：气候养生品牌城市 2 个、中国天然氧吧城市品牌 20 个、国家气候标志品牌城市 8 个。

表 3.1　浙江省国家级生态气候品牌统计

中国气候养生城市品牌		
丽水市	丽水市	中国气候养生之乡
温州市	文成县	中国气候养生福地
国家气候标志品牌		
杭州市	建德市	气候宜居类
温州市	温州市	气候宜居类
宁波市	四明山景区	生态气候类
台州市	三门县	生态气候类
湖州市	安吉县	生态气候类
台州市	黄岩县	生态气候类
杭州市	建德苞茶	农产品气候品质类
温州市	苍南四季柚	农产品气候品质类
中国天然氧吧品牌		
杭州市	桐庐县、临安区、富阳区	
宁波市	余姚四明山景区、奉化区、宁海县	
温州市	泰顺县	
衢州市	开化县、衢江区、柯城区	
金华市	武义县	
丽水市	庆元县、龙泉市、青田县、遂昌县、云和县、缙云县、松阳县、景宁县、莲都区	

图 3.4　国家级生态气候品牌浙江分布

2020 年 4 月，中国气象局将中国天然氧吧和中国气候宜居城市共同纳入国家气候标志管理，国家气候标志原有的三类品牌（气候宜居类、生态气候类和农产品气候品质类）保留气候宜居类，其他两类暂不包含（《中国气象局国家气候标志评价工作管理办法（试行）》气发〔2020〕48 号）。本章中，国家气候标志品牌的统计，以 2020 年之前的原国家气候标志定义为准。

第二节　省级生态气候品牌打造

为推进生态气候绿色资源开发利用由市县级向乡村级延伸，浙江省气象局进一步深挖省内特色资源，逐步打造省级生态气候品牌，以便让社会公众更多认知和享受浙江各地的优质生态气候环境。2019—2020 年浙江省气象局先后推出“浙江省百佳避暑气候胜地”和“浙江省乡村氧吧”评估推荐活动，后续还将推出气候康养乡村、气候宜居村落等省级生态气候品牌，意在为社会公众休闲旅游、健康生活提供更多更好的气象服务。

(一)避暑气候胜地

2019 年 5 月浙江省气象局制定了《浙江省避暑气候胜地评估推荐办法(试行)》,并把“评估推荐 100 个浙江省避暑气候胜地”列入了 2019 年气象为民办实事项目,旨在为社会公众夏季消暑纳凉、休闲旅游等提供气候指引。避暑气候胜地的评估推荐区域应是夏季气候舒适、生态环境优良、基础条件便利、适宜作为夏季避暑目的地的区域,其基本条件需满足:①7—8 月日平均气温高于 30 ℃的天数不超过 7 d,且大于等于 35 ℃的累计高温小时数不超过 80 h;②7—8 月空气优良天数不少于 55 d;③植被覆盖度应高于 60%(滨海区域可适当降低);④交通便利、避暑休闲生活设施较完备;⑤有较为完善的基层气象防灾减灾体系。浙江省“百佳避暑气候胜地”评估推荐流程包括:发布评估推荐活动通知、单位申报、材料初审、评估区指标计算、专家综合评审、名单公布和宣传等。

在“百佳避暑气候胜地”评估推荐活动开展的前期,浙江省气候中心已开展大量相关工作。通过对全省气象、环境、植被遥感等多源数据资料的融合分析,综合考量气候条件、空气质量和植被覆盖等生态气候环境指标,制定了浙江省避暑气候胜地综合评价指标(避暑气候适宜指数—SSI),包含夏季清凉指数(SCI)、人体舒适度天数(CD)、空气优良天数(GAD)、植被覆盖指数(VCI)4 个一级评价指标和 8 个二级指标(高温日数、高温小时数、最高温度、平均温度、相对湿度、风速、空气质量、植被覆盖度);并基于气象站、环境站观测数据和植被遥感数据,结合气候模型和空间分析模型,开展了浙江省避暑气候适宜性评估区划,按夏季避暑气候适宜性将全省区域划分成特别适宜、较适宜、适宜和一般 4 类区,各类区面积分别占全省面积的 4.97%、22.20%、39.58%和 33.25%。这些前期工作为“百佳避暑气候胜地”评估推荐活动开展奠定了扎实基础。

经过单位申报、材料审核、评估区指标计算、专家综合评审、审议认定等多个环节,综合考虑各申报区气候避暑适宜性、生态环境与交通出行条件等,最终确定了浙江省“百佳避暑气候胜地”名单。2019 年 7 月 20 日,浙江省气象局在淳安千岛湖召开了浙江省避暑气候胜地发布仪式,对外公布了“百佳避暑气候胜地”名单(表 3.2 和图 3.5),“百佳避暑气候胜地”所属县(市、区)的县级领导参加了发布仪式,浙江日报、浙江发布、浙江在线等省内主流媒体纷纷到场报道,今日头条、一直播、中国天气网、浙江天气网等网络媒体联合开展网上直播。浙江省“经济生活”频道“有请发言人”栏目对“百佳避暑气候胜地”作了重点推荐,学习强国、钱江晚报等媒体也对“百佳避暑气候胜地”进行了宣传推广。

表 3.2　浙江省“百佳避暑气候胜地”名单

杭州市 (10个)	临安天目山风景区、临安大明山风景区、临安红叶指南旅游景区、淳安千岛湖石林风景区、淳安千岛湖大峡谷、萧山云石生态休闲旅游度假区、富阳安顶山云雾小镇、余杭山沟沟景区、桐庐戴家山畲族古村落、建德灵栖洞景区
宁波市 (10个)	余姚四明山国家森林公园、余姚丹山赤水风景区、海曙杖锡风景区、奉化商量岗旅游度假区、奉化徐凫岩房车旅游度假区、宁海葛洪养生小镇、宁海森林温泉旅游度假区、象山石浦渔港、象山檀头山岛、鄞州白岩山景区
温州市 (18个)	文成铜铃山国家森林公园、文成百丈漈—飞云湖国家级风景名胜区、泰顺南浦溪景区、泰顺乌岩岭景区、泰顺氡泉景区、瑞安湖岭镇黄林古村、瑞安圣井山风景名胜区、平阳南麂列岛国家级自然保护区、平阳青街畲族乡、瓯海泽雅风景名胜区、瓯海大罗山风景名胜区、永嘉石桅岩景区、永嘉茗岙梯田观景区、永嘉沙头镇乌龙川村、苍南玉苍山国家森林公园、苍南渔寮风景名胜区、乐清中雁荡山风景区、洞头列岛
湖州市 (4个)	安吉浙北大峡谷、安吉浪漫山川景区、德清莫干山国际旅游度假区、吴兴梁希森林公园
绍兴市 (4个)	嵊州覆卮山度假区、嵊州西白山美丽区块、诸暨东白湖生态旅游区、新昌镜岭镇外婆坑村
金华市 (8个)	武义牛头山国家森林公园、武义新宅森林小镇、东阳东白山省级旅游度假区、磐安高姥山省级旅游区、磐安大盘山风景名胜区、磐安乌石小镇、婺城双龙风景区、浦江茜溪悠谷轻度假区
衢州市 (10个)	柯城桃源七里景区、柯城梁镇大俱源村、衢江紫微山国家森林公园、龙游六春湖景区、龙游源头村、江山七彩保安景区、开化古田村、开化七彩长虹景区、开化九溪龙门景区、常山梅树底景区
舟山市 (8个)	嵊泗列岛风景名胜区、普陀山国家级风景名胜区、普陀桃花岛、朱家尖岛、普陀展茅田园综合体、定海南洞艺谷景区、岱山岛、秀山岛
台州市 (12个)	黄岩大寺基景区、黄岩富山大裂谷旅游区、天台石梁镇云端小镇、仙居上张乡姚岸村、仙居淡竹休闲谷景区、椒江大陈岛旅游风景区、玉环东沙渔村、玉环大鹿岛景区、临海括苍山国家森林公园、临海羊岩山茶文化园、温岭方山景区、三门横渡镇潘家小镇
丽水市 (16个)	龙泉山旅游区、龙泉宝溪乡溪头村、龙泉屏南镇坪田村、庆元百山祖国家级自然保护区、景宁云上天池景区、景宁云中大漈景区、云和崇头镇黄家畲村、云和梯田九曲云环景区、缙云大洋镇前村、遂昌高坪乡高坪新村、遂昌南尖岩景区、遂昌白马山森林公园、松阳箬寮原始林景区、青田吴坑乡大仁村、莲都太平乡留龙村、莲都岩泉街道陈寮村

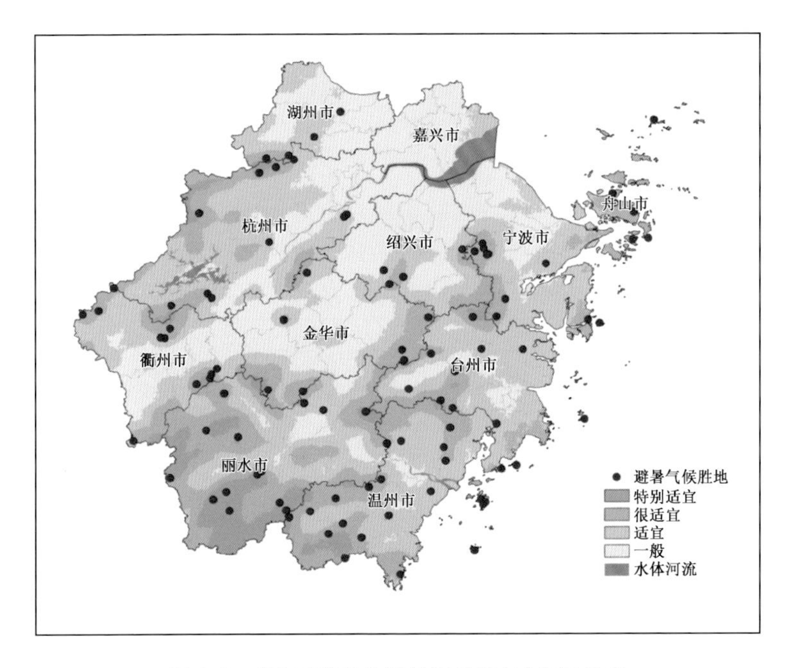

图 3.5　浙江省“百佳避暑气候胜地”空间分布

（二）乡村氧吧

2016 年 5 月，浙江省气候中心开始开展浙江省空气负氧离子监测与评估工作，现已建立浙江省负氧离子监测评估业务系统，实现了负氧离子监测数据自动质控、评价指标自动计算和评估产品自动生成，并联合省生态环境厅、省林业科学研究院等多家单位，牵头制定发布了浙江省地方标准《负（氧）离子监测与评价技术规范》（DB33/T 2226—2019）。这些工作为开展浙江省“乡村氧吧”评估推荐提供了良好的数据基础和技术支撑。

2020 年 7 月浙江省气象局制定了《浙江省乡村氧吧评选办法（试行）》，并把“浙江省乡村氧吧评估推荐”列入了 2020 年气象为民服务十件实事，意在挖掘清新空气优质区、为社会公众提供更多适合“深呼吸”的活动区，进一步推动气象、旅游、康养领域融合发展。“乡村氧吧”评估推荐对象为乡村、民宿区和公园景区等，参评区应具备以下基本条件：①区域内已持续开展一年以上空气负氧离子观测；②年平均负氧离子浓度达 1000 个/cm^3 以上；③生态环境良好、生活设施配套完善。“乡村氧吧”的评价指标由评估区域的年均负氧离子浓度、适游期负氧离子浓度、负氧离子监测数据质量、气候舒适度时长、森林覆盖率、交通条件、吃住游购娱配套设施和评估区相关荣誉称号 8 项分指标构成。

“乡村氧吧”评估推荐流程与“百佳避暑气候胜地”流程相似，包括：发布通知、单位申报、材料初审、参评区指标计算、专家综合评审、名单公布与宣传等环节。经申报、预审、评价指标计算、可疑站点复查、专家综合评审、审议认定等多个环节，2020年12月浙江省首批30个“乡村氧吧”名单确定。同月，借助浙江省新闻媒体气象宣传工作座谈会议的召开，浙江省气象局对外公布了浙江省首批“乡村氧吧”名单（表3.3和图3.6）。浙江日报、浙江卫视、新华社浙江分社等省内10家主流媒体以及浙江要闻快报、澎湃新闻网、新浪网、凤凰网、浙江天气网等网络媒体进行了相关报道。

表3.3　浙江省首批“乡村氧吧”名单

地市	名单
杭州市（5个）	桐庐县富春江镇青龙坞自然村、临安区清凉峰镇大明山风景区、余杭区鸬鸟镇山沟沟风景区、淳安县屏门乡千岛湖九咆界风景区、建德市梅城镇江南秘境七里扬帆景区
宁波市（4个）	奉化区溪口镇栖霞坑村、余姚市大岚镇柿林村、海曙区龙观乡五龙潭风景区、鄞州区横溪镇金山村
温州市（4个）	文成县铜铃山镇、泰顺县司前畲族镇、永嘉县岩坦镇碧油坑村、永嘉县沙头镇乌龙川村
丽水市（4个）	云和县崇头镇云和梯田景区、龙泉市西街街道白云岩景区、遂昌县垵口乡神龙谷景区、景宁畲族自治县景南乡上标村
绍兴市（3个）	上虞区岭南乡东澄村、嵊州崇仁镇董郎岗村、越城区富盛镇诸葛仙山景区
衢州市（3个）	衢江区灰坪乡、江山张村乡双合丰村、开化县齐溪镇
湖州市（2个）	长兴县泗安镇仙山湖国家湿地公园、德清县下渚湖街道下渚湖湿地
舟山市（2个）	普陀区朱家尖街道大青山里沙景区、定海区干览镇南洞艺谷新建村
台州市（1个）	黄岩区屿头乡柔川景区
金华市（1个）	磐安县盘峰乡三亩田村
嘉兴市（1个）	海宁市硖石街道长田村

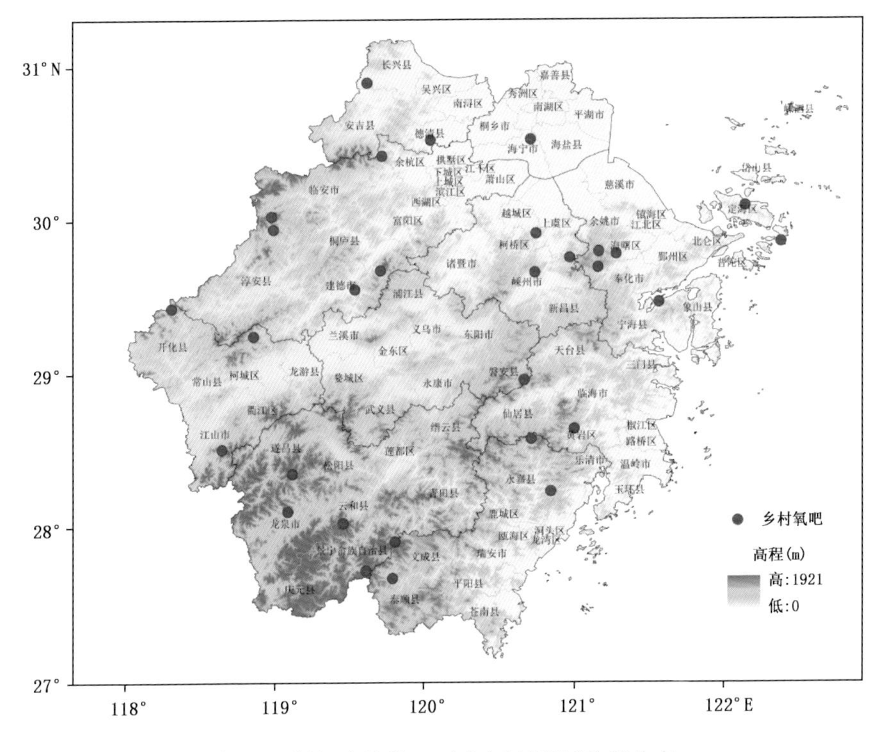

图 3.6 浙江省首批 30 个“乡村氧吧”位置分布

第三节 丽水市生态气候服务实践

丽水是华东地区自然生态保存完好的一块宝地，是浙江“大花园”建设核心区，全市森林覆盖率达到 81.7%，居全国第二。习近平总书记曾用“秀山丽水、天生丽质”赞美丽水，并留下谆谆嘱托：“绿水青山就是金山银山，对丽水来说尤为如此”。

(一)擦亮“气候养生”品牌

丽水市坚持走绿色生态发展道路，生态环境质量一直领跑全国。丽水气候条件独特，气候资源丰富，气候景观多样，《丽水・中国气候养生之乡》评估报告显示：丽水在选取对比的国内 28 个城市中，9 项休闲养生关联指标有 3 项指标位列前三，综合休闲养生指数为 92.8 分，达到“钻石级”休闲养生城市标准，2014 年被中国气象学会授予“中国气候养生之乡”称号(任淑女，2017)。丽水市还曾先后获评全国首个“国际休闲养生城市”、全国唯一一个地级市“中国长寿之乡”、浙江省唯一“全国休闲农业和乡村旅游示范市”等。丽水市气象局以“气候养生”为主题积极开展服务，制定气候养生相关标准规范，深入开展养生气候资源调查。

通过联合多家单位，丽水市气象局先后制定了《养生气候适宜度评价规范》(DB3311/T 60—2016)、《养生气候类型划分》(T/CMSA 0008—2018)等地方标准和团体标准，首次完整给出了“气候养生”定义，并根据气候养生的特点及养生活动所需的气候资源性状(即存在的时间、空间、性质、特征)等，将气候养生类型分为季节养生、疗养养生、游赏养生3大主类和9个分类。该些标准规范的制定发布对加快推进养生气候资源科学调查评估与开发利用具有重要现实意义。

为更大发挥“气候养生”品牌价值，丽水市政府出台了《丽水市“中国长寿之乡”“中国气候养生之乡”品牌推广利用规划(2016—2020)》。丽水市气象局紧跟政府步伐，紧随其后制定了《丽水市“十三五”气候养生资源利用研究报告》。市政府已投入100多亿元，建设并改善了以67个养生乡村、238个美丽乡村为代表的农村基础设施，投资20多亿元推进乡村休闲养生(养老)旅游，形成了“气养”“食养”“药养”“水养”“体养”“文养”丽水六大特色养生品牌。

丽水白云山森林公园是国内距离城市最近的海拔高差近千米的城市后花园，为深入探求山林养生气候资源，2015年开始，丽水市气象局连续3年组织技术力量开展动态立体气候资源调查，全面开展颗粒物、负氧离子、物候及温度、湿度、风等常规气象要素的空间分布监测，形成《丽水市白云山森林公园山地立体气候资源分析报告》，解析了白云山气候资源随海拔、时间的变化规律，探究了白云山立体气候资源的分布特征，为了解和认知我国东部中纬度季风气候区的典型山岳型立体气候提供了实证。

目前，丽水市气象局已建立生态气候养生相关指标实时监测系统，确定了不同海拔高度固定观测站点(分别为海拔150 m、350 m、750 m和1070 m)，对温度、湿度、负氧离子、霾、气溶胶(PM_1、$PM_{2.5}$、PM_{10})以及天气状况、物候现象等数据进行实地观测，并在景宁大漈建立了气候养生示范点。下一步丽水市气象局将结合市委市政府“康养600”规划建设，把“华东地区最大的天然氧吧”洗肺之旅作为主题亮点纳入健康养生休闲旅游线路，把高山日出、观云海梯田、云雾上天堂、森林避暑度假等纳入十大疗休养线路和十大康养线路。

(二)打造全域“天然氧吧”

丽水是浙江省较早开展空气负氧离子观测的地区，目前已建成覆盖城乡、森林、湿地等自然生态系统的清新空气监测站43个，可同时开展温、压、湿、酸雨、雾与霾、能见度、大气成分、负氧离子等监测。丽水全区负氧离子监测结果显示：丽水市空气负氧离子平均浓度为每立方厘米3000个左右，远高于世卫组织规定的2100个的“特别清新”级别。2019年丽水市空气质量在生态环境部公布的169个排名城市中位列第七，空气质量指数AQI优良率为98.1%，环境质量状况位居全国前列，2020年1—7月丽水市空气质量指数优良率达100%。

《“中国天然氧吧”建设管理办法（试行）》规定：符合“年人居环境气候舒适度达‘舒适’的月份不少于3个月，年负氧离子平均浓度不低于1000个/cm^3，年均AQI指数不大于100，旅游设施齐全、服务管理规范”等基本条件的地区可申报“中国天然氧吧”。丽水的气候条件、空气负氧离子含量、空气质量、配套设施等，均符合“中国天然氧吧”的申报要求。为了借助“中国天然氧吧”气候品牌，进一步展示丽水市的好空气。丽水市各级气象部门积极主动对接当地政府部门，全力以赴精心准备“中国天然氧吧”创建申报材料。凭借气候舒适，生态环境质量优良，配套设施完善等优势，庆元县、龙泉市、青田县、遂昌县、云和县、缙云县、松阳县、景宁县、莲都区纷纷获得“中国天然氧吧”称号。至此，丽水9个县（市、区）全部创成“中国天然氧吧”城市，成为全国唯一一个“中国天然氧吧”县级全覆盖的地级市。2019年12月，首届“中国天然氧吧”产业发展大会在丽水召开，中国气象局领导、全国115个“中国天然氧吧”地区（县、市）政府领导和气象、环境、旅游、健康等领域的专家学者共220人参加会议。

（三）深挖旅游气候资源

丽水市气象局积极开展全市气象景观资源普查工作，按照《气象旅游资源分类与编码》（T/CMSA 0001—2016）中3个大类14个亚类84个子类景观资源的划分标准，通过查阅丽水市气象旅游资源普查资料、气象风光景观摄影图文资料和乡土文化资料，结合历史气象数据推理求证等，完成了丽水市气象景观资源首次普查。普查结果显示：丽水市具有云海、日出、冰雪、星空等3个大类14个亚类70个子类气象景观资源，全市具有观赏性的气象景观点有11740处。

根据气象景观普查结果，结合丽水瀑布、溪流、湿地、湖泊、温泉、原始森林等自然景观，丽水市气象局拟定了云海、日出、冰雪、星空、养生、避暑等9条气象景观观赏线路。在旅游景区、历史文化村落、高山避暑区块中融入云海、日出、森林氧吧等气象元素，重点打响“丽水山居”民宿品牌，已建成“过云山居”“茑舍”“如隐·小佐居”等一批精品民宿。2019年，全市累计农家乐民宿总数3765家，餐位25.9万个，床位5.1万个，接待游客3609.5万人次，同比增长18.5%，实现营业总收入37.6亿元，同比增长23.7%。

为大力推进全域旅游和农旅结合工作，丽水市气象局积极开展“十佳观星营地”“十佳观云台”等相关系列创建评比、观星营地和观云台建设标准制定等。气象部门根据各地暗夜条件及各县（市）国家气象站夜间观测资料，综合当地自动气象站点夜间降水日数，制定了观星营地标准；根据当地景观季节性及方位性差异，综合分析各地降水、云量、云状及设施避雷要求等，确定了观云台建设标准。现已建成10个气象景观体验营地和气候养生示范点，率先在浙江省推出了云海预报服务产品。

（四）推进国家气象公园试点建设

为推进国家气象公园试点建设工作，丽水市气象局组建了领导小组与工作专班，多次召开国家气象公园工作推进会，积极向市政府汇报相关工作情况，把国家气象公园试点建设由气象部门提升到了地方政府层面。2020 年 6 月，《丽水国家气象公园建设规划》编制完成，并通过专家评审。《丽水国家气象公园建设规划》确定了丽水国家气象公园试点建设项目 53 个，大致分为气象主题景区、气象旅游景区、气候养生基地（示范点）、气象旅游精品村落、气象研学基地、气象旅游示范点等类型。其中：德菲利气象主题村、河阳气象文化馆、方山气象旅游综合体等重点示范项目，目前已取得明显进展。九龙湿地生态观测站改造有序推进，莲都区利山白莲物候观测和生态旅游服务取得成效，地方标准《气候养生基地建设指南》顺利立项。

下一步，丽水市气象局将积极推进国家气象公园建设与丽水全域旅游、康养 600 规划建设、百山祖国家公园建设等重大工程有机结合，加强协调，共建共享。在全域旅游中凸显气象主题线路，实现旅游＋气象融合。在“丽水山耕”和“丽水山居”品牌塑造中，持续推进气候养生、天然氧吧等气候品牌创建，充分发挥气候品牌效应。同时，进一步结合全市各气象台站改造和百山祖国家公园建设，打造气象宣教服务中心，向公众普及气象知识、宣传气象旅游；继续完善生态气候资源立体监测体系建设、深化生态气候资源本底调查，推进丽水山区生态气候资源深度开发利用；联合科研院所创建科研基地，加强气候与养生、气候与旅游、气候景观形成机制与预报等科学研究。

报刊文摘专栏 4

摘自 2020 年 9 月 15 日《中国气象报》第二版

气候资源撬动生态经济——丽水探索生态气象产品价值转化机制

“山也青，水也清，人在山阴道上行，春云处处生。”在从浙江丽水离开返回上海的路上，汤显祖的这几句诗在游客赵女士脑海中循环往复，丽水的景致让她回味：“按照气象景观观赏线路，走过盘山道就会有‘山重水复疑无路，柳暗花明又一村’的惊喜。”

“走生态路、吃生态饭”，15 年来，丽水市委、市政府践行“两山”理念，实现“青山依旧在，丽水已生金”。当地气象部门深挖生态气候资源，全面探索生态气象产品价值转化机制，变气候资源为气候产品，用气象力量助推生态经济产业发展。

9 条线路让“丽水山景”“出圈” 观星营地、观云平台……在丽水，隐匿在深山中的优质景观数不胜数，但也有很多地方不被人所知。“丽水气象景观资源如此丰厚，如果不能挖掘利用起来就是我们工作的缺失。”怎样将“藏在深闺人不识”的气象景观推送给公众，一直是丽水市气象局局长郑建飞的心中大事。“丽水具备3个大类14个亚类70个子类气候资源，涉及全市气象景观11740处。”2016年，市气象局着手开展气象景观资源普查，结果令人振奋。市气象局在全市建成气象景观体验营地或气候养生示范点17处，十佳观星营地及十佳观云台20处，拟定云海、日出、冰雪、星空、养生、避暑等9条气象景观观赏线路，开展近50次气象景观主题活动。这样的调查基于《气象旅游资源分类与编码》中的3个大类14个亚类84个子类资源，通过问卷调查、查阅丽水气象旅游资源普查资料、气象风光景观摄影图文资料、乡土文化资料等，开展气候和GIS数据反演，科技内涵令人信服。气象景观资源调查挖掘也为全市旅游总收入增长作出积极贡献。2019年，全市旅游总收入达到781.04亿元，同比增长16.9%，被誉为“云中气象村”的青田尚仁村，2019年接待旅客人数超过5万，收入约600万元，较历年有大幅增长。

气象大数据助“丽水山耕”添金 2019年，丽水景宁出品的惠明茶被列为庆祝澳门回归20周年纪念用茶，还作为礼物赠予保加利亚总统。像惠明茶一样，“丽水山耕”“景宁600”“庆元800”近年来闻名全国，生态产品远销北京、上海、深圳。好产品畅销的背后离不开独特的气候环境。为给这些山中之宝穿上科技外衣，丽水做起山地小气候文章。市气象服务中心姜燕敏用10年时间，将全市380多个站点365天的资料汇总比较分析，得出相应结论：“比如海拔600米，气温日较差最明显，年积温充足，这个高度以上的绿色精品农产品生长环境好、无污染、品质高。”丽水枇杷气候适宜区在全市面积较大。根据气象部门分析，最适宜区域主要分布于青田的瓯江沿岸、景宁的小溪河谷以及莲都区中部到云和县城一带。“枇杷种植最重要的就是花期、挂果期和采摘期。花期可以承受−7 ℃的低温，挂果期可以承受−3 ℃的低温，只要受冻，来年产量就会受影响；采摘期最怕热害，太阳暴晒会导致裂果，强对流天气会导致落果。”关注枇杷等作物的生长状态，分析影响作物生长的因素，并提前给农户发布预报预警信息，是姜燕敏的工作日常。“气象部门的预报预警很有指导意义，可以让我们提前采取有效措施，减少损失。”莲都区农业大户傅成波说。

挖掘养生资源为“丽水山居”添福 丽水空气质量在生态环境部公布的169个城市中位列第七，空气质量指数优良率达98.1%。这里逐渐成为游客心中的休闲养生胜地。2019年，全市农家乐民宿已达3765家，同比增长18.5%，营业总收入达37.6亿元，同比增长23.7%。“丽水的气候为何适宜养生？”“夏天高温频占全省榜首难道也适合避暑？”面对公众的疑问，气象部门逐层分析，根据市内近30年7个国家气象站、近5年131个区域气象站观测数据以及近10年市生态环境、森林资源监测数据和相关文献，对丽水生态气候休闲养生状况进行综合分析和比较研究，揭示出丽水生态气候及休闲养生资源特色，并出版《丽水·中国气候养生之乡》，表明丽水度假气候、人体舒适度、气象、寒冷等指数均处于高位优势。丽水生态气象服务创新团队今年已连续推出3期9县(市)代表性的避暑胜地。团队成员郑雯靖说，丽水60%的地域海拔高度在500米以上，有众多高山台地(乡镇、村)，山区气温日较差更大，早晚温度低，非常适合避暑。未来，该团队还会在休闲养生方面进行深入探究，从专业的角度告知公众哪里有清凉、何处更健康。

第四节　温州市生态气候服务实践

温州市位于浙江东南沿海，气候适宜、空气清新、生态优质，休闲旅游四季皆宜。温州市各级气象部门积极深入挖掘观光旅游、休闲度假、健康养生等生态气候资源，近年来已成功创建“中国气候宜居城市”“中国天然氧吧”“中国气候养生福地”3个国家级气候品牌。在浙江省“百佳避暑气候胜地”评选中，温州共有18个景点和乡镇入选，数量居全省首位。

(一)气候宜居城市创建

温州市气象局主动作为、积极沟通、强化研究、精心准备、多方努力积极推动“中国气候宜居城市”国家气候标志申报创建工作，“中国气候宜居城市”创建工作被写入温州市委十二届八次全会报告。温州市气象局积极协助市委市政府，配合国家气候中心开展申报材料数据收集和报告编制工作。经“中国气候宜居城市”国家气候标志专家委员会评审认定：在气候禀赋、气候风险、气候生态环境、气候舒适性、气候景观五大类40项指标中，温州有35项达到优良，优良率为88%，根据国家气候标志气候宜居类的评价指标，综合评定等级为优。2019年5月，国家气候中心正式授予温州市“中国气候宜居城市”称号。在获得“中国气候宜居城市”后，温州市气象部门在第一时间向市委市政府呈送了《关于温州创成中国气候宜居城市后续有关工作的建议》，温州市长作出批示：“这个品牌确实要打响、用好……”。继而，温州市气象局联合市委宣传部开展了一系列生态气候品牌推广活动，进一步推动了气候资源保护与利用(图3.7)。

通过抓宣传、抓推广、抓结合，“讲好”温州宜居气候故事。利用各类公益广告资源在全市范围推广“中国气候宜居城市”金名片，在机场、动车站和高速公路出入口等地的2000多个户外大型屏、1000多个电子阅报屏、3000个电梯广告屏开展公益宣传，循环滚动播放温州“中国气候宜居城市”巨型海报，呼吁社会公众感受温州之美，珍惜温州优良生态气候环境，牢固树立“绿水青山就是金山银山”理念，助力城市文旅

图 3.7 温州“中国气候宜居城市”宣传

康养品牌打造和绿色产业发展。

(二)气候养生城市品牌创建

为促进经济社会绿色可持续发展,将优质的生态气候资源转化为绿色经济效益,2015 年 4 月文成县政府正式启动“中国气候养生福地”创建工作,并委托浙江省气象局编制相关评估报告。由浙江省气候中心为牵头的专家团队前往文成开展了多次实地调研,并与文成县发改、气象、环保、旅游、水文、农业农村等部门就评估报告数据资料收集、报告编制以及如何更好地展现文成魅力等相关问题进行了深入的交流与沟通。2017 年 5 月《文成·中国气候养生福地》评估报告编制完毕,同年 9 月中国气象学会组织院士专家组在河南郑州召开《文成·中国气候养生福地》评估报告论证评审会,专家组一致同意授予文成县“中国气候养生福地”称号。2018 年 3 月,在文成举办了“2018 浙江康养旅游论坛”,向全国和全省新闻媒体宣传了文成创建“中国气候养生福地”的有关情况,并举行了授牌仪式。

获评“中国气候养生福地”国家级气候品牌后,文成县气象局紧紧围绕“三美文成”和打造全省一流的国家全域旅游示范县目标,不断提升生态气象服务能力,先后推出了“疗休养指数”“避暑指数”“枫红指数”“观瀑气象指数”“度假指数”等特色生态旅游气象服务产品,并通过气象影视、微博、微信等途径发布。同时联合温州市百丈漈—飞云湖旅游经济发展中心、县文化和广电旅游体育局等多家单位,积极开展“文成·中国气候养生福地体验基地”的评选活动,为“三美文成”和全域旅游示范县建设贡献气象力量。

(三)天然氧吧城市品牌创建

为了积极响应“中国氧吧·康旅泰顺”旅游宣传口号,深度挖掘气象与旅游关键建设发展相结合的切入点,不断发挥泰顺生态环境优越、自然景观独特和人文特色显著的优势,2017年泰顺县政府正式启动“中国天然氧吧”品牌创建。经过材料申报、现场复核、专家评审等层层考核审定,于2019年9月创成国字号生态气象品牌——“中国天然氧吧”。品牌的创成肯定了泰顺的生态优势和倡导绿色生活的理念以及发展生态旅游、健康旅游的道路;并为泰顺推进生态旅游提供了品牌和数据支撑。

获评“中国天然氧吧”国家级品牌后,泰顺县气象局立足泰顺“生态立县”战略,积极开展负氧离子相关的科研和生态气象服务工作。建立了负氧离子浓度预测模型,开发并发布生态旅游指数、度假气象指数、气象景观等级预报产品,结合医学等其他领域研究数据,探讨负氧离子在养生、康养等方面的作用。通过气象景观点培育、旅游矩阵打造、负氧离子监测等,全方位打造泰顺生态旅游气象服务综合平台,用气象数据向公众展示泰顺最佳的生态旅游资源,不断扩大泰顺“天然氧吧”品牌影响力。

(四)《温州市气候资源保护和利用条例》出台

为了更有效地保护和合理利用气候资源、促进温州当地优质生态气候资源向绿色经济价值转化、更好地保护生态气候环境、推进生态文明建设、促进经济社会全面、协调、可持续发展,温州市气象局积极推动气候资源立法。2019年12月温州市人大明确将《温州市气候资源保护和利用条例》(以下简称《条例》)纳入2020年立法项目。《条例》起草过程中得到各级领导大力支持,市人大常委会主任、副主任多次亲赴市气象局现场指导。2020年7月,《条例(草案)》通过温州市人民政府常务会讨论,报请市人大审议。同年12月,《条例》在温州市人大常委会第三十三次会议上表决通过。

《温州市气候资源保护和利用条例》是全国第三部在气候资源领域立法的地方性法规,是当地探索出的通过立法积极应对气候变化、推动生态文明建设、努力践行“金山银山就是绿水青山”的成功案例。作为一部地方性气象立法的法规,紧扣温州特有的地理气候特征,设置了很多具有温州辨识度的款项。比如:依托国家气候标志品牌,推动当地气候资源生态保护和优势利用;定期开展三垟湿地、珊溪水库等气候效应评估;综合利用气候资源调查、区划成果,发挥当地农业气候资源优势,发展特色农业;鼓励瓯柑、杨梅、茶叶等农产品生产经营者申请农产品气候品质认证,打造区域品牌;加强对温州影响最严重的气象灾害——台风的气候特征分析和气候预测研究,发布气候指数,开展气候风险区划等。值得一提的是,该条例对气象工作的一些好做法进行了固化完善。如《条例》提出:每年3月23日世界气象日所在周为当地气候资源宣传周;城市通风廊道布局和控制要求纳入国土空间规划;开展气候资源调查与评估区划,推行区域性气候可行性论证;开展城市热岛效应评估,有效应对热岛效应;发布气候旅游指引、气候康养指数等信息，引导社会公众开展康养休闲旅游等。在解决实际问题方面，如何让气候可行性评估论证“最多跑一次”，是立法过程中的一大难点，经过反复探讨和多轮深入研究论证，最终明确：“符合区域评估条件的建设项目，可以不再单独组织气候可行性论证，区域性气候可行性论证的具体办法由市人民政府制定”，以实现最大限度减负、便民需求。

该条例的推出将更加有利于温州市气候资源的有效保护和合理利用，为进一步发挥当地特色气候资源优势、降低气候灾害风险、促进生态气候资源价值转化、打造气候宜居、宜业、宜游城市品牌等提供了有依据的法规性保障。

报刊文摘专栏 5

摘自 2019 年 6 月 6 日《温州日报》第二版

温州成“中国气候宜居城市”

“温州好，别是一乾坤，宜雨宜晴天较远，不寒不燠气恒温，风色异朝昏。”这是清代文人孙扩图笔下的温州。温州以气候温润得名，凭借着得天独厚的气候资源，前人的注解得到了今人最新的诠释。昨天，我市成功跻身“中国气候宜居城市”行列，摘得温州首张气象“金名片”。

温州，是一座以气候特征命名的城市，地处我国东南沿海，属于亚热带海洋性季风气候区，优越的地理位置决定了温州独特的气候优势。为充分挖掘和发挥温州气候禀赋，助力“五美”新温州建设，提高公众气候资源获得感和幸福感，去年我市向国家气候中心提出申报“中国气候宜居城市”国家气候标志。

经国家气候中心组织评审，温州在气候禀赋、气候风险、气候生态环境、气候舒适性、气候景观五大类 40 项指标中，有 35 项达到优良，优良率为 88%。其中日平均气温 15～25 ℃之间的适宜天数有 139.3 天，1 月平均最高气温为 12.6 ℃，年小雨日数为 119 天，年平均风速 1.5 米/秒，气候度假适宜月数达 12 个月等共 23 项指标达到优级，优达标率为 58%。值得一提的是，温州城区大气自净能力较强，近 3 年温州城区环境空气质量优良率平均达到 92%。有“空气维生素”和“大气中的长寿素”之称的负氧离子，温州城区空气中浓度较高，并明显高于浙中北等地区。

夏天温州是台风经常“光顾”的地方，每年的防台减灾任务也较繁重，似乎和“宜居”画不上等号。据介绍，气候风险是气候宜居城市 40 项评价指标之一，虽然在气候宜居指标中台风风险指数为高级，但我市全年中大部分时间气候还是非常宜居的。与此同时，通过因势利导，我市在做好台风防御工作的同时，台风也为温州带来了充沛的降水，舒缓了夏季高温，丰盈了温州水资源，降低干旱风险。

评审组一致认定，温州城区具有良好的气候宜居优势，决定授予温州“中国气候宜居城市"的称号并于昨天进行了授牌。目前获得气候宜居城市的有：浙江建德、广西恭城、广东连山、广东中山、浙江温州。其中，中山和温州为地级市，其余三个为县级市。

第五节　开化县生态气候服务实践

开化县作为全国第一批国家公园试点区，更是长三角唯一的试点区。开化县委县政府以建设钱江源国家公园为契机，推进生态立县战略，积极探索生态与经济协同发展新路径。国家级生态县、国家公园体制试点、国家生态文明示范县、全域旅游示范县等先后落户开化，开化也是全国首批"中国天然氧吧"城市。开化生态气候资源得天独厚，如何让气候生态更优、生态品牌更响、气象服务更聚焦、生态气候效益更显著，开化县气象局开启了生态气候服务转型探索之路，并在钱江源国家公园生态气象服务方面，取得了良好的经济效益和社会效益，中国气象报就此项工作也进行了相关宣传报道。

（一）布局生态气候监测网

根据生态县建设需求，2011 年开始开化县气象局先后在古田山国家自然保护区、钱江源国家森林公园、县城区等布设空气负氧离子监测仪器，实时对外发布空气负氧离子数据（图 3.8）。

图 3.8　古田山自然保护区空气负氧离子实时监测数据显示大屏

2017 年 5 月 25 日，浙江省领导赴开化调研，在实地考察钱江源国家公园古田山自然保护区时，关注到保护区内的负氧离子监测数据，省长由衷地感叹道："这里的负离子真高，空气真清新！"。当晚在古田山召集环保、气象等部门听取空气负氧离子监测工作情况汇报，谋划浙江清新空气监测网建设。同年 7 月，浙江省政府下发《关于开展清新空气（负氧离子）监测及网络体系建设的通知》，在全国率先开展清新空气（负氧离子）监测及发布体系建设。开化一站的负氧离子观测，拉开了环保、气象、林业、旅游等浙江全省清新空气监测网络建设的序幕。

近年来，围绕开化生态保护与开发利用需求，开化县气象局积极推进建设要素种类齐全、布局合理的生态气候监测网。在 41 个常规六要素自动气象监测站的基础上，新建 2 个森林生态站、2 个农田、茶园生态站、8 套能见度仪、2 座百米风塔、5 套雪深仪、5 个负氧离子站，新增 $PM_{2.5}$、PM_{10}、臭氧、二氧化硫、一氧化碳、氮氧化物等大气成分观测仪、酸雨观测仪、太阳辐射和微波辐射计、风廓线雷达等一批新的监测设备，在天气关键区建设 18 个天气实况视频监控，共享华数集团公司实况视频监控 30 个，新建梯度生态观测站 2 个，初步建成全省最齐全、最完善的生态气候监测网，水平范围从单点到面，涵盖城镇、农田、旱地、茶园、林地、水库和城区，垂直范围从地面到中低对流层，从低海拔到中高海拔，监测领域从纯气象到与之相关的生态、农业、旅游、资源等，实现景区、主要交通沿线、生态涵养区、人口密集区、景区及周边气象次生灾害易发区等监测全覆盖，实现常规气象要素、生态环境要素、气象灾害要素等要素全覆盖，构建了由地面固定监测、高空雷达探测、移动车监测等多监测方式构成的立体监测网，可为生态环境治理保护及资源开发利用提供科学观测数据。

（二）打造生态气候名片

开化县气象局牢固树立"减灾就是增效、趋利就是增益、气候就是生态"气象服务理念。在"中国天然氧吧"全国首次开始创建初期，开化县气象局主动邀请国内气象、环保领域的权威专家走进开化"深呼吸"，历经三年，经层层审核、实地考察、对比监测分析、专家评议、联合审定等环节，2016 年 7 月，开化县以综合排名第一的好成绩获评全国首批"中国天然氧吧"城市。2017 年 9 月"中国天然氧吧"创建活动发布会暨首届中国天然氧吧论坛在开化举办，并发布了《中国天然氧吧创建开化宣言》。

开化县成功创建"中国天然氧吧"城市后，一批以休闲度假、健康养生为核心的项目纷纷落户开化，曾经"藏在深山无人知"的开化成为人们休闲旅游的"新宠"。行走在溪水潺潺、林木苍翠的山道上，杭州游客称赞："开化实在太美了，欣赏的是青山碧水，呼吸的是清新空气！"。2019 年 6 月开化县气象局又开展了"开化十佳避暑康养胜地"评选，齐溪镇龙门等 10 个村成功入选，后续有 3 个村入选了浙江省"百佳避暑气候胜地"。据开化县文旅委有关统计：2020 年 1—7 月，全县共接待游客 370.08 万人次，实现旅游收入 27.21 亿元，乡村生态游接待游客 259.05 万人次，营业总收入 2.85

亿元。在疫情之下，开化优质的生态气候资源，依然带来了良好的社会经济效益。

为进一步深入挖掘开化县休闲旅游、度假康养等高质量生态气候资源，开化县气象局联合浙江省气候中心共同开展了开化县生态气候资源调查评估工作。通过整合天气、气候、生态、环境等地面站地基观测数据和空基遥感探测数据等，采用气候监测诊断、遥感反演、生态气候评估模型和GIS空间分析等技术手段与方法，开展了开化县生态气候资源本底调查、气候适宜性分析、气候风险分析、气候变化分析、精细化气候资源图谱制作、生态环境质量分析和生态环境质量气候影响评估等，并编制了《开化县生态气候资源精细化评估报告》，为下一步开化县生态气候资源的科学开发利用奠定了基础。

（三）创建生态旅游气象台

2015年1月，开化县开启国家公园体制试点。单一的气象监测已不能满足国家公园试点建设要求。开化县气象局围绕钱江源国家公园试点建设需求，积极谋划，主动开启气象服务转型发展之路。2018年浙江省气象局与开化县政府共同投资2246万元，启动共建“开化生态旅游气象台”项目，着力构建以一张生态旅游气象监测网、一个多源生态数据共享中心、三个生态旅游气象服务平台（生态气象综合服务平台、业务平台、科研平台）、一个生态旅游气象台机构为重点的“1131”生态旅游气象服务体系。

通过三年的努力，开化生态旅游气象台雏形初现，生态气象监测网基本建成，并设立了生态气象专家工作站，从科学研究、人才队伍、研究试验基地等方面全面保障生态旅游气象业务持续、稳定运行。2020年8月开化生态旅游气象台获得县机构编委会批复，给予全额事业编制3名和公益岗位编2名，承担生态旅游气象业务工作。“十四五”期间，开化县将进一步推动钱江源国家公园生态气象大型综合观测基地和标准人工影响天气作业基地等建设，成立中国气象科学研究院浙江分院国家公园（钱江源）研究中心，打造集“观测、科研、中试、推广”四位一体的国家公园气象服务示范基地，国家公园气象服务的“开化样板”蓝图正在徐徐展开。

报刊文摘专栏6

摘自2020年9月8日《中国气象报》第二版

打好“气象牌”走出“绿色路”——记钱江源国家公园生态气象服务探索之路

浙江开化，碧水清流，青山如黛，境内钱江源国家公园是全国十个国家公园体制试点区之一，也是“中国天然氧吧”首批创建地区。如何做好气象服务，让气候生态更优、生态品牌更响，一直是当地气象部门的孜孜追求。

整合气象大数据拉起生态气象监测网 “现在开化的空气污染主要以周边地

域输入为主，我们需要联合气象部门开展外地污染源监测预报预警。”生态环境部门对气象服务提出迫切需求。2011 年 9 月，开化县气象局在古田山国家自然保护区建立首套负氧离子监测系统。经过 9 年发展，其水平监测范围从点到面，垂直监测范围从地面到中低对流层、从低海拔到中高海拔，监测领域从纯气象到与之相关的生态环境、农业农村、文化旅游等，构建起地面固定监测、高空探测雷达、地面移动监测车等不同监测方式组成的立体监测网，实现了景区、交通沿线、生态涵养区、人口密集区、景区及周边气象次生灾害易发区等范围监测全覆盖，为生态保护和科学开发提供有效数据。2017 年 5 月 25 日至 26 日，时任浙江省省长袁家军到开化调研，实地考察古田山国家自然保护区，听取负氧离子监测工作情况汇报，谋划浙江生态监测。同年 8 月，浙江省政府印发《关于开展清新空气（负氧离子）监测及网络体系建设的通知》，在全国率先开展清新空气（负氧离子）监测发布体系建设。开化气象部门的生态观测业务，成为全省清新空气计划的“引玉之砖”。

挖掘气候资源助力生态旅游高质量发展 美丽生态催生美丽经济。开化县成功申报“中国天然氧吧”后，一批以休闲度假、健康养生为核心的项目纷纷落户开化，曾经“藏在深山无人知”的开化成为人们休闲旅游的“新宠”。“在开化，让我享受到一种宁静的美，在这里度假别有一番风情，而且空气非常清新，还能吃到钱江源头的清水鱼，以后要常来。”来自上海的游客李月说。2019 年 6 月，开化开展十佳避暑康养胜地评选，齐溪镇龙门村等 10 个村成功入选。随后，3 个村又成功入选浙江省避暑气候胜地。行走在溪水潺潺、林木苍翠的齐溪镇龙门村山道上，来此疗休养的杭州游客吕阿姨说：“开化实在太美了，欣赏的是青山碧水，呼吸的是清新空气！”据统计，今年 1 月至 6 月，开化县接待国内外游客 280.03 万人次，实现旅游收入 20.69 亿元。其中，乡村旅游接待游客 195 万人次，总收入 2.08 亿元。在疫情之下，生态资源带来的好效益势头不减。

创新服务载体彰显气象责任与担当 2018 年 7 月，浙江省气象局与开化县政府共同投资 2246 万，正式启动共建“开化生态旅游气象台”项目，着力构建以一张生态旅游气象监测网、一个多源生态数据共享中心、三个生态旅游气象服务平台（生态气象综合服务平台、业务平台、科研平台）、一个生态旅游气象台机构为重点的“1131”生态旅游气象服务体系。通过近几年的努力，开化生态旅游气象台雏形初现。今年年底，开化生态旅游气象台将挂牌成立。届时，县气象局将发布《开化县生态气候资源精细化评估》，成立专家工作站，联合浙江省气候中心，利用开化县域内的天气、气候、生态、环境等地面站地基观测数据和空基遥感探测数据等，通过气候监测诊断、遥感反演、生态气候评估模型和 GIS 空间分析等技术手段与方法，开展气候资源本底调查及气候变化分析评估、气候适宜性分析、气候风险分析、精细化气候资源图谱制作、生态环境质量调查分析和生态环境质量气候影响评估。

第四章　全域旅游气象服务

浙江是我国著名的旅游胜地，得天独厚的自然风貌和积淀深厚的人文景观交相辉映，使浙江获得了“鱼米之乡、丝茶之府、文物之邦”的美誉。全省拥有西湖、千岛湖、雁荡山、天台山、莫干山、普陀山、乌镇、西塘、南浔等多处国家级风景名胜区。近年来，浙江省气象部门紧紧围绕浙江省委省政府“诗画江南·山水浙江”“大花园”“全域旅游”建设等重大部署，开展全域旅游气象服务。聚焦“十大名山公园”“十大海岛公园”等建设规划，完善气象监测网；通过研发旅游气象指数、建立旅游气象灾害风险阈值体系等坚决筑牢旅游气象防灾“第一道防线”；市县气象部门构建本地化旅游气象信息发布平台，为游客提供更丰富、更精细化的旅游气象服务产品；积极打造省级“避暑气候胜地”“乡村氧吧”等金字招牌，不断深度挖掘旅游气象资源，奋力为浙江旅游强省建设贡献更大的气象力量。

第一节　山地旅游气象服务

浙江素有“七山一水两分田”之称，广阔的山地蕴含着丰富多彩的旅游资源。天目山、天台山、四明山、雁荡山等山系贯穿全省。莫干山、雁荡山、百山祖更是闻名于世。山地不仅发挥着涵养水源、保持水土、维护生物多样性等生态价值，更具有巨大的文化旅游开发价值。但与常规的人文景观不同，山地旅游对气象因素更为敏感，无论是山地特有的云海等景观预报或是需要密切防范的山洪等地质灾害预警，都依赖于更为精细化的气象服务。近年来，浙江省气象部门以省“十大名山公园”建设为契机，主动融入，扎实推进气象服务，不断打造浙江气象品牌和形象。

（一）布局山地生态气象监测网

为进一步加强山地生态气象监测，各地气象部门一是依据服务需求谋划建设区域自动气象站点，包括常规四要素以及六要素区域自动气象站、雪深站、能见度站等，其中，黄茅尖观测站海拔高度1919 m，为浙江最高气象站，2016年启用至今，为高山气候研究和森林资源科研提供了大量珍贵资料；二是积极新建负氧离子监测站（图4.1），其中在百山祖国家公园内已建成百山祖、巾子峰和凤阳山监测点，为龙泉市、庆元县于 2017、2018 年率先成功创建“中国天然氧吧”提供数据支撑；三是在各景区建设气象信息显示屏，提供准确、及时的气象监测、预报、预警信息，实时发布气象、负氧离子等实况监测信息。

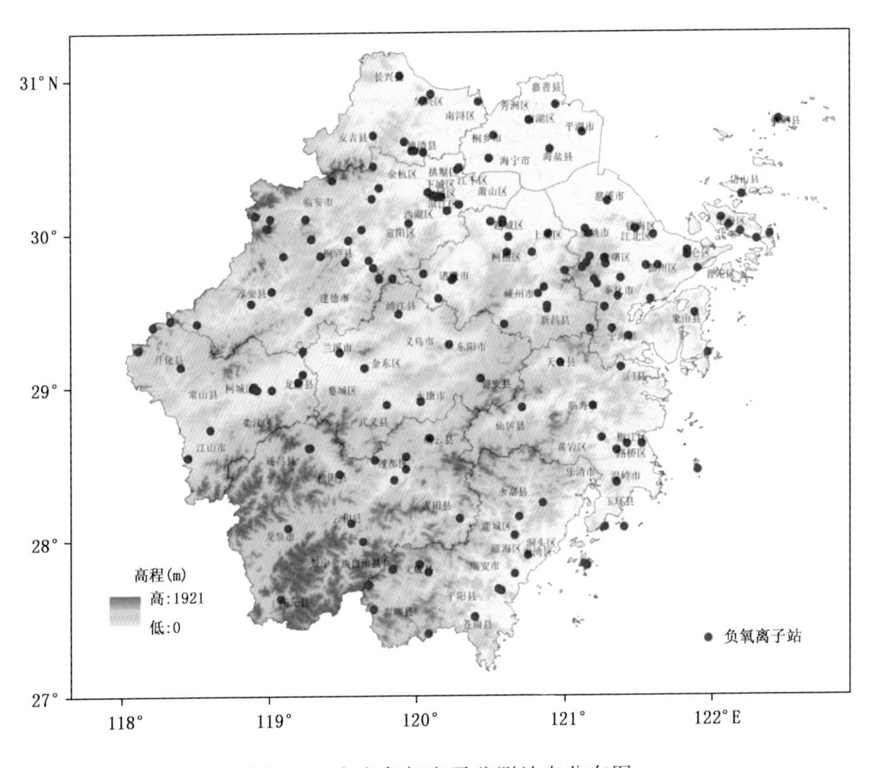

图 4.1 全省负氧离子监测站点分布图

(二)筑牢旅游气象防灾“第一道防线”

各地针对景区特点提供“精细化、个性化”的直通式气象服务，重点做好关键性、转折性、灾害性天气的预报预警，做好景区重大活动气象服务，确保服务早于影响，应对先于危害，最大限度减轻气象灾害影响。其中，武义县牛头山景区每年根据气象预报信息，合理安排漂流、温泉、歌舞晚会、户外爬山、玻璃栈道等活动，确保各项旅游活动安全有效地开展。

各地不仅在局地灾害性天气预报技术上不断探索，更在基层气象防灾减灾体系建设上下功夫，景区配备气象信息员，实现 10 min 内气象灾害预警信息的精准获取，从而最大程度发挥预警信息的效果。

为实现旅游气象处置的规范化，德清县气象局编制发布地方标准《乡村旅游气象灾害应急处置规范》(图 4.2)，针对度假区内酒店、民宿、户外运动基地等责任人举办旅游气象灾害防御培训班,对《规范》进行详细解读,建立民宿联动联防机制,有效提升度假区旅游气象灾害防御意识和能力。

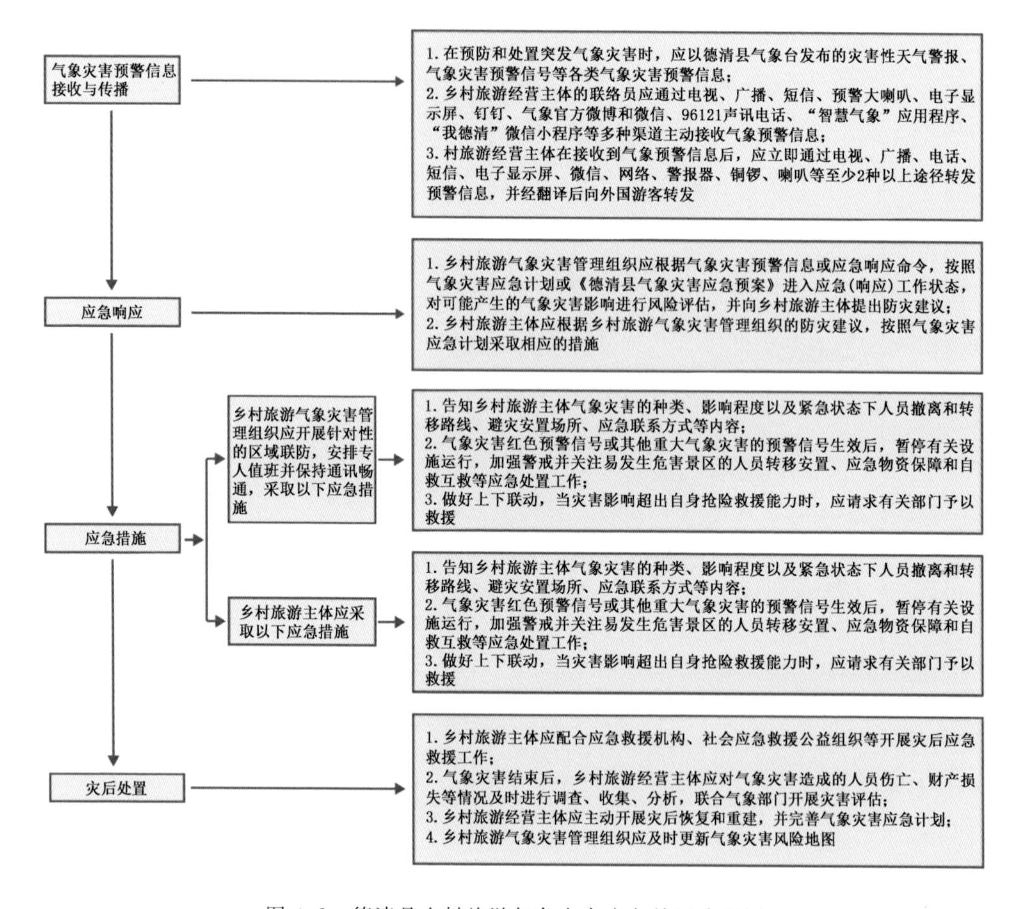

图 4.2　德清县乡村旅游气象灾害应急处置流程图

(三)深度挖掘旅游气象资源

各地积极挖掘旅游气象资源,开发云海、观星等指数预报,发布春季赏花指南。其中,德清成功发布的莫干山云海指数预报获得了广大民宿业主好评,并被《中国气象报》报道。

乐清市气象局围绕雁荡山区生态旅游出行需求,从云量、温度、风力、遮阳设施、不同季节特色景点等方面考虑,推出雁荡山旅游气象指数。为做好旅游指数服务,编制《乐清四季旅游指引》,建设乐清旅游气象服务平台,应用智能网格预报产品,发布各旅游景点所在地的短临、短期、一周天气预报等产品以及旅游气象指数预报，为大众出行、旅游提供良好的气象服务指引和保障，助力美丽乐清建设，服务乡村振兴战略。

丽水市气象局对照团体标准《气象旅游资源的分类和编码》（T/CMSA 0001—2016），对百山祖国家公园的气候景观开展普查，并开展了“十佳观星营地”“十佳观云台”“十佳天然氧吧”等评选活动（图 4.3），助推丽水气象旅游资源的宣传和推介。

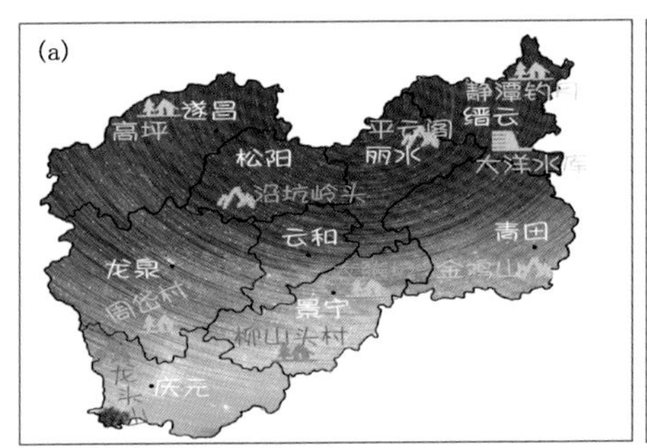

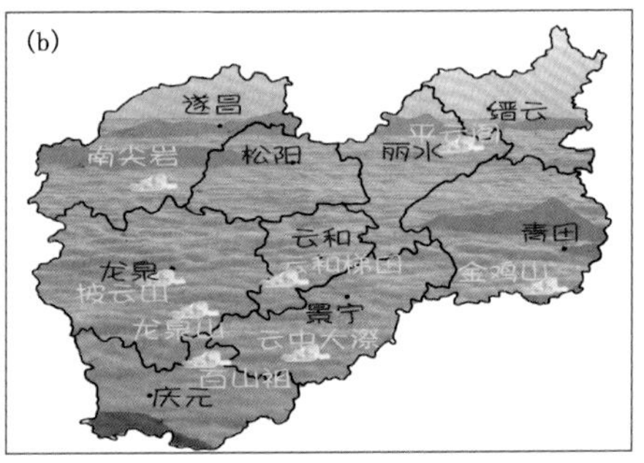

图 4.3　丽水市“十佳观星营地”(a)和“十佳观云台”(b)

（四）百山祖旅游气象服务案例

百山祖国家公园是中亚热带常绿阔叶林生态系统的典型代表，是我国 17 个具有全球意义的生物多样性保护关键区域之一，孑遗植物百山祖冷杉的全球唯一分布区，华东地区重要生态安全屏障，人与自然和谐共生的经典示范区。丽水市气象局积极做好百山祖国家公园气象保障服务建设，从谋划生态“两大基地”、打造“美丽气象”示范点、培育“生态农业”服务样板等方面开展工作。

1. 谋划生态“两大基地”

将气象元素融入百山祖国家公园建设，依托公园建设打造两大生态基地。一是打造百山祖国家公园气候养生基地，百山祖国家公园气候养生资源尤为丰富，丽水气象部门深入挖掘百山祖地区气象旅游资源，在百山祖国家公园边界外及联动发展区高标准谋划一批气象旅游景观景点，高质量高品质建设一批气候养生基地，依靠百山祖国家公园品牌建设和丽水国家气象公园试点建设的有机融合，探索实现生态产品价值转换，让“秀山丽水、气象万千”底色更厚重。二是打造百山祖国家公园天文观测基地。百山祖国家公园地势高，空气清新，远离工业污染、噪音污染和光污染，其气象条件和暗夜条件较为满足天文观测要求，比较适合天文观测基地建设。根据气象条件和百山祖国家公园的保护和发展需求，谋划以百山祖国家公园为核心，按照“一台四点”的方式布局，即以一个天文观测台为中心，以四个观星营地为支点，打造天文综合观测基地。

2. 打造"美丽气象"示范点

丽水市县两级气象部门在创建区域内打造多个"美丽气象"示范点。一是悬崖秀美村庄。龙泉屏南周岱村，为江浙海拔最高的行政村，被称为悬崖上的秀美村庄。2017 年，龙泉市气象局在该地打造可尽观日出云海、探璀璨星河宇宙奥秘的气象景观体验营地(图 4.4)。2018 年龙泉市政府相关部门把周岱气象景观体验营地列入地方疗休养线路，龙泉市多部门共同组织了"相约云端周岱观星观云观气象景观"体验活动，浙江新闻网、中国气象报等也进行了报道，取得了较大的宣传效果。二是百山之祖。百山祖位于庆元县百山祖镇境内，为国家公园核心区，海拔 1856.7 m，被誉为"百山之祖"，是浙江省第二高峰，云海日出是著名景观之一，因山高雾多，云海成为百山祖的一大景观，庆元县气象局依托百山祖自然博物馆展陈提升改造工程，突出避暑乐氧为主题、增设负氧离子科普、气候概况与实物贯穿，让游客在互动中了解生态环境保护，体验百山祖生态之旅。此外还有巾子峰气象景观体验营地、仙仁气候养生示范点等"美丽气象"项目，共同构筑全域旅游的气象亮点。

图 4.4　百山祖国家公园云海景观

3. 培育"生态农业"服务样板

百山祖国家公园丰富的山地小气候、垂直地形差异造就独特的光、热、水等气候优势，为多类型、多层次、多品种的立体农林业发展提供天然条件，气象部门开展枇杷、茶叶、猕猴桃等优质农产品的气候品质认证，实现了"丽水山耕""景宁 600""庆元 800"等区域农产品品牌溢价增值。景宁县气象局通过系列惠明茶专题气象服务，有效指导农户及时提前采取有效措施减轻低温冻害等对茶叶的影响，促进农户增收。丽水市气象部门通过深度挖掘百山祖国家公园地区的气候资源，逐步探索出生态气象产品价值转换新路径。

百山祖旅游气象服务以气象景观为卖点为全域旅游发展提供动力支持。以促进全域旅游发展思路为主，开展气象景观资源调查，结果显示百山祖国家公园内气候旅游资源中天气景观资源、气候环境资源均达到5级（最高等级），度假旅游指数显示百山祖国家公园及周边地区全年12月度假气候指数均在60以上，适宜旅游出行。高山雨雾、冰雪松凌、日霞佛光、夜光星辰、四季物候、气候遗迹等气象景观资源挖掘为全市旅游总收入增长做出积极贡献。2019年，全市旅游总收入达到781.04亿元，同比增长16.9%，其中屏南周岱村举办的“南瓜节”“观星观云体验活动”等系列乡村漫游活动对当地旅游经济收入及农产品销售具有较大带动作用。

第二节　河湖旅游气象服务

浙江水利资源丰富，河流和湖泊占全省面积的5.05%。自北而南有东西苕溪、钱塘江、曹娥江、甬江、灵江、瓯江、飞云江、鳌江八大主要水系；浙、赣、闽边界河流有信江、闽江水系，还有其他众多的小河流等。其中，除苕溪注入太湖水系、信江注入鄱阳湖水系，二者属长江水系外，其余均独流入海。流域面积大于10000 km^2 的河流有钱塘江和瓯江两条。境内有西湖、东钱湖等容积100万 m^3 以上湖泊30余个，丰富的水利资源让河湖旅游成为浙江一张闪亮的“名片”，杭州的西湖、千岛湖更是举世闻名，成为来杭州旅游的必选之地。

（一）西湖旅游气象服务

杭州作为我国最著名的旅游城市之一，在国内外享有盛誉，其中西湖、西溪等自然景观众多，每年吸引大量游客前来游玩，而游客的良好体验与气象、环境等要素息息相关，需要更为专业、系统的气象服务。近年来，杭州市气象局积极融入“智慧杭州”“智慧旅游”“智慧西湖”的建设，开发适合满足游客需求的各类高准确率的精细化、网格化、人性化的旅游气象预报服务产品。实现“智慧气象助力，展现美景杭州”的目标。

西湖作为杭州的代名词，“雷峰夕照”“断桥残雪”等西湖十景和新十景都与气象有关，包含了众多的天气因素，“雷峰夕照”（图4.5）更是入选了世界十大落日景观。为了让游客能够真正地观赏到久负盛名的西湖景观，杭州市气象局研发了朝霞、晚霞、赏月的观赏等级预报和“晴、雨、雾、雪、夜”五大西湖指数。开展“雷峰夕照”“断桥残雪”“宝石流霞”“平湖秋月”等西湖特色景观预报。

杭州市气象局还联合杭州市文旅局、西湖园文局等多部门、大数据创新融合算法，推出西湖旅游景点游玩适宜度和景观观赏等级预报，预测天气一样预测美丽的风景，利用延时摄影、VR技术，充分展示西湖的美。开发“杭州天气导游”微信小程序。

图 4.5　西湖“雷峰夕照”景观

从基于位置的旅游气象服务升级为“天气导游”的智慧气象服务，让用户获取旅游气象信息更高效、更便捷。基于关联规则，基于位置、时间，基于内容，基于“协同过滤”等组合推荐算法智能化推荐西湖最优美的风景、最佳的游玩目的地，使旅游气象服务走进个性化、智能化时代。应用“千人千面”技术，实现了根据天气、日期、使用习惯、用户收藏、定制等因素的气象景观、游玩目的地的千人千面显示。

杭州市气象局开发的多种旅游气象服务产品(图 4.6)深受游客欢迎，包括：提供“晴、雨、雾、雪、夜”五大“气象西湖”游玩适宜度、观赏等级预报；为西湖景区提供“雷峰夕照、断桥残雪、双峰插云”等 14 个著名气象特色景观提供观赏等级预报；提供西湖桃花、荷花、桂花、梅花等西湖花卉的观赏期预报；朝霞、晚霞、赏月指数以及西湖的气象特色景观预报也已经成为杭州摄影爱好者重要参考。

(二)千岛湖旅游气象服务

千岛湖位于杭州市淳安县境内，是中国面积最大的森林公园、国家 5A 级景区。淳安县森林覆盖率 88.6%，千岛湖区面积 573 km^2，库容 178.4 亿 m^3，水质常年保持一类水体，湖内 1078 个岛屿星罗棋布(图 4.7)。丰富的山水资源形成了千岛湖良好的生态环境和独特的旅游气候资源。目前，千岛湖旅游每年已突破 1000 万人次，旅游经济收入突破 100 亿元。淳安县气象局紧密围绕“六个一”积极主动开展生态旅游气象保障工作。

图 4.6　西湖旅游气象预报

图 4.7　千岛湖景观

一张监测网。为加强千岛湖生态环境气象监测，淳安县气象局分别在千岛湖大峡谷、千岛湖九咆界、雪坑源民宿等地建设负氧离子监测站和 8 个湖区自动气象站，同时在建还有浮标站，实现水质信息、负氧离子、大气成分等数据与生态环境分局实时共享。建设千岛湖景区气象信息显示屏，提供准确、及时的气象监测、预报、预警和服务信息，实时发布负氧离子实况监测信息，让千岛湖优美的生态环境"看得见"。

一张生态名片。淳安县气象局围绕特别生态功能区建设，依托科技手段，突出绿色经济主题，以点带面，开展淳安特色农产品生态气候资源优势评估和挖掘，推动完成柑橘、千岛湖茶、覆盆子 3 种特色农产品气候品质认证工作。同时经全国气候与气候变化标准化技术委员会组织专家评审，淳安被认证为国家特色农产品生态气候适宜地，是全国首个获得该项认证的地区。

一套保障体系。围绕千岛湖生态旅游出行，淳安县气象局与旅游、海事、应急等部门建立联动机制，主动做好气象保障，提供"精细化、个性化"的直通式气象服务，重点做好关键性、转折性天气、湖区大风的预测预警，确保服务早于影响，应对早于危害，最大限度减轻气象灾害影响。每年 3 月茶叶采摘活动，5 月覆盆子采摘出游，9 月山核桃采摘、10 月柑橘采摘，秋季千岛湖秀水节活动，县气象局提前制作专题材料为活动保驾护航。

一个业务系统。淳安县气象局以建设智慧化、一体化、精细化、特色化的旅游气象服务业务为总体目标，建成与淳安旅游发展需求相适应的结构完善、布局合理、管理规范、服务高效、技术科学的旅游气象服务保障系统。系统针对淳安旅游特色，打造并提供精细化、个性化、针对性的旅游气象预报服务产品；建立分景区的灾害预警阈值体系，提升旅游气象灾害应急防御能力；充分发掘潜在气象旅游资源，提高旅游景点的知名度和影响力及生态资源开发利用能力；基于自动化观测和集合预报等数据资源，积极利用人工智能、机器学习、图像识别等先进信息技术手段，结合采集、计算、识别、产品、发布、流程、GIS 等先进智能引擎，实现全方位旅游气象信息共享；同时提供智能精细化预报服务，利用微博、微信、短信、外呼等信息发布手段为领导决策、特色行业、社会公众提供优质服务。

一项研究课题。淳安县气象局积极开展"千岛湖旅游主要气象灾害分析及防御对策"项目研究。主要调查、收集、分析整理了千岛湖景区主要气象灾害与旅游经济发展存在的关系，分析了影响千岛湖旅游主要气象灾害因子的时空分布情况。结合千岛湖旅游发展提出了建设千岛湖景区旅游气象灾害防御系统及景区旅游气象灾害预警信息发布平台的建设思路，为生态旅游平稳持续发展保驾护航。

随着游客的增长，民宿产业也在不断发展，保险公司会同县气象局开展民宿气象保险，因地制宜服务生态旅游经济产业链。淳安县局对接旅游部门，将"千岛湖之眼"智慧气象服务小程序接入了智慧旅游系统，并将小程序二维码推送到全县 180 余家精品民宿内，方便游客获取本地直观、准确的气象信息和时令季节旅游需求，助力淳安“旅游＋”融合发展。

一个示范点。为深化“大下姜”生态农业（旅游）气象服务，启动下姜村气象服务新时代美丽乡村示范点建设项目。升级完善自动站，新增一套负氧离子站设备，协助下姜村开展浙江省“乡村氧吧”创建工作，开展下姜葡萄采摘指数预报，下姜红色旅游、生态旅游纳入智慧旅游气象服务平台和天气导游小程序等。每年度下姜村根据气象监测预报信息，合理安排红色旅游和葡萄采摘出游活动，有效吸引观光客的目光。积极推动建立民宿气象服务机制，开展民宿气象服务培训和气象综合保险的推广，完善直通式气象服务机制。

下姜村突出绿色经济主题，建成草莓、桃子、葡萄、茶叶等一批果蔬产业基地。淳安县气象局通过系列化的农业专题气象服务，有效指引农户合理采取有效措施减轻农作物采摘期气象灾害，促进作物增收。同时通过各类作物生长关键期的直通式气象预报预警服务，指导农户合理采取措施，避免灾害性天气影响，趋势利避害提高农民增收、农村增美。

（三）钱塘江观潮气象服务

盐官是一座千年古城，古城悠久的历史、灿烂的文化、动人的传说和壮观的涌潮，可谓“一日游千年，满城尽奇观”。盐官景区旅游资源类型丰富，以海宁潮胜景和盐官古镇风情取胜，集自然奇观与人文盛景于一身。早在2006年，景区就已创建成为国家4A级旅游景区。

天下奇观海宁潮因其潮高、多变、凶猛、惊险而饮誉海内外。近年来，海宁市委市政府重点针对盐官度假风景区的生态文明建设同特色旅游经济全面协调推进，打造海宁中部经济发展的重要支撑。海宁市气象局紧紧围绕市委市政府的发展战略，积极开展旅游气象保障工作，为盐官风景区的发展保驾护航。

海宁市气象局在钱塘江边与市水利局共建六要素区域自动气象站、能见度站，与生态环境分局和水利局实现实时共享大气成分、水位、雨量等数据。在盐官景区设气象信息显示屏，提供准确、及时的气象监测、预报、预警和服务信息。搭载一站式高性能气象监测共享平台，针对不同的服务需求，提供模块化、个性化的气象信息服务。

围绕钱塘百里生态旅游出行，海宁市气象局主动做好气象保障，提供“精细化、个性化”的直通式气象服务，重点做好关键性、转折性天气的预测预警（图4.8）。每年潮博会系列活动（八月十八观潮节、潮音乐节、观潮马拉松、公路自行车比赛、央视直播等），海宁市气象局根据每年不同情况制定服务方案和服务类别明细，为活动提供气象保障。

每年海宁市政府根据气象监测预报信息，成功举办观潮节、潮音乐节、追潮马拉松、百里钱塘自行车大赛等节庆品牌活动。游客可随时便捷地获取当地的天气预报和观潮指数服务，合理安排出行、增减衣物、预备观潮。

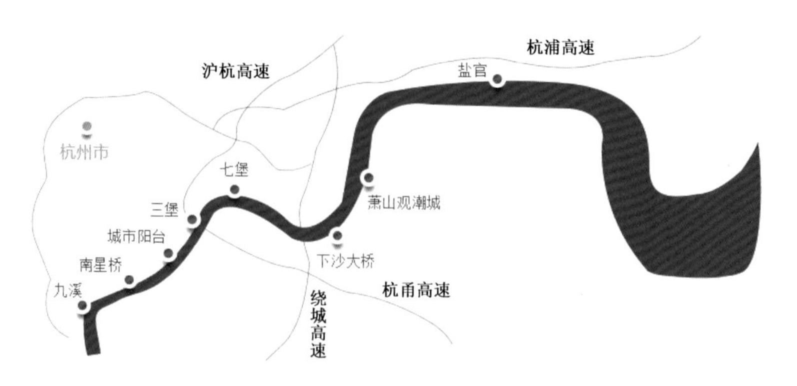

9月5日(七月十八):大潮汛

观潮地点	潮涌时间	高潮位	涌高	观赏等级	潮涌时间	高潮位	涌高	观赏等级
大江东八工段(盐官)	01:24	/	2.0	五级	13:48	/	1.8	五级
萧山观潮城	02:20	6.0	1.5	五级	14:45	5.8	1.4	四级
下沙大桥	02:31	5.9	1.4	四级	14:57	5.7	1.3	四级
七堡	02:55	5.9	1.3	四级	15:21	5.7	1.2	四级
三堡	03:06	5.8	1.2	四级	15:32	5.6	1.1	三级
城市阳台	03:11	5.8	1.2	三级	15:37	5.6	1.1	三级
南星桥	03:23	5.8	1.1	三级	15:49	5.6	1.0	三级
九溪	03:38	5.7	1.0	三级	16:04	5.5	0.9	三级

杭州市林水局 杭州市气象局联合发布

备注：高程为85基面以上，高潮位、涌高以米为单位

图 4.8 钱塘江观潮预报

第三节 滨海旅游气象服务

浙江省海域辽阔，海洋资源丰富，是全国岛屿数量最多、海岛岸线最长的省份，共有大小海岛 4350 个(海岛陆域总面积 2022 km^2)，约占全国的 40%，海岛岸线总长 4496 km。截至 2019 年底，全省有近 900 多个海岛被划入 15 个省级以上海洋保护区。随着城市新区建设、城中村改造、小城镇环境综合整治、农村人居环境提升的全力推进，各海岛县(市、区)深入挖掘渔文化、佛文化、海防文化、大桥文化、灯塔文化、诗路文化、乡贤文化，推进文化和旅游深度融合，打造各具特色的海上文化明珠。

近年来，浙江省气象部门不断加强海洋监测网和海洋气象业务系统建设，利用智能网格预报“一张网”，实现面向旅游、生态等多种海洋气象精细化专业产品的发布，助力浙江滨海旅游快速高质量发展。

(一)普陀旅游气象服务

普陀，位于舟山群岛东南部，全区共有大小岛屿455个，总面积6728 km^2，其中海域面积6269.4 km^2，陆地面积458.6 km^2，是海洋大区，陆地小区。普陀旅游资源十分丰富，“海天佛国”普陀山、“沙雕故乡”朱家尖、“东方渔都”沈家门、“金庸笔下”桃花岛(图4.9)、“东海极地”东极岛等风光旖旎，闻名遐迩。独特的山海景观和良好的生态环境让普陀在2018—2019年蝉联“中国最具幸福感城市”称号。近年来，普陀区委区政府紧紧围绕“开放活力美丽的幸福普陀”的总体定位，把“美丽”作为幸福普陀的魅力所在，深入践行“两山”理论，大力提升城乡品质，扮靓海上花园城会客厅。

图4.9　舟山桃花岛(塔湾)

普陀区气象局紧紧围绕“开放活力美丽的幸福普陀”发展战略，主动对接“浙江清洁空气行动”“海上花园城会客厅建设”等工作，着力打造“气象随行”服务品牌，为海洋、海岛旅游提供随时随地的专业气象服务。

1. 开展海岛旅游特色服务

一是在提供海洋海岛旅游气象防灾减灾预报服务基础上，挖掘海洋海岛气候资源，开发专题气象服务产品。根据海钓旅游需求，引进沿岸区域风浪预报模式，研发上线“海钓指数”；挖掘“东极新世纪第一缕曙光”品牌资源，在东极岛建设日出日落视频观测点，开展观日赏霞指数预报，推进东极海洋旅游气象服务示范岛建设；在朱家尖海滨浴场建设集“风、温、海浪”观测于一体的海洋小浮标，开展“滨海游泳适宜度”预报服务。二是着力挖掘普陀海洋性气候资源，积极推荐普陀山国家风景名胜区、朱家尖岛、桃花岛、展茅田园综合体成功入选“浙江省100个避暑气候胜地”。三是做好各类海洋旅游活动专题气象保障。为舟山群岛马拉松、东海音乐节等滨海活动开展实时实地天气监测，提供滚动预报服务，保障活动安全，提升活动品质。

2. 打造美丽海岛气象示范点

聚焦以生态、休闲、观光旅游等特色农业为代表的美丽海岛普陀田园综合体对气象防灾减灾的迫切需求，打造"气象服务新时代美丽乡村建设示范点"。在综合体及周边区域建设了3个自动气象站和1个积涝监测站，开展田园综合体气候和短临精细化降水预报技术研究，在暴雨、台风等灾害性天气来临时，通过气象显示屏、手机短信等多种渠道，及时发布田园综合体降水实况及预警；开展田园综合体主要种植物油菜花、荷花、观音稻花期与收割期及出游适宜度的气象预报研究，推出油菜花、香水莲花赏花期预报服务；建设美丽海岛农旅融合气象研学点，进一步提升美丽海岛普陀田园综合体的知晓度。

3. 推出全程在线气象导游

研发上线"普陀气象随你行"微信小程序，实时提供各主要海岛气象监测预报预警信息、旅游服务信息等，包括各类短时短期气象预警预报服务、交通航线气象服务、海岛旅游专题气象服务等。目前，"普陀气象随你行"已推广应用于海洋旅游、海岛民宿、海上交通、长途客运等领域。建设"普陀旅游气象网""普陀气象微信公众号""普陀天气网"，在桃花、六横、朱家尖、展茅、虾峙、白沙等海岛乡村布设气象电子显示屏12块，共享渔农村应急广播241套，编织起全覆盖的海洋旅游气象安全信息网。

游客根据气象预报，合理安排出行，海岛旅游的安全性和体验性大大增加。"普陀气象随你行"的投入运行得到区政府相关部门和旅游业者的广泛好评。目前，"普陀气象随你行"已接入普陀区"一部手机游普陀"平台，并推广到东极岛180家民宿、区内15条岛际航线和客运码头。普陀区获评"中国最美海岛旅游休闲度假目的地"，近三年全区旅游接待量、旅游总收入平均分别增长15%、20%以上。

美丽海岛普陀田园综合体以农旅融合发展探索乡村振兴新模式。普陀区气象局充分挖掘田园综合体旅游气象资源，开展出游适宜度、油菜花、荷花、观音稻花期与收割期预报等研究，制作发布相关服务产品，进一步丰富游客的气象体验感和获得感，同时充分利用"普陀气象随你行"、普陀气象微博、普陀气象微信等平台协力做好旅游资源宣传和推介，共同提升普陀田园综合体的知名度和美誉度。自2018年9月开园以来，已累计接待旅游游客超过40万人次，实现旅游总收入近6000万元，成为美丽乡村的"升级版"和乡村振兴的"新引擎"。普陀田园综合体建设模式已作为舟山乡村振兴发展模式，全面向各海岛农村推广。

(二)洞头旅游气象服务

洞头区位于浙江省东南海域温州湾口和乐清湾口的汇集处，属于温州四大主城区之一，区位优势明显。近年来，洞头区委区政府以高质量建设"海上花园"为指引，以配套服务为保障，以生态环境为本底，以旅游项目为引擎，以产业融合为抓手，推进国际旅游岛建设。

洞头区气象局紧紧围绕区委区政府的发展战略，以“2提升1评估”行动为主线，积极主动开展海岛生态旅游气象保障工作。

1. 开展海洋气象科技能力提升行动，强化海岛观测能力建设

十余年来，建设海岛常规六要素区域自动站28个，景区智能生态站、船舶站、负氧离子监测站、农田小气候站、海水养殖站等各类气象观测设备共计57个，其中负氧离子、大气成分等数据与市生态环境局洞头分局实现实时共享，自动站站点密度高达2.3 km；同时建设户外气象信息发布系统32个，为地方政府和广大市民提供准确及时的气象监测、预报、预警等服务信息，并实时发布负氧离子实况监测信息，将洞头优美的生态环境实时展现给广大市民朋友。

2. 开展海洋气象服务质量提升行动，强化离岛旅游气象服务

围绕国家海洋经济发展示范区，针对大门海洋经济发展示范区、“花园鹿栖·离岛慢城”、青山欢乐岛和温州国际邮轮港等全域生态旅游出行对气象精细化服务的需求，积极主动开展气象保障服务，结合在航时间、船只抗风等级、管制信息等航线信息，制定“精细化、个性化”专项服务产品。重点做好海上大风、大雾天气的监测预报预警。同时多部门联动，提高岛际交通海事监管联动决策支撑能力。最大限度减轻气象灾害对海上交通造成的影响，为离岛出行提供便利。

为保障洞头岛际交通及休闲游气象服务常态化开展，建设岛际交通及沿海海上旅游预报业务服务平台。该平台可生成空间分辨率为200 m×200 m、时间分辨率为1 h的未来3 h的精细风力预报产品。模块处理时间仅10 min，可以快捷实现服务产品制作。同时平台融入上海台风研究所温州台风联合实验室风暴潮预报等产品，为预报员制作决策服务材料提供技术支撑。

3. 开展海洋气候资源评估，强化海岛全域旅游知名度

围绕国家全域旅游示范区、国际旅游岛、生命科学岛及两岸同心岛，以洞头区全域旅游为评估点，开展“浙江省避暑气候胜地”评估和海岛四季旅游气象指引，从气候适宜度，空气质量，植被覆盖度，交通便利、避暑休闲生活设施以及完善基层气象防灾减灾体系等方面科学评判，展现洞头全域旅游优势，吸引观光游客，促进海岛旅游经济发展，助力洞头践行“两山”理论，打造“海岛样板”。

洞头区气象局2018年起开展航线大风精细化预报服务，制作并发布《岛际交通及沿海休闲游气象服务专报》1700余期，2018—2019年大风预报质量明显提高，因大风原因造成航班停航天数实现大幅度减少。据洞头海事处统计，2013—2017年因大风原因造成航班停航年平均天数54 d，自开展该专项服务工作以来，2018年因大风航班停航天数19 d，2019年为11 d，2020年截至8月底仅3 d。航线大风精细化预报服务效果显著，海上航班停航日数逐年递减为洞头全域生态旅游带来显著的社会经济效益。2018年洞头区气象局撰写的《洞头海洋气象精准监测预报改革》报告先后获得区委王蛟虎书记、林霞区长、张方任副区长批示肯定。2019年4月，温州市洞头

捷鹿船务有限公司赠送锦旗以示感谢。2020年2月,洞头区气象局荣获2018—2019年度洞头海上花园建设先进集体(海洋经济发展类)。

同时,积极与省互保协会合作,2019年推出以风力为主导因素的台风气象指数保险,可实现直接快速理赔。在1909号台风“利奇马”影响过境后,养殖户获941.23万元理赔款,为渔民积极恢复灾后生产提供强有力的保障。

(三)三门旅游气象服务

三门湾位于浙东沿海,依山傍海、水碧山青,区位优越、交通便捷,历史悠久、人文深厚,绿色崛起、产业兴旺、旅游资源丰富,其旅游、度假气候等方面的指数在全国都名列前茅。孙中山先生曾至此视察,对三门湾赞不绝口。近年来,三门县政府提出以“三门湾健康城”建设为核心,加快推进健康养老服务设施建设,打响“三门中国健康城”品牌,并逐步将其打造成为长三角示范性的健康养老示范基地。得益于三门县长久以来对海洋气候资源的保护和对山海气候亮点的发掘,三门县在创建“国家气候标志”上有自己独特的气候优势。三门县气象局从政府需求出发,提出申请“气候康养县”国家气候标志,借助中国气象局对各地开展的宜居、宜业、宜游的评估平台,打造属于三门特有的国家气候标志品牌,为三门健康产业和旅游业增添新亮点。

1. 创建中国首个气候康养县

2018年9月11日,三门县获评中国首个气候康养县(图4.10),对接“健康城”规划,服务三门康养,为进一步深挖三门气候康养县的内涵,通过对三门极具特色的优质生态产品的不断挖掘,更好地发挥气候因子在生态建设中的重要作用,创新气候服务模式,将助力三门旅游康养产业进一步发展,有助于进一步实现人与自然和谐相

图4.10 三门县获评中国首个气候康养县

处，促进三门经济社会的协调发展。

2. 深化海洋生态气象服务

一是着力推进青蟹养殖气象指数保险。经历史气候资料统计分析和多方调研，制定青蟹养殖保险的气象理赔指标，受到保险双方的普遍认可。通过气象部门灾害防御应急准备认证的养殖户，其自负部分保费下浮20%；二是大力加强海水养殖气象精细化服务。深入一线，详细调研露天和大棚、混养和单品种养殖及青蟹、南美白对虾养殖过程中对气象的需求，开展针对性服务，通过短信、点对点电话等方式向养殖户传送服务信息，助力海水养殖产业发展，确保养殖户稳产增收。三是不断提升海洋气象防灾减灾能力。实施县海洋气象监测服务能力提升工程，在三门健跳巡检司、沿海工业城、小雄3个地区新建6要素气象观测站，进一步拓宽气象监测保障服务范围，提升对灾害天气系统的多要素连续不间断监测预报能力，为建立健全海洋气象业务系统、强化海洋监测预警、提升海洋气象服务能力、保障海洋气象安全提供强有力的支撑。

旅游行业得到康养品牌的助力，成果丰硕。2019年，全县共接待国内外旅游者总人数599.05万人次，同比增长38.2%，旅游总收入66.82亿元，同比增长40.4%。其中，接待国内旅游者总人数598.84万人次，同比增长38.3%，国内旅游收入66.77亿元，同比增长40.4%。过夜旅游人次超过2500万人次，年均增长超10%。作为“浙江省十大海岛公园”之一的蛇蟠海岛公园，在2019年10月18日举行的三门县蛇蟠岛首届旅游风情节上，就有将近1万多名游客涌入蛇蟠岛，堪比国庆黄金周。

(四)象山旅游气象服务

象山县位于东海之滨，居长三角地区南缘、浙江省东部沿海，位于象山港与三门湾之间，三面环海，两港相拥，海洋资源极为丰富，海域面积6618 km^2、海岸线925 km和岛礁656个，分别占全省的2.5%、14.2%和21.4%，具有规模以上（百米长度以上）的天然沙滩36个，素有“东方不老岛，海山仙子国”之美誉。

象山县委县政府提出创建国家全域旅游示范区，深入实施迎亚运旅游业追赶跨越三年行动计划，加快打造全国知名的海洋休闲度假旅游目的地。象山围绕国家全域旅游示范区创建目标任务，结合“三服务”“六争攻坚、三年攀高”“四个年”等主题活动，不断优化旅游产品供给，创新推动旅游宣传营销，切实提升旅游服务水平，有力促进全域旅游提档升级。

象山县气象局紧紧围绕县委县政府政府的发展战略，坚持以“两山”理念为指导，以2022年第十九届杭州亚运会象山赛区气象服务保障为契机，以“四个一”建设积极主动开展滨海旅游气象服务保障工作。

1. 滨海旅游气象监测

在松兰山景区、石浦渔港古城、花岙岛景区附近及檀头山、北渔山海岛建设常规六要素区域自动气象站、能见度站。为加强水上客运安全气象服务工作，提高灾害性天气的监测、预报预警能力，在渔山和檀头山航线上增设移动气象站，分别安装在“渔光曲 3 号”和“渔光曲 7 号”客渡船上（图 4.11）。

图 4.11　船舶自动气象站

2. 滨海旅游气象服务

为深入贯彻落实“双突破双驱动”战略，推动象山县从“景点旅游”模式走向“全域旅游”模式，象山县气象局与县旅游发展中心签订合作协议，双方建立了联席会议制度，建立以气象灾害预警为先导的预防联动机制，共同开展旅游气象服务工作。与海事、港航等部门加强合作，共同保障海上客运安全。特别是对五条特定水上客运航线，积极探索象山县水上客运航线气象规律，每日定时发送石浦至渔山、石浦至檀头山、爵溪至南韭山三条外航航线及石浦至鹤浦、象山台宁至宁海伍山两条内航航线风力预报。汛期航运期间重点开展强对流天气预报预警，第一时间通知海事处和旅游公司的相关负责人，提高预警服务的时效性。

3. 滨海旅游气象预警

建立靶向气象预警短信发布平台，并设计适合靶向气象预警实时发布的短信内容，通过大数据运用，实现针对松兰山景区等特定区域、特定人群进行预警信息的精准发布。

4. 气候资源挖掘开发

深度发掘天气气候资源，助力美丽象山建设，2019 年在浙江省气象局组织下开展避暑气候胜地评估推荐工作，石浦渔港、檀头山岛两地入选“100 个浙江省避暑气候胜地”名单。

自2012年4月开始对石浦至渔山及石浦环岛两条航线进行风力和海雾预报。据统计，虽然2012年旅游旺季多台风影响，但石浦至渔山航线旅游公司全年总利润比上年翻了一番，之后又陆续开展了其他3条航线预报，取得了更加明显的经济效益和社会效益。

每年开展春运及“五一”、国庆等重大节假日的气象预报服务，春运期间逐日滚动发布本地天气预报，并根据天气特点提供针对性的温馨提醒，为公众节假日出游提供气象参考。以2019年为例，春运期间，全县累计接待游客约80.1万人次，旅游收入近4077.1万元，其中，影视城、松兰山旅游度假区、石浦渔港古城、中国渔村这四大景区首道门船票收入合计868万元，同比增长43.2%；旅游饭店平均客房出租率达68.8%，农家客栈出租率近100%。

第四节　乡村旅游气象服务

自2003年以来，浙江省持续推进“美丽乡村”建设，从美丽生态，到美丽经济，再到美丽生活，积极开展“美丽乡村”示范县、“美丽乡村”风景线、“美丽乡村”精品村(特色村)、美丽庭院等多级载体创建。目前浙江全省已打造“美丽乡村”风景线300多条，培育“美丽乡村”精品村(特色村)近3000个。依托“三改一拆”“五水共治”、小城镇环境综合整治等抓手，从人居环境、基础设施、公共服务建设起步，不断拓展建设内容，形成了整体推进“美丽乡村”建设的格局。浙江省气象部门按照“需求牵引，服务引领”发展理念，发挥部门优势，全力以赴为“美丽乡村”生态建设保驾护航。

(一)安吉旅游气象服务

安吉余村是习近平总书记“绿水青山就是金山银山”理念诞生地，是全国首个以“绿水青山就是金山银山”实践为主题的生态旅游、乡村度假景区。2020年3月30日，习近平总书记时隔15年再次来到余村，肯定余村美丽乡村建设成果，并要求再接再厉，顺势而为，乘胜前进。气象作为生态文明建设的重要保障，必须牢牢把握气象工作关系生命安全、生产发展、生活富裕、生态良好的战略定位，对标监测精密、预报精准、服务精细要求，以余村为示范点，打造生态文明“气象样本”意义重大。近年来，安吉县气象局在余村开展旅游气象服务示范点建设，取得了一定的成效。

1. 建设一个生态气象自动监测站

2017年，为切实做好余村“两山”4A景区生态旅游气象保障服务工作，在天荒坪镇及余村的协调支持下，在该村建设了1个占地100 m^2 的生态气象自动监测站，主要监测要素包括气象常规6要素和负氧离子，为开展生态旅游气象保障实况监测服务奠定了重要基础。

2. 建有两套气象信息发布显示平台

至 2018 年，安吉县气象局以省级气象防灾减灾标准化村创建为抓手，先后在余村党群服务中心和游客接待中心各建设了 1 套气象信息发布显示屏，主要提供 24～48 h 天气预报、重要天气预警信息、气象实况、生活气象指数及周边城市天气预报，为参观考察领导、观光旅游人员提供气象信息服务。同时，将景区内民宿、农家乐及漂流等业主的手机号码纳入气象预警平台推送气象预报预警信息。

3. 推进气象防灾减灾科普知识宣传

加强气象科普宣传，提高社会公众气象防灾减灾意识也是一项十分重要工作，根据省气象局“推进气象科普进文化礼堂”工作部署，已首批首个落实完成气象科普进余村礼堂，设置了气象科普宣传架，在余村文化礼堂播出气象科普小视频，强化气象防灾减灾科普知识宣传。同时，结合“3・23”世界气象日、“5・12”减灾日及安全生产宣传月等活动，深入余村开展现场气象防灾减灾科普知识现场宣传咨询。

4. 全面融入“数字乡村”大数据平台

为深化推进美丽乡村气象保障服务工作，安吉县气象局加强与县大数据局、县广电集团、县文旅集团等部门的沟通协调，全面融入县“数字乡村”（图 4.12）平台研发，紧紧依托省级气象大数据、指导产品等资源合力开发精细化到村的温、压、湿、风、雨量等气象实况监测数据和短期预报信息、县域内气象灾害预警及周边城市天气预报等服务内容。

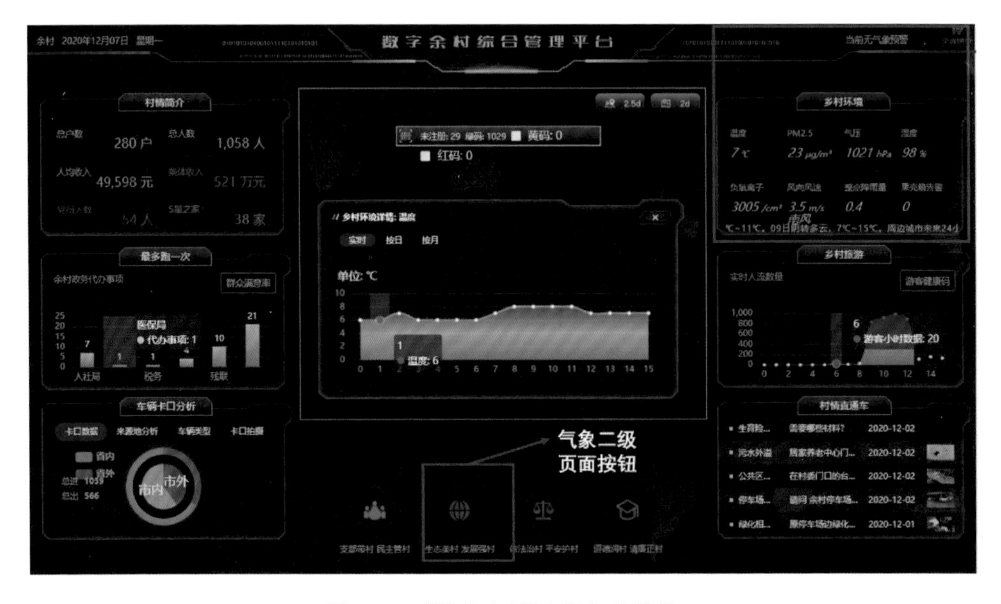

图 4.12 “数字乡村”大屏气象模块

根据余村气象服务需求，提高气象灾害监测预报、景点精细化预报服务、生态气象要素变化等气象服务信息发布的时效性，保障游客顺利出行。通过发布展示余村“绿水青山就是金山银山”游养指数、精细化度假气候指数等，为假期游客出行游玩选择提供直观的参考，增强余村旅游吸引力，助力余村5A级旅游景区建设。

(二)奉化旅游气象服务

萧王庙街道林家村位于同山的曰岭脚下，空气清新，风景优美，交通便利。作为奉化有名的水蜜桃专业村，该村95%以上农户以种植水蜜桃为主，种桃历史超过50年，现有水蜜桃面积约2500亩*，有着“天下第一桃园”的美誉。凭着这张金字招牌，近年来村里在种桃、卖桃的同时，开始做起了农旅结合、发展赏花经济的新文章。

宁波市奉化区气象局认真贯彻落实习近平生态文明思想，围绕生态文明建设、乡村振兴、全域旅游的发展机遇，积极对接地方服务需求，先后从气象防灾减灾体系完善、桃花花期预报、水蜜桃气候品质认证、重大活动赛事天气保障四个方面主动向林家村开展生态旅游气象服务。

1. 建成完善的气象防灾减灾体系

早在2014年初，奉化区气象局就走进林家村，开展气象防灾减灾标准化示范村创建帮扶工作。在区气象局工作人员的指导下，村里相继成立了以村书记为组长的气象防灾减灾工作领导小组，建立起气象服务站，制订了村气象灾害应急处置预案，形成了部门、镇、村三级应急联动机制，并于当年底顺利通过浙江省气象局气象防灾减灾标准化示范村验收。自此，林家村气象防灾减灾工作实现规范化和科学化，包括广大桃农在内的村民对气象灾害防御能力得以提升，农业损失进一步降低。在过去的6年时间里，林家村未发生一起因气象灾害造成的重大人员伤亡和财产损失事故。

2. 发布桃花花期预报

“桃花经济”的蓬勃发展成为推动水蜜桃主产区农民增收和农业增效的新动力，也催生了林家村春“卖”花来夏卖果的发展新模式。对此，奉化区气象局始终保持高度的敏锐性，为助力林家村桃花文化和桃花旅游产业发展，连续9年开展桃花花期预报(图4.13)工作。通过收集当地桃花花期物候资料、实地走访桃农、联合区桃研所开展分析研究等多种举措，不断优化桃花花期预报模型，滚动更新预报结果，多次精准预测出奉化桃花初花期和盛花期。相关发布的预测结果受到包括浙江新闻、宁波日报、宁波新闻、宁波发布、网易等二十余家媒体的关注和报道，为广大游客选择最佳赏桃花时段提供了依据。准确的花期预报也使得林家村赏花游客更加集中，据统计单日游客量曾一度达到16万人次，不少林家村的村民仅一天就卖出几千元的土特产。

---

* 1亩≈666.67 m^2，下同

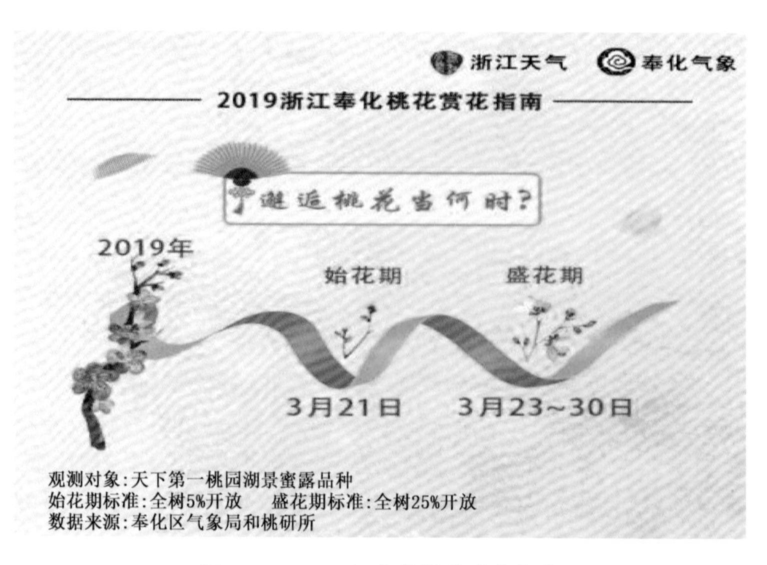

图 4.13 2019 年奉化桃花赏花指南

3. 开展水蜜桃气候品质认证

优质的农产品需要良好的气候环境,而最能反映农产品品质受气候条件影响的"身份"证明便是"气候品质认证"。在浙江省农业气象中心和宁波市生态环境气象中心的帮助下,奉化区气象局通过挖掘气象大数据,系统分析水蜜桃种植环境关联自动气象站的温湿度、日照等资料,依据奉化水蜜桃品质与气候的密切关系建立起认证模式。经过气候品质认证的奉化水蜜桃既扩大了品牌影响力,又增强了市场竞争力,直接帮助果农增加经济收入。2013—2020 年期间包括产自林家村在内的奉化水蜜桃先后 5 次获得"特优"或"优"气候品质名片,仅奉化水蜜桃产业农民经济合作组织联合会一家当年评估气象科技贡献值就达 20 万元。

4. 做好重大活动赛事天气保障

享有"天下第一桃园"美誉的林家村,是每年奉化"桃花马拉松"和"水蜜桃文化节"开幕式的热门举办地。为全力开展林家村现场气象服务保障工作,奉化区气象局一方面加大硬件投入,在林家村建立微型自动气象站和实景监控,开展气象要素监测;另一方面不断优化服务,活动前期每日向活动组委会发送滚动预报,对未来天气变化趋势进行全面的分析,活动当日实时跟踪天气变化,及时发布天气实况与温馨提醒,真正做到赛前充分准备,赛时贴心服务。

(三)磐安旅游气象服务

磐安围绕"绿色发展、生态富民、科学跨越"的总要求,大力实施生态富县战略,将休闲养生旅游确立为“一号产业”，着力打造“康养旅居‘大花园’‘两山’实践样板地”。磐安县气象局提高站位主动融入“大花园”建设，持续深化助推生态旅游发展工作举措，为“五个磐安”建设发挥有力地气象服务保障。

1. 做好“测”的数据，构建山地生态监测网

为加强山地的生态气象监测，提高气象服务能力，先后在大湖山村建成 4 要素自动气象站 2 套、雪深站、负氧离子监测站，共享生态环境分局大气成分站、自然资源和规划局空气清新站，构建成生态监测网。更有效地提高山地生态、气候、环境的监测手段和服务能力。

2. 做好“凉”的文章，打造“避暑”金名片

大湖山村海拔高，夏季气温低，常年无 35 ℃以上高温天气出现，是夏季避暑旅游的绝佳选择。磐安县气象局紧抓地域特点和旅游热点，开展夏季避暑气候条件评估，挖掘山地气候养生优势，在 2019 全省首批避暑气候胜地评选中，磐安三地成功入选，为获评数最多的县(市、区)，获得县领导充分肯定。

3. 做好“花”的服务，创新旅游服务方式

每年 4 月满山花开的杜鹃花将大湖山村装扮的别样红。磐安县气象局围绕近年来县政府重点打造的花乡线旅游品牌，在杜鹃花节前期，联合盘峰乡推出杜鹃花赏花指数平台，将花期预测、气象条件等数据形成可视化模型，以更直观的方式帮助游客踏准最佳赏花时机。杜鹃花节开幕式当天，磐安县气象局联合市气象服务中心开展“气象主播带您走进‘花世界’”云直播活动，通过创新推荐方式，吸引大量游客在线观看和后续实地探访。

4. 做好“云”的挖掘，提升气象景观价值

近年来磐安县气象局一直围绕发掘气候资源亮点，将资源转换为价值上下功夫。从 2017 年起摸索云海观测预报，成立课题攻关小组，通过历史资料分析、数据建模、实地考察验证等方法，建立的云海预报指数(图 4.14)，并向公众发布云海概率预报。摄影爱好者和游客通过云海概率预报，可以提前做好安排，欣赏大自然赋予的壮美景观，再也不用靠“运气”看云海了。

磐安县气象局持续做好价值转换支撑服务工作。暑期联合有关景区推出“寻找 28 ℃”活动，游客在景区游玩期间，由磐安县气象局安装的自动气象站实时电子显示屏中拍到高于 28 ℃的实况监测数据，即可全额退还门票，此项活动受到了游客的热捧，给景区带来很好的宣传和不错的收益。

开展针对性服务，建立气候条件对农产品品质影响指标，磐安县方正珍稀药材开发有限公司铁皮石斛、磐安玉峰茶厂云峰茶叶先后获得省气候品质认证“优”授牌，进一步提高产品附加值。近年来，持续推进茶叶低温气象指数保险工作，目前已覆盖台地 1.6 万亩，两年来茶农依托该保险已获得赔偿 230 余万元，切实发挥为农户“兜底”作用，为推进农村美丽经济发展，实现乡村振兴提供气象保障。

图 4.14　云海气象指数

5. 成立全国首家气象医养中心

磐安是生态大县，天然氧吧，全县森林覆盖率达 83.7%，空气质量优良率 100%，县域负氧离子平均值 5768 个/cm^3，具有得天独厚的生态医养资源。而气象是磐安医养资源开发的关键催化剂，实践和科学研究证实，气象状况对诸多慢性病病情具有重要、直接的影响，天气剧烈变化、气温骤降骤升、昼夜温差大等因素容易引发各类疾病。得天独厚的小气候条件和丰富的药材资源赋予了磐安县开展高血压气候康复和气象医养的资源优势。

2021 年 4 月 23 日，在浙江省第七届森林休闲养生节暨第九届杜鹃节活动上，由浙江省气象部门牵头、联合浙江省金华市磐安县人民医院医共体共同推出的全国首家气象医养中心——“磐安气象医养中心”正式揭牌成立。磐安县气象局与浙江省气象服务中心、磐安县人民医院将依托磐安优质的生态与气候资源和千年药乡优势，联合开展气象敏感性疾病与气象关系的研究，开展大盘山气候资源评估，重点开展高血压与气象条件相关研究，并推出系列气象服务产品，依据天气预报，通过衣食住行开展高血压等慢性病的调养和风险防控。

(四)瑞安旅游气象服务

作为温州乡村振兴示范点，瑞安曹村镇近年来立足生态资源，以“文都武乡，瓯越粮仓”为目标，以“农业为核心、生态为基础、文化为灵魂、项目为支撑”，打造集农业生产、生态旅游、户外运动、乡村休闲、文化体验、康体度假等功能为一体的田园综合体核心景区。

旅游气象科普设施建设。针对瑞安曹村当地旅游、农业等特色，在曹村镇气象路、天井垟田园综合体、农林水气科普馆、许岙村文化礼堂、集云社区文化礼堂等打造瑞安气象防灾减灾科普、气象历史文化形象建设(图 4.15)，形成以“一路一岛两馆三礼堂”为核心的气象景观带，成为环天井垟景观休闲绿道的美丽点缀，“一线路两基地”初步建成并达到省级标准，使气象科普影响力显著提升。

图 4.15　曹村旅游气象科普设施

旅游气象指数服务。结合瑞安旅游、生态等资源开发利用，因地制宜开发旅游气象服务产品。选取典型旅游景区开展花期、云海、晚霞等气象景观观测、预报指标研究和服务，以及各类特色生活旅游气象指数预报服务，为瑞安生态旅游经济可持续发展提供气象科技支撑。

气象实景智能监测判别。在曹村井圣山风景区和曹村天井垟景区滑翔伞基地建设气象实景监测设备，安装天气网眼和全天空气象视频图像识别系统，增强对特殊气象实景及灾害性天气的监测分析及判断能力，智能识别特殊天气现象。通过对天气现象和气象要素的判断，为曹村当地赏花、云海、晚霞、滑翔伞指数等提供旅游气象服务数据支持。开发气象实景识别系统及视频数据质量控制系统，识别特殊气象实景如云海、雾凇等，并进行智能分类，可实现视频图像数据库对视频图像的查询功能。根据精细化的气象预报产品，结合景区监测数据及实时实景，智能判别气象奇观出现的概率。

第五章 特色农业气象服务

2017年成立茶叶气象服务中心，形成以浙江为中心、技术辐射全国的茶叶全产业链气象服务技术体系，精细化的监测预报定量评估保障茶叶安全优质生产，积极融入扶贫脱贫攻坚大局开展安吉白茶精准扶贫气象服务；开展茶叶生态农业气候资源和气象灾害风险区划，优化品种布局；创新开展气候品质认证服务，助力优质农产品提质增效；开展设施大棚内外小气候监测预报，研发设施农业气象服务指标体系和适用技术，打造设施农业气象服务品牌。

第一节 特色农业(茶叶)生态气象服务

(一)成立中国茶叶气象服务中心

2017年中国气象局和农业部联合开展了特色农业气象服务中心创建工作。根据“突出重点品种、服务关键领域”的原则，经地方申报、初审、联合专家组复审及公示，中国气象局和农业部组织遴选了第一批特色农业气象中心。其中，茶叶气象服务中心落户浙江，标志着中心正式成立。

茶叶气象服务中心由浙江省气象局和浙江省农业厅联合申报；依托单位为浙江省气候中心和浙江省农业技术推广中心；成员单位包括安徽省农村综合经济信息中心、福建省气象科学研究所、贵州省生态气象和卫星遥感中心、武汉区域气候中心、河南省气象科学研究所、陕西省农业遥感与经济作物气象服务中心。2020年，江苏省气候中心申请加入，成为茶叶气象服务中心新的成员单位。

茶叶气象服务中心主要职责：制定建设方案，主要内容包括茶叶气象服务观测和试验站网布局、技术合作研发计划、平台建设及支持保障措施等，充分利用依托单位和成员单位的资源和队伍创建茶叶气象服务中心；负责编制茶叶农业气象的相关业务服务规范与标准，开展茶叶气象科研技术研发和成果业务转化，承担我国茶叶气象服务技术支持；开展区域、全国茶叶生产气象监测预报预警评价评估等服务；组织全国茶叶气象服务会商和技术交流，提供有针对性的气象服务产品；开拓茶叶气象市场服务，探索社会化服务模式等。

近几年来，茶叶气象服务中心主要工作成效如下。

1. 茶叶气象服务覆盖全产业链

茶叶气象服务技术涵盖了种植、加工、销售、茶旅等过程的全产业链，灾害风险评估、智能监测预报、采摘气象指数、气象定量评价、气候品质认证等五大关键技术助力茶叶生产防灾减灾、提质增效。2019 年，浙江省气候中心联合浙江省农业技术推广中心、浙江更香茶业有限公司制作的《茶叶全产业链气象服务》专题荣获第二届全国智慧气象服务创新大赛气象服务应用创新三等奖。

2. 茶叶气象产品品牌影响力提升

为茶农种植生产提供茶叶气象指数服务被纳入了浙江省气象 2019 年气象为民服务十件实事之一。基于气候资源、气候适宜度、灾害风险和气候品质等，创建了茶叶气象指数新产品。2019 年 5 月 17 日，第三届中国国际茶叶博览会，首次发布浙江省春茶气象指数特优（图 5.1），提高了气象科技在特色农业生产中的贡献率和影响力，助推特色优势农业发展。

图 5.1　2019 年中国国际茶叶博览会浙江省茶叶气象指数发布会

（二）茶叶精细化气象服务

1. 构建了茶叶霜冻害精细化监测预报技术体系

针对茶园地理位置偏僻、生产和灾情信息难以获取的特点，2013 年自主研制了茶园气象灾害智能监测装置，研发了基于互联网的茶园智慧农业气象信息管理平台，实现了茶叶生长动态和茶园小气候、气象灾害等的智能监测（何敏，2013）。选择浙江省茶树 4 个主栽品种（嘉茗一号、龙井 43、鸠坑群体种、白叶一号），通过人工气候控制试验（黄海涛 等，2009；杨再强 等，2016），结合茶园小气候监测数据，提出了基于小时最低气温、茶树受灾症状和新梢芽叶受灾率的茶树霜冻害等级标准。新的霜冻指标综合考虑了低温强度和持续时间，更能客观地揭示低温过程对茶叶生长的危害，灾害预报准确率明显提升。2013 年 3 月中旬和 4 月上旬 2 次强冷空气入侵，茶叶主产区霜冻害预警准确率由原来的 50％提高到 91.7％。

应用全省75个基本气象站和2900多个区域自动站的历年小时资料，建立了日最低气温空间估算模型，模型绝对误差0.35 ℃，相对误差2.83%。集成小时尺度的气象监测和智能网格数值预报信息、气象指标空间模拟信息，建立茶叶霜冻害精细化监测预报模型，实现了浙江省域100 m精细化监测、未来1～10 d的1 km和典型示范区30 m细网格化预报。

2. 研发精细化的茶叶气象中长期预报服务产品

基于茶叶气象灾害和采摘气象指数模型，结合中长期天气预测和智能网格预报等服务产品，2020年研发了网格化的茶叶气象中长期预报服务产品，空间分辨率达5 km，预报时效从原先的8 d延长至15 d。2020年，制作了茶叶气象中长期预报服务产品共12期，其中，茶叶气象灾害监测预报7期、采摘气象指数5期，通过浙江省现代农业气象服务业务平台等多种途径，向主产市县进行发布，指导茶叶生产。

3. 研制一体化的茶叶生产气象服务系统

集成卫星遥感、地面气象监测、智能网格预报、数字地形等多源信息，研制了立体小气候监测、灾害精细化预报、采摘气象指数等10大功能模块的茶叶生产气象服务系统，实现了茶叶生产全程气象信息和实景的动态监测、在线诊断、精准预报和智能服务。

通过系统的推广应用，形成了浙江省市县茶叶气象服务技术一体化，服务产品通过短信、微信、微博、浙江卫视、CCTV-17、农民信箱等方式，为茶农、茶企等新型农业主体等提供直通式茶叶气象服务。

(三)茶树生态气候资源区划

农业气候资源是指一个地区的气候条件对农业生产发展的潜在能力。农业气候资源区划是指对一地的气候条件进行农业鉴定分析，根据一定的农业气候指标，遵循农业气候相似原则，将一较大地区分成若干农业气候特征相似的区域(陈明荣 等，1983)。农业气候资源区划可指导农业结构调整，实现农业趋利避害，促进气候生产潜力的挖掘与气候资源持续高效化利用(马湘泳，1985；李世奎，1988)。

茶树生态气候资源区划，即根据茶树生长发育与气候生态、地形和土壤条件的关系(谌介国，1964；黄寿波，1981a，1981b；陈荣冰，1987)，确定茶树栽培适宜性综合区划指标，建立茶树栽培的综合区划模型(金志凤 等，2006；梁轶 等，2011)。应用GIS(地理信息系统)技术，参照土地利用现状，研制茶树栽培精细化气候区划图(金志凤 等，2011)。

1. 茶树气候资源区划

(1)热量资源

以年平均气温和年≥10 ℃活动积温为指标(李时睿 等，2014)，应用常规自动气象站历年气象资料及其经度、纬度、海拔高度等信息，构建茶树栽培年平均气温和年≥10 ℃活动积温的空间分布模型，采用GIS技术，研制100 m空间分辨率的茶树栽培热量资源区划图。如图5.2所示，年平均气温和年≥10 ℃的活动积温，全省大部地区热量条件均适宜茶树栽培，浙西南、浙西北、浙中部分山区为较适宜，局部高海拔山区为不适宜。浙江热量条件充足，除个别高海拔山区外，大部分地区适宜茶树栽培。

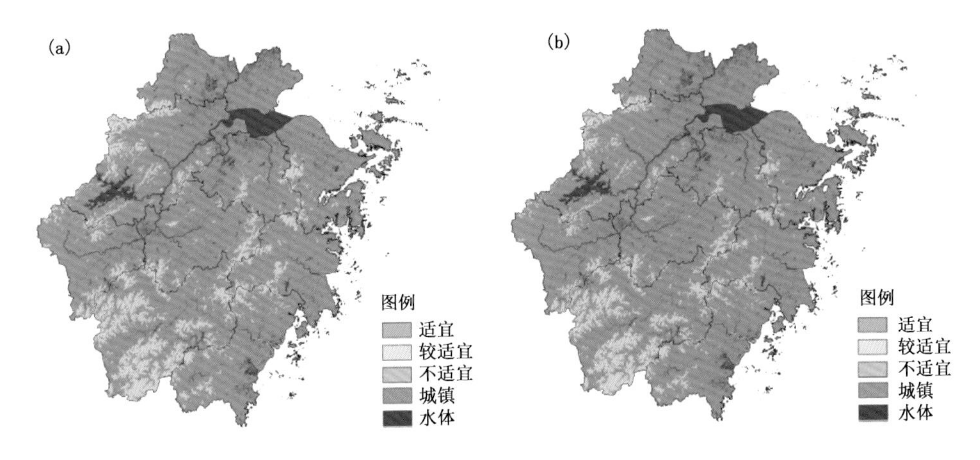

图5.2　浙江省茶树栽培热量资源区划图
(a)年平均气温适宜区划；(b)年≥10 ℃的活动积温适宜区划

(2)水分资源

茶树多生长在湿润多雨的环境下，以关键生育期内(3—10月)的平均空气相对湿度为指标，分析浙江省茶树栽培水分资源区划。如图5.3所示，浙江省水分条件极其充沛，各地均为适宜区，十分有利于茶树栽培。

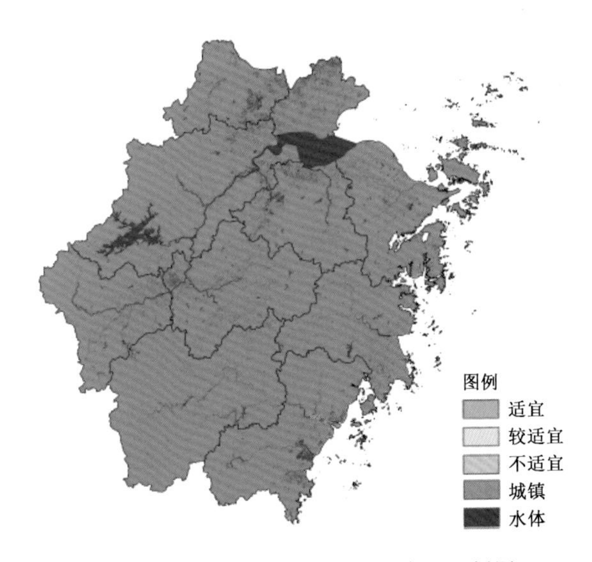

图5.3　浙江省茶树栽培水分资源区划图

(3)茶树种植气候区划

基于茶树生长对气候、地形、土壤等气候生态环境的需求，以年平均气温、≥10 ℃活动积温、极端最低气温≤－13 ℃出现的频率、3—10 月的平均相对湿度、海拔高度、坡度、坡向、土壤质地、土壤酸碱度共 4 个气候因子、3 个地形因子、2 个土壤因子为指标，采用 GIS 技术，研制 100 m 空间分辨率的浙江省茶树种植气候区划图(图 5.4)。

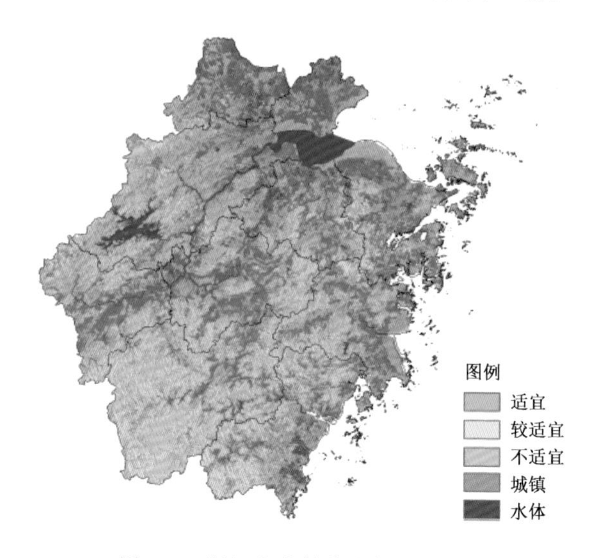

图 5.4　浙江省茶树栽培气候区划图

浙江省茶树栽培适宜区：主要集中在浙北的德清、安吉、杭州、富阳、淳安、建德、绍兴、诸暨、嵊州、新昌、余姚、宁海，浙中的江山、开化、龙游、武义、东阳、天台，浙南的松阳、遂昌、龙泉、丽水、缙云、泰顺等海拔高度在 600～900 m 的山区。这些地区的湿度适宜，在茶叶生长旺季 3—6 月的空气相对湿度都稳定在 75%～90%之间，热量充足，年平均气温均大于 15 ℃，≥10 ℃的活动积温在 4500 ℃ · d 以上，冬季极端最低气温≤－13 ℃的频率都小于 20%，土壤为酸性土壤，正常情况下茶叶生产能获得优质高产(黄寿波，1982a，1982b)。该区域最适宜建立规模经营的优质茶叶商品基地(中国茶叶品牌价值评估课题组，2013)。这些区域茶产业地位突出，近年来无性系良种比率高，名优茶比重逐年增加，产值明显上升。南部的温州和丽水二地，可以充分利用气候回暖早、早生茶树品种优势明显的特有条件，做大做强早生名优绿茶产业；浙西的适宜区可以充分利用山高、污染少等环境优势，重点扶持特色名优茶和高山香茶发展；浙东浙中的适宜区茶产业基础扎实、龙井茶产业特色突出，产业主导地位突出，可以充分利用区域适宜的气候、土壤等环境条件，重点扶持龙井茶和特色名优茶产业化发展；浙北地区可以利用品种与特定地域资源优势，做强白茶特色产业(陈龙，2007)。

浙江省茶树栽培较适宜区：主要分布在除湖州的东北、南部高山以及海岛以外的海拔高度低于 600 m 的平原、丘陵和低山区或者介于 900～1200 m 的山区。平原、丘陵和低山区，在夏季易出现高温干旱，900～1200 m 的山区因海拔过高，热量条件有所不足，冬季极端最低气温≤－13 ℃的频率介于 20%～50%。较适宜栽培区域也是浙江茶叶的主要生产区。近年来，随着茶叶经济效益的明显提高，该区域内茶叶发展有早生趋势。早生种茶叶开采期提早，效益高，但灾害风险高，茶叶产量很不稳定。因此可以充分利用区域的环境资源优势，茶树品种选择从“早”向“优”转变，实现茶叶优质高产(吴叶青，2013)。

浙江省茶树栽培不适宜区：主要为安吉的西南部、临安和淳安的西部，以及兰溪、遂昌、龙泉、庆云、云和、景宁、泰顺、天台等海拔高度多在 1200 m 以上的高山区域。这些地区因为海拔过高，热量条件不足，极易遭受低温冰冻的危害，严重威胁茶树的成活和产量、品质，因此这些区域不宜盲目发展茶叶生产。

2. 茶叶气象灾害风险区划

基于自然灾害风险形成机制，引用自然灾害风险指数法(Natural Disaster Risk Index，简称 NDRI)，综合考虑致灾因子危险性、孕灾环境暴露性、承灾体脆弱性的影响，综合确立茶叶农业气象灾害风险评估指标(陈思宁 等，2010；李亚春 等，2014)。致灾因子主要考虑茶叶春霜冻害、夏季热害和冬季冻害的年平均出现天数(A_1)，孕灾环境主要考虑海拔高度(A_2)和坡向(A_3)，考虑到数据的可获取性，对于江南茶区而言，承灾体主要考虑茶叶面积(A_4)；对于浙江省，承灾体主要考虑茶叶面积(A_4)和茶叶产值(A_5)(金志凤 等，2014a)。

(1)茶叶早春霜冻害风险区划

由图 5.5 可知，浙江省茶叶春霜冻害高风险区主要集中在杭州、绍兴、湖州西部、宁波西部、金华东南部、衢州开化、台州北部、丽水北部和温州泰顺等部分地区，该区域主要集中在浙江北部和中南部的高海拔山区，早春气温较低，霜冻出现概率较高，霜冻害风险最大。中风险区主要集中在湖州东部、嘉兴、舟山、金衢盆地、绍兴北部、台州中部、宁波沿海以及丽水中部等地区，该区域如金衢盆地和湖州吴兴地势较低，孕灾环境暴露性不高；宁波沿海地区、绍兴县和台州中部地均茶叶产值和茶叶面积不高，承载体脆弱性中等；丽水中部则由于地处浙南，年平均受灾天数较短，致灾因子危险性不高等，导致上述地区为茶叶春霜冻害中风险区。低风险区主要集中在温州和台州沿海等地，温州、台州沿海地区位于浙江南部和中部，早春回温快，发生春霜冻害的概率较小，致灾因子危险性小，亦属于茶叶春霜冻害低风险区(胡波 等，2014)。

(2)茶叶高温热害风险区划

由图 5.6 可知，浙江省茶叶夏季热害高风险区主要集中在浙江中部，分析原因是茶叶高温热害受灾年平均天数较多，地势不高，导致高温热害风险等级高(曹继启，1978；黄寿波，1981a，1981b)。中风险区包括杭州中南部、绍兴中北部、衢州西南部和

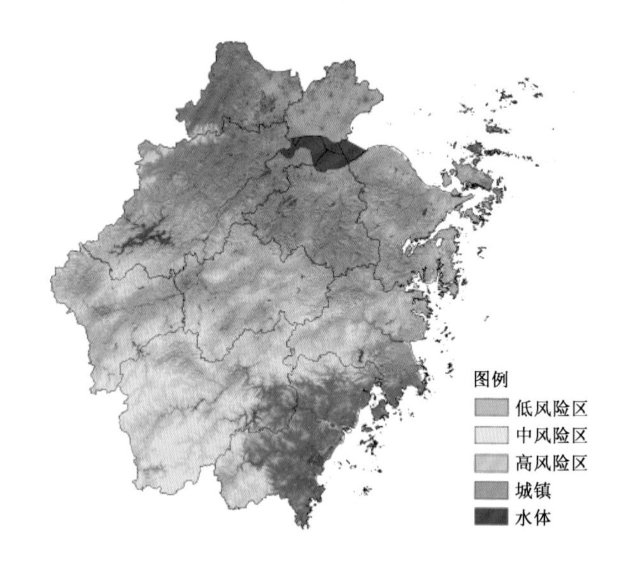

图 5.5　浙江省茶树早春霜冻风险区划

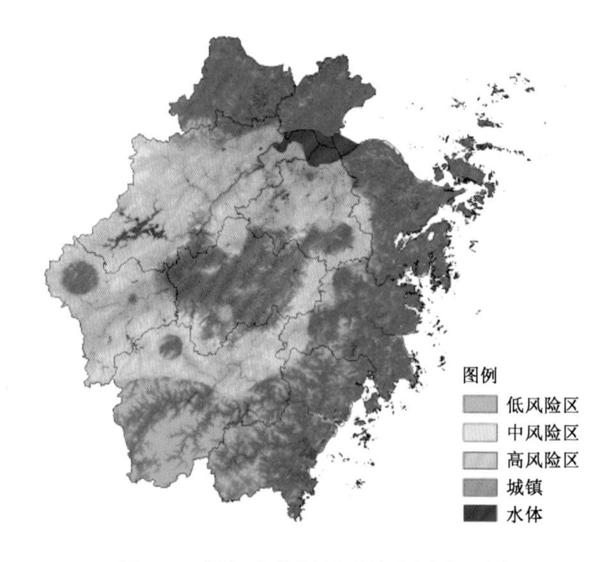

图 5.6　浙江省茶树夏季热害风险区划

丽水北部等地，该区域地均茶叶面积和茶叶产值较高，承载体脆弱性较高，为中等风险区。浙江其余大部地区，如北部地处低纬度区、西南部多为高山、东部沿海受水体影响等，极端高温偏低，茶叶高温热害受灾年平均天数偏少，致灾因子危险性和孕灾环境脆弱性低，这些区域为低风险区。

(3)茶叶冬季冻害风险区划

由图 5.7 可知，浙江省茶叶冬季冻害高风险区主要位于湖州西部、杭州西北部和衢州开化等地，区域地势较高，冬季气温较低，遭受冻害的概率较高，地均茶叶面积和产值较高，导致该区域冬季冻害风险最高(李倬，1982)。中风险区主要位于湖州东部、杭州南部、绍兴和宁波的南部、台州北部、丽水西南部等地，发生冬季冻害次数不是很多，但大部分是丘陵山地，导致孕灾环境暴露性和承载体易损性较高，为中风险区。浙江东部沿海和浙南等地冬季热量条件较好，出现茶叶冻害概率较低，该区域为冬季冻害低风险区(高玳珍，1995)。

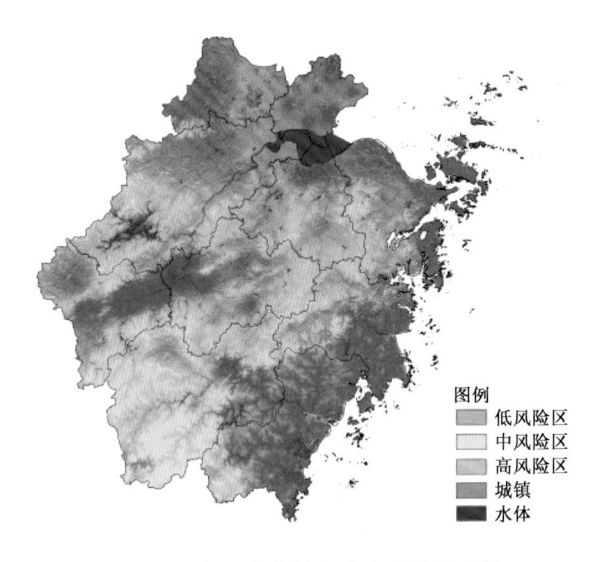

图 5.7　浙江省茶树冬季冻害风险区划

(4)茶树种植气象灾害综合风险区划

茶叶农业气象灾害综合风险是早春霜冻、夏季热害和冬季冻害多种农业气象灾害综合作用结果(黄寿波，1983)。对于浙江茶叶生产来说，茶叶受灾最重最易发生的是早春霜冻(黄海涛 等，2011；吴杨 等，2014)，其次是冬季冻害，夏季热害发生相对最少、危害最轻。高风险区主要集中在浙西北、浙中北、金华武义、丽水松阳和温州泰顺等地。该区域发生早春霜冻和冬季冻害等农业气象灾害的次数较多，地均茶叶面积和茶叶产值较高，且金华武义和磐安、衢州开化、丽水松阳和温州泰顺人均生产总值和农民人均收入较低，综合风险较高。该地区是浙江名优茶叶种植的主产区，因此加强茶叶农业气象灾害的监测预警和防御尤为重要，尽量减轻茶农损失。中风险区主要集中在浙中、浙东北、衢州开化和丽水中部等地，该区域如湖州、绍兴和宁波等地人均生产总值和农民收入较高，防灾减灾能力较强；杭州南部、丽水中部地区发生农业气象灾害年平均次数较少，致灾因子危险性较小。台州和金华等地茶叶面积和茶叶产值较低，承载体脆弱性较小，导致该区域为中等风险区。低风险区主要集中在浙南、嘉兴和宁波慈溪。该区域茶叶农业气象灾害发生概率偏低，危害轻。

基于灾害风险区划，应用 GIS 平台集成浙江省茶树栽培精细化气候区划，以及土地利用现状数据，屏蔽茶树不能种植的区域（城镇和农村居民点、水体等），研制基于网格点的浙江省茶树种植农业气象灾害综合风险的精细化区划图，见图 5.8。

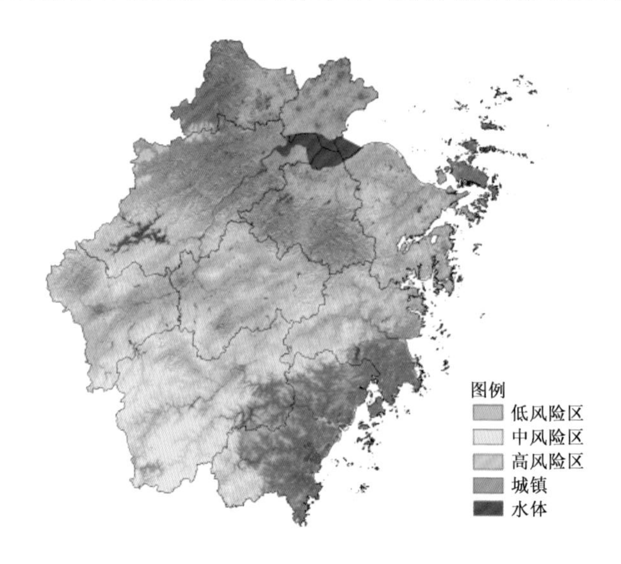

图 5.8　浙江省茶树气象灾害风险区划

浙江省茶树种植农业气象灾害综合低风险区主要集中在温州，丽水东部，金华永康、衢州中部和台州南部等地，该区应大力发展名优茶产业；中风险适宜区和高风险适宜区主要集中在湖州和杭州的中部、绍兴中部南部、宁波南部、台州北部、金华北部、丽水中部北部等地，这些区域茶产业在农业中地位突出，近年来名优茶比重逐年增加，也是浙江名优茶叶最为集中的地区，建议加强该区域农业气象灾害风险防御能力，减少因农业气象灾害给茶农造成的经济损失。

浙江省茶树种植农业气象灾害综合中风险区主要集中在湖州东部、宁波北部、舟山等区域，该区也是浙江茶叶主要生产区，可以充分利用当地的资源环境优势，重点发展高品质茶叶，实现茶叶优质高产。中风险和高风险较适宜区主要集中在湖州北部、杭州西部、绍兴北部、宁波中部、金华西部、衢州西部、丽水西北部等地，随着茶叶经济效益明显提高，近年来该区内茶叶发展有早生趋势，然而随着茶叶开采期的提早，遭受早春霜冻等农业气象灾害概率增加损失加重，因此要加强该区茶叶农业气象灾害的监测预警。

浙江省茶树种植农业气象灾害综合高风险区域主要位于安吉西南部、临安和淳安西部以及浙中和浙南等高山地区，该区由于海拔过高、热量条件不足，茶树极易遭受冻害，产量低，品质差，不宜盲目发展茶叶生产。

报刊文摘专栏 7

摘自 2020 年 5 月 15 日《中国气象报》第一版头条

从茶园到茶杯 ——浙江茶叶气象服务深度覆盖茶行业全产业链

自古江南多茶事，一杯饮尽江南美。浙江地处中国东南沿海，适宜的气候和地理环境为茶树栽培和优质高产提供了得天独厚的自然条件，但复杂的气候和地形也给茶叶生长带来严重威胁。

15 年来，浙江省气象部门深耕茶叶气象服务，服务覆盖种植、生产、销售等全产业链，构建茶叶气象指标体系，重点研发种植气候区划、灾害风险评估、灾害监测预报、采摘气象预测、气候品质认证 5 大关键技术，逐步形成了优化种植布局—保障安全生产—助力提质增效的服务闭环。

“黄金叶”开辟先富帮后富新路

3 月 25 日，是湖南省湘西古丈县默戎镇翁草村百姓心中的大日子。这一天，由浙江省安吉县溪龙乡黄杜村捐赠的“白叶一号”安吉白茶迎来了首次采摘。

2018 年，“因茶致富，因茶兴业”的浙江省安吉县黄杜村，20 名党员向习近平总书记汇报了村里种植安吉茶致富的喜讯，同时提出捐赠 1500 万株茶苗帮扶贫困地区。习近平总书记在回信中肯定了这种为党分忧、先富帮后富的精神。

如何让白茶顺利落户受赠地区？浙江省气象部门成立茶叶产业扶贫气象技术攻关团队，第一时间赶赴白茶受捐赠点开展实地调研，在当地布设白茶立体小气候监测站，开展茶园 15 要素立体小气候监测和茶叶生长态势实景监测，逐步开展白茶生长适宜性评估、气候品质评估以及霜冻风险评估等一系列研究。

为了准确划定捐赠范围，团队实地走访了湖南省古丈县、四川省青川县和贵州省普安县、沿河县等 4 个受捐地，开展白茶种植精细化气候区划和气象灾害风险评估，支持种植点的精准遴选。

然而，“白叶一号”的“安居”过程不怎么顺利。在古丈县，白茶苗刚成活不久，2019 年年初就遇到了一场少见的大雪和冰冻天气。安吉的气象技术人员及时通过网络视频为古丈农技人员和茶农提供指导。两年来，技术攻关团队持续向受捐 4 县的白茶生产地开展远程线上针对性气象服务，研发包括茶叶开采期预测、气象灾害防御和病虫防治指导、茶叶气候品质监测评估、茶叶冻害指数保险等全产业链气象服务指标和产品，帮助当地申报国家气候标志。

如今，湖南古丈县已经形成了完整的白茶产业链，四川青川走出茶旅结合新路子，贵州普安、沿河茶农摘掉贫困帽，浙江气象全面融入茶叶产业扶贫工作结出硕果。

“两张图”指点种茶迷津

一片叶子造福更多人，背后有浙江气象部门深厚的科技积累。

喜酸怕碱、喜光怕晒、喜暖怕寒、喜湿怕涝……茶树虽好但性子“娇贵”，气候和地理条件直接决定了它的品质和特点。哪里适宜种茶？哪里能产出好茶？落户浙江两年的茶叶气象服务中心用权威气象数据和研究分析给出了答案。

为了让茶农事半功倍种出好茶，茶叶气象服务中心根据茶叶生长、产量、品质与气象的关系，建立茶叶气候区划指数模型；从灾害的孕灾、致灾和灾损等角度出发，构建了茶叶气象灾害风险指数模型；基于GIS技术，研制了典型示范县的不同行政区域、不同空间分辨率的茶树种植精细化气候区划和茶叶气象灾害风险区划图集，为茶树的优化布局和规避气象灾害提供了科学依据。

区划图集针对早春霜冻、夏季热害、冬季冻害等对茶树生长有“致命”伤害的农业气象灾害类型，根据气象观测、地形地貌、土壤质地等，将种植区域分为“可大力发展名优茶产业”的适宜区、“可发展优质无性良种”的较适宜区和“不宜盲目种植”的不适宜区，不仅为茶树种植区域规划提供了专业指导意见，也为不同地区的防灾减灾指明“作战目标”。

2019年年底，“精雕细琢”的浙江省茶叶气象灾害风险精细化区划图正式发布。区划图执笔人之一、正研级高级工程师娄伟平介绍，“升级版”的风险图针对浙江省茶叶产区山地气候气象灾害复杂、茶叶气象灾害风险差异大的情况，绘制了浙江省各地区特早生、早生、中生、迟生，以及各抗性茶树品种冬季冻害、高温热害、干旱、春季霜冻、春季高温和春季降雨等灾害的风险分布，因地制宜促进增产增收、提高经济效益。

“贴身盯防”调整生产节奏

“研发中长期茶叶气象预报服务产品，滚动发布未来1天至15天的茶叶气象预报服务……”在今年浙江省气象部门为民服务十件实事中，第六条便是为茶企茶农量身定制气象服务。

对此，丽水市缙云县仙都黄贡茶业有限公司负责人潜卫东拍手叫好：“气象服务更提前，有利于我们及时安排采摘、炒制和应对气象灾害的防御措施。”

今年年初，浙江省气象部门精心组织气象专家、专业技术骨干带着服务企业、服务群众、服务基层的使命深入各地茶园，对茶农普遍关心的气象问题予以解决。

为了更好地提供精细化气象预报预警服务，浙江省气象部门指导完成了茶园小气候观测、试验网络建设，实现了覆盖茶叶主产区的茶园小气候实时监测和查询；研发了茶叶霜冻害和高温热害精细化监测预报技术，研制了茶叶气象服务业务系统，实现了茶叶生产全程气象实时监测、在线诊断、精细化动态预警和影响评估；联合农业部门开展西湖龙井、安吉白茶等优势品种茶叶开采期预测，多途径指导茶农、茶企合理安排采茶工等，提升名优茶品质、优化市场供应。

全省各地气象部门积极联合相关部门，打通服务茶农的“绿色通道”。湖州安吉的气象服务茶农模块被搬上“爱安吉 App”和“安吉县白茶生长交易管理云平台”，为当地 20 万用户提供 24 小时分时段天气预报、各茶叶站点气象实况等气象信息，确保白茶种植、采摘、加工、交易产业链气象服务全覆盖。

浙江气象守护春茶的“最后一张牌”是茶叶低温气象指数保险。今年 3 月底，受寒潮影响，浙江省大部分茶园的早生春茶出现明显冻害。气象专家与保险公司通过核实灾情，认定本次受灾情况符合保险理赔范围，为受灾茶农挽回了损失。

“气象名片”激发销售动力

在竞争激烈的茶叶销售市场，“气象名片”展现出可观的品牌价值。

作为淘宝、微店的茶业掌柜，疫情严重打乱了何利江收购新茶的计划。“幸亏有茶叶气象指数，让我们在没法实地调研的情况下了解茶叶品质，挑选优质产品。”从 2 月起，绍兴市新昌县气象部门结合实际，评选出当地优质茶场和优质茶，通过各种线上平台发布茶叶气象相关指数，让茶企、茶商坐在家里也能第一时间掌握茶叶质量，确定收购价格，方便“线上”收购。

这张“名片”深得茶农赞许。乌窦云雾茶叶专业合作社的茶场位于美丽的儒岙镇，多项气象指标都较优的亮眼“成绩单”使该合作社的茶叶被评为特优茶，受欢迎程度大幅提升。今年，气象部门强化面向茶企、茶商的信息供给，该合作社前一天抢摘的千斤* 茶叶不到半天就被抢购一空。

看似简单的“名片”背后是 9 年的专业研究和技术累积。浙江气象部门通过茶叶品质理化指标耦合关键气象因子，创建了茶叶气候品质指数模型，制定了茶叶气候品质评价等系列标准，研制国家农产品气候品质评价标准化区域服务与推广平台，设计气候品质专有标识，累计向不同类别和产地的茶叶出具 80 多份气候品质评价报告并颁发证书，提升经济附加值 10%以上。

2019 年，在第三届中国国际茶叶博览会上，气象部门通过对气候资源、气候适宜度等的综合评价，认定浙江省春茶气象指数为特优，提升了茶叶的信誉度和知名度，吸引国内外消费者慕名选购。

“我们将进一步推进茶叶气象观测站网的建设，应用人工智能、作物模型、卫星遥感、智能网格预报等先进技术，促进数字产业化和产业数字化。”中国气象局首席气象服务专家、浙江省气候中心正研级高工金志凤踌躇满志。

* 1 斤=500 g，下同

第二节　农业气象服务助力安吉白茶精准扶贫

2018年4月,浙江省安吉县黄杜村“饮水思源,致富不忘党恩”,提出捐赠1500万株茶苗帮助贫困地区群众脱贫。茶叶气象服务中心践行“精准扶贫、精准脱贫”重要思想,主动融入政府脱贫攻坚大局,发挥中国茶叶气象服务中心作用,从“趋利”和“避害”两方面为精准脱贫提供重要的技术支撑和气象保障。2018年5月,茶叶气象服务中心成立了“白叶一号”茶叶气象攻关保障小组。联合中国农业科学院茶叶研究所专家团队,深入黄杜村,了解需要,主动服务。为了实时掌握捐赠茶苗生长的气象条件,6月下旬,在黄杜村万亩茶叶基地布设了15个气象要素和物候的茶叶气象智能监测系统(图5.9);6月底,完成了包括安吉白茶生产气候特征、气象灾害风险、气候品质评价和气候适宜性等内容的黄杜村“白叶一号”茶叶气候适宜性评价专题报告。

图5.9　黄杜村万亩茶园小气候和实景监测系统

为了确保捐赠茶苗在收捐地不仅能种植,还要种活种好,茶叶气象服务中心充分利用前期的研究成果(陈荣冰,1996;李倬 等,2005;郭水连 等,2010;缪强 等,2010;金志凤 等,2014a,2014b),于2018年7月完成了4个扶贫县(湖南省古丈县、贵州省沿河土家族自治县和普安县、四川省青川县)“白叶一号”茶树种植的精细化气候区划和气象灾害(霜冻害等)风险评估(图5.10),为捐赠茶苗种植地址精准遴选提供科学依据。

捐赠茶苗顺利移种寄托着黄杜村和4个收捐县的深情。茶叶气象服务中心首席专家实地走访了4个精准扶贫县茶苗收捐所在的乡镇甚至村庄,提供针对性气象保障;实地查看黄杜村捐赠茶苗情,提供受赠地茶苗定植期未来一个月的逐日精准预报(图5.11),为捐赠茶苗适期定植提供精细化的气象保障。

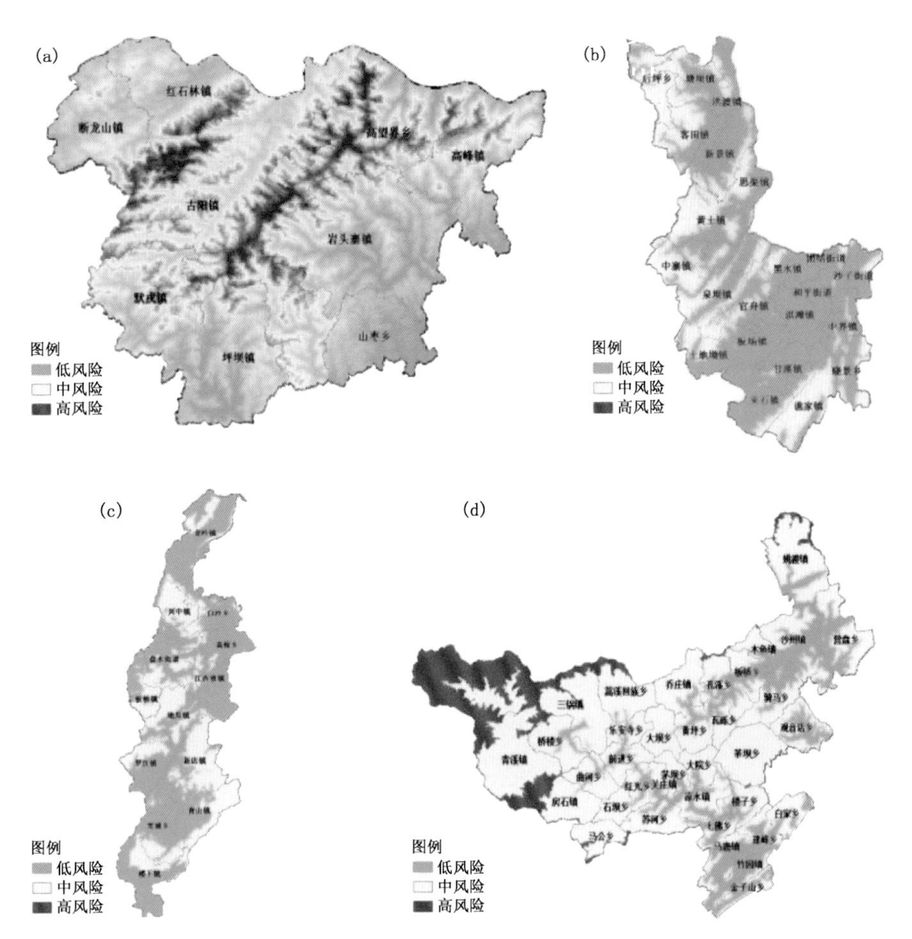

图 5.10 4个扶贫县茶叶霜冻害风险区划

(a)古丈县;(b)沿河县;(c)普安县;(d)青川县

地点	气象要素	10上	10中	10下	11上	11中	11下	12上	12中	12下	1上	1中	1下	2上	2中	2下	3上	3中	3下
青川	平均气温	15.9	14.5	13.0	11.2	9.0	6.9	5.4	4.2	3.0	2.8	2.8	3.0	3.8	5.4	6.2	7.7	9.9	11.1
	最高气温	30.2	28.0	25.1	24.1	21.4	19.6	19.3	17.0	15.6	16.6	17.4	18.1	19.1	19.8	24.1	25.9	27.9	27.6
	最低气温	5.2	4.9	-0.3	-1.5	-4.1	-4.5	-5.5	-9.2	-8.2	-8.2	-8.7	-9.1	-6.6	-4.8	-5.2	-5.3	-3.3	-2.2
	降水量	29.5	14.5	13.8	9.0	7.5	3.8	1.5	1.8	1.9	1.6	2.1	4.2	2.6	3.3	4.3	5.4	7.1	11.3
	日照时数	21.0	21.0	27.6	27.4	25.6	29.0	32.3	30.3	32.8	31.2	30.1	28.5	25.7	24.9	19.3	28.9	29.1	34.3

地点	气象要素	10上	10中	10下	11上	11中	11下	12上	12中	12下	1上	1中	1下	2上	2中	2下	3上	3中	3下
安吉	平均气温	19.0	17.5	15.3	13.7	11.1	8.8	6.7	4.9	4.1	3.4	3.0	3.3	3.7	5.6	6.3	7.8	9.8	11.0
	最高气温	29.5	27.4	26.7	25.1	22.4	19.8	18.7	16.0	15.6	14.0	14.0	14.7	15.4	17.7	17.6	21.3	22.6	24.4
	最低气温	10.2	8.1	5.1	3.3	1.2	-1.0	-2.8	-4.5	-5.4	-5.3	-5.5	-5.5	-5.4	-3.1	-2.3	-1.9	0.4	1.4
	降水量	42.2	21.9	23.1	23.2	24.0	17.8	14.2	17.4	17.3	14.8	27.3	23.8	20.5	28.5	29.5	30.9	37.9	46.0
	日照时数	51.7	51.0	57.4	51.1	44.0	46.3	49.8	43.6	47.5	42.9	37.5	42.3	43.0	40.1	31.2	44.6	39.5	49.4

“白叶一号”种植区域11月上半月天气趋势

地点	天气	1	2	3	4	5	6	7	8	9	10	11	12	13	14	15	16
安吉	气温范围	13-23	13-23	13-23	13-23	14-23	14-23	13-23	12-22	11-21	12-21	12-21	11-20	10-20	10-19	9-19	9-19
	天气状况	晴	阴有小雨	晴	晴	阴有小雨	小雨	晴	小雨	阴转晴	多云有小雨	小雨	阴转晴	晴	晴	晴转阴	小雨
沿河	气温范围	15-19	15-19	15-19	15-19	15-19	15-19	15-18	14-18	13-17	14-17	13-17	13-17	13-16	12-16	11-15	11-15
	天气状况	小雨	小雨	阴转晴	阴转晴	晴	晴	小雨	晴	小雨	小雨	小雨	晴	阴有雨	晴	晴	晴
普安	气温范围	12-17	12-16	12-16	12-16	11-16	11-16	11-16	11-16	10-15	10-15	10-14	10-14	10-14	10-13	9-13	9-13
	天气状况	晴	晴	晴	晴	晴	晴	晴	晴	晴	晴	晴	晴	阴有雨	阴有雨	晴	晴
青川	气温范围	9-15	9-16	9-16	9-16	9-16	9-16	8-15	7-14	7-15	7-15	7-15	7-14	7-14	6-13	6-13	6-13
	天气状况	晴	晴	晴	晴	晴	晴	晴	晴	晴	晴	晴	晴	晴	晴	晴	晴

图 5.11 4个扶贫县茶苗定植期未来一个月的精准天气预报

在中国气象局的大力支持下，2019 年开展了“茶叶主要气象灾害监测预报技术研发与应用示范”项目研究，构建了安吉白茶气象指标体系，研发了茶叶气象灾害精细化监测预报技术，构建了示范区安吉县气象灾害定量化评估模型，研制了面向县级的茶叶气象灾害精细化监测预报业务系统(图 5.12)，并在浙江省安吉县和安吉白茶 4 个精准扶贫县本地化应用，真正实现了扶贫茶叶的精准精细气象保障。

图 5.12　扶贫县茶叶气象服务业务系统及产品

第三节　生态农业气候品质认证

(一)创建农产品气候品质认证机制

2012 年，浙江省气候中心率先在全国开展农产品气候品质认证。农产品气候品质是指由天气气候条件决定的初级农产品品质，气候品质认证则是用表征农产品品质的气象指标对农产品气候品质优劣等级所作的评定(金志凤 等，2015)。农产品品质与品种特性和气候条件密切相关(胡振亮，1988)，为确保农产品气候品质认证工作的科学性和规范性，浙江省气象局组织制定了《浙江省农产品气候品质认证工作暂行规定》(浙气发〔2012〕47 号)，对农产品认证工作的认证流程、等级规定、标识(图 5.13)管理，以及省市县气象部门的职责分工作出了规定。

图 5.13　农产品气候品质认证标识

考虑到农产品气候品质认证属于新兴事物，为此浙江省气象部门通过电视、网络、报纸等多种方式和途径进行了广泛的宣传。2012 年 4 月，针对首个气候品质认证的农产品，制作了“茶叶的气候品质‘身份证’”专题片，在省农博会主场持续播放 5 d，获得省领导和参会群众的一致好评，荣获农业博览会展示设计金奖。2013 年，浙江省电视台公共新农村 ZTV-7 频道通过政策面对面，专题介绍了农产品气候品质认证。2016 年起，浙江省科协每年将农产品气候品质认证列入省政协送科技下乡的主要内容之一。地方政府也高度肯定农产品气候品质认证。2014 年建德市委市政府出台《关于进一步加快现代农业发展实施意见》政策性文件，明确规定把农产品气候品质认证工作纳入农产品评价认证体系。2016 年，农产品气候品质认证工作助推浙江绿野仙踪生态农业发展有限公司来自欧盟的 500 万欧元的茶叶订单。通过气候品质认证，显著提升了农产品国际市场的竞争力。

(二)制定农产品气候品质评价技术标准

农产品气候品质评价标准先行。2012 年起，浙江省气候中心通过田间试验，获取各类农产品品质信息，构建了农产品气候品质评价指标体系，建立了气候品质指数模型，确定了气候品质评价等级标准，统一划分特优、优、良、一般四级。制定了相关系列气象行业标准，《茶叶气候品质评价》(QX/T 411—2017)、《农产品气候品质认证技术规范》(QX/T 486—2019)、《农产品气候品质评价 柑橘》(QX/T 592—2020)。主要成员参与中国气象局组织的《农产品气候品质评价规程》等技术标准的编制。

《农产品气候品质认证技术规范》(QX/T 486—2019)成为全国各地开展农产品气候品质评价和制定相关技术标准的重要依据。农产品气候品质评价技术成果已在安徽、江西、福建、云南、贵州、广西、陕西、新疆等 20 多个(区、市)推广应用，科学指导各地开展柑橘、普洱茶、甘蔗、苹果、猕猴桃、大米等优质农产品气候品质认证。

(三)农产品气候品质认证服务

自 2012 年至今，浙江省气候中心持续开展农产品气候品质认证服务，包括茶叶、柑橘、杨梅、水蜜桃、西瓜、枇杷、金塘李、文旦、蜜梨、蓝莓、玉环柚、铁皮石斛、香菇、杭白菊、大米等四大类 15 种农产品，制作农产品气候品质认证报告 200 多份，颁发标识 300 多万枚。农产品气候品质认证进一步提高了气象科技在农业经济中的贡献率，开辟了科技生产力转化为经济效益新的途径。

1. 大山坞茶场安吉白茶气候品质认证

2012 年大山坞茶场安吉白茶气候品质认证为省气候中心制作的第一份认证报告。安吉县大山坞茶场是专业生产大山坞牌安吉白茶的名优绿茶企业，茶园基地坐落在安吉县溪龙乡黄杜村，海拔高度为 60～250 m，坡度 40°～45°，坡向以东为主。2012 年有良种园 1800 余亩，年可生产名优茶 34000 kg，产值 4700 万元。2012 年春茶生长前期没有出现明显的气象灾害，茶叶生长期间有降水，日照充足，适宜的气象条件(图 5.14)利于春茶芽的萌动和生长，以及茶叶品质的形成。

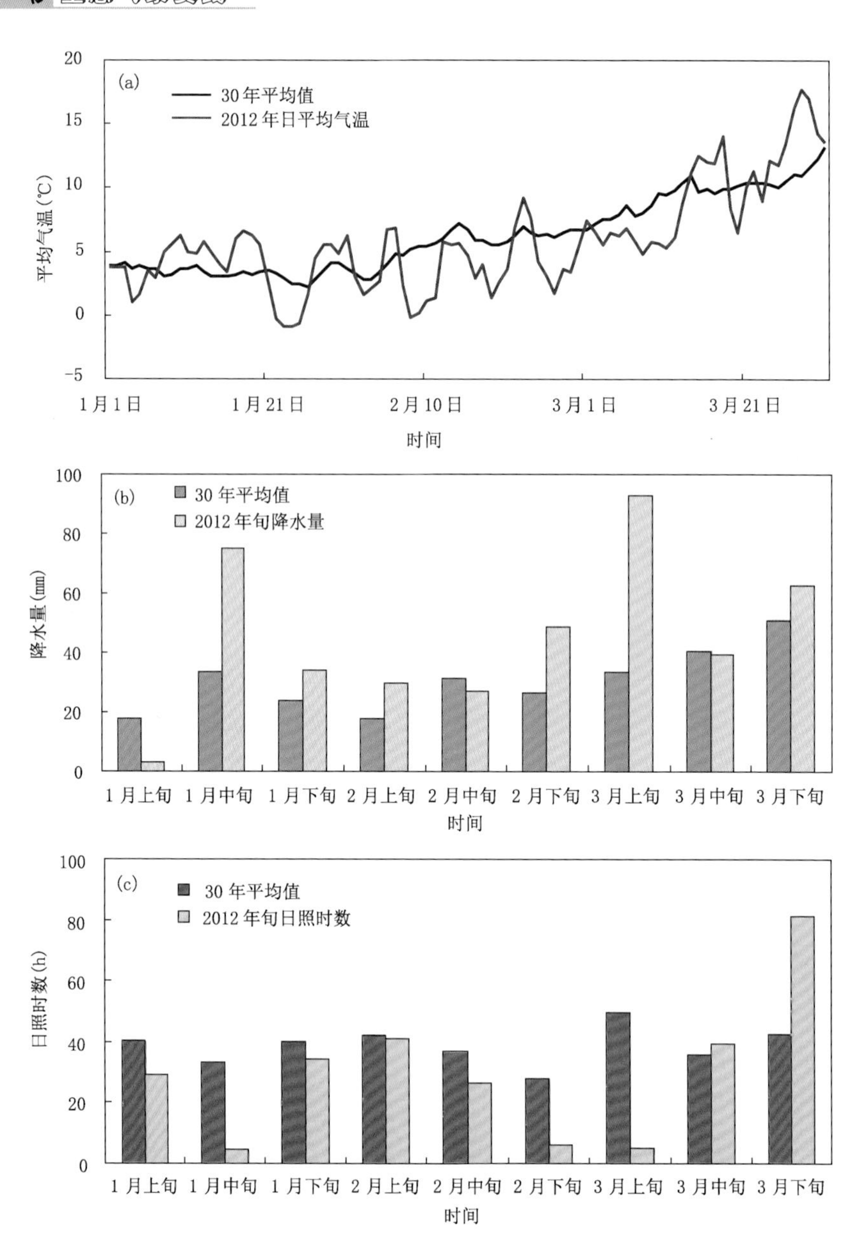

图5.14　2012年大山坞茶场安吉白茶关键生长期气温(a)、降水量(b)和日照(c)气象要素对比分析

茶叶品质优劣与茶芽生长期的平均气温、湿度、光照等气象条件密切相关(巩雪峰 等,2008;郭桂义 等,2010)。根据安吉白茶前期生长气象条件分析,以及茶叶气候品质模型计算,大山坞茶场生产的安吉白茶的茶叶气候品质指数为2.3,气候品质

等级为优(图 5.15)。

图 5.15　大山坞安吉白茶获气候品质认证优质品牌

2. 助力建德苞茶国家气候标志评定

国家气候标志是指由独特的气候条件决定的气候宜居、气候生态、农产品气候品质等具有地域特色的优质气候品牌的统称，是衡量一地气候生态资源综合管理的科学认定，是挖掘气候生态潜力和价值的重要载体。2018 年 10 月，浙江建德苞茶获评全国首个茶叶类国家气候标志优质农产品(图 5.16b)。茶叶气象服务中心分别从建德苞茶的品质特性和茶叶气候品质指数(图 5.16a)两方面对建德苞茶的气候品质提供了科学客观的评价。

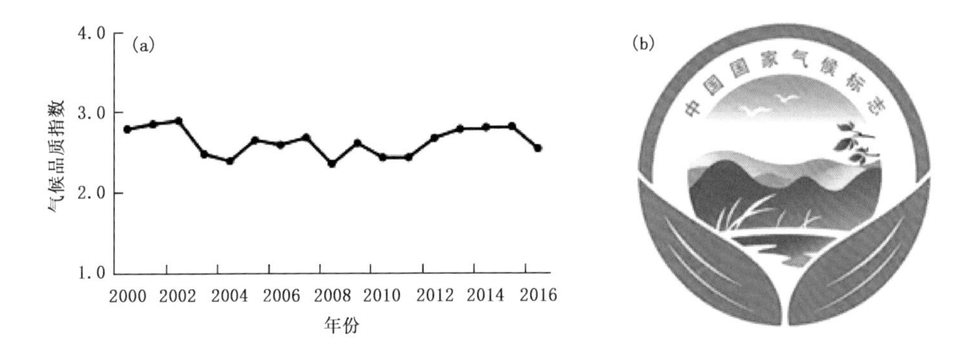

图 5.16　中国气候标志建德苞茶气候品质

(a)2000 年以来建德苞茶气候品质指数变化；(b)苞茶气候标志

报刊文摘专栏 8

摘自 2013 年 11 月 7 日《中国气象报》头版

农产品的气候品质新名片——浙江省农产品气候品质认证工作纪实

“地域范围为浙江安吉县溪龙乡大山坞茶厂 1、3、8 号茶园；主要生长期平均气温为 10 ℃，适宜白茶生长；认证结论为‘优’。”2012 年春，随着大山坞安吉白茶被贴上气候品质认证“优”的标签，浙江农产品拥有了自己的气候品质“身份证”。从此，农产品气候品质认证工作给浙江广大农民带来了看得见的好处。

寻找气象为农服务新支点

浙江，素有“七山一水二分田”之说，各种气象灾害频发，农业具有高投入、高产出、高风险的特点，加之劳动力成本高，因此对开发利用气候资源潜力、提高特色农产品附加值的要求更为迫切。

近年来，浙江省委立足于转变农业发展方式，以粮食生产功能区、现代农业园区“两区”建设为抓手，突出推进产品优质化，在特色精品上下功夫，实施“品牌兴农”战略。

如何响应省委要求，基于部门优势，进一步开拓气象为农服务的新路子？浙江气象部门深刻地认识到，农产品也可以打造“气象品牌”。光照、湿度、温度等气象要素通过光合作用直接决定着农产品的产量和质量，优越的自然气候条件，是对农产品优质化的保障，也是赋予某一区域的“特色招牌”。

围绕惠农富农需求，浙江气象部门积极探索开展农产品气候品质认证工作。农产品气候品质认证是指天气气候对农产品品质影响的优劣等级做评定。具体而言，就是依据农产品品质与气候的密切关系，通过相关数据的采集收集、实地调查、实验试验，对比分析等技术手段方法，设置认证气候条件指标，建立认证模式，综合评价，确定气候品质等级标准，最后统一颁发认证报告和认证标志。

在农产品的外包装上贴上邮票大小的气候品质“优”的标签，为农产品气候品质书写“身份”名片，这一创新之举有效提升了农产品的知名度和市场竞争力。

科技成果转化现实生产力

农产品气候品质认证工作开展以来，浙江省气候中心组织技术人员通过走访全省各地农业专家、种养大户，针对当地特色优质农产品对气象要素的适宜度和敏感性进行沟通，明确各阶段主要气象条件可能对农产品产量和品质的影响。

“省气象局专门成立技术攻关团队，为农产品气候品质认证工作提供技术支撑”浙江省气候中心主任姚益平说。气象科技人员进行了大量的数据采集、实地调研、实验试验、比对分析等工作，并在此基础上，形成了相关技术指标参数，建立了茶叶、杨梅等优质农产品气候品质评价模型，通过试验对模型进行验证，形成较为科学的优质特色农产品气候品质评价机制，实现气候品质的广泛、快速认证。

浙江省气象局还先后多次牵头召开特色农产品气候品质认证研讨会，邀请农林、质监等部门专家研讨技术标准，就工作思路、技术路线、认证标准等深入讨论。由气象部门牵头、多部门专家联合论证通过《浙江省农产品气候品质认证工作规定》，对申请开展气候品质认证的农产品、认证流程、省市县气象部门业务分工、认证标识的应用等进行规定。

流程简、速度快、效率高，农产品气候品质认证工作获得普遍好评。在便民惠民的背后，是严谨的规范指引，是厚实的数据储备，是扎实的科技支撑。浙江特色农产品气候品质认证工作真正将气象科技成果转化为现实生产力，使农民受惠。

助推高效生态现代农业发展

位于“中国美丽乡村”安吉的大山坞茶厂，自然景色优美，生态环境优越，但以往种植都是靠经验。该茶厂董事长盛潮湧说：“今年，省气象局的专家专门对白茶产地的气候和生育期的气象条件进行鉴定，并针对白茶提出技术指标，在他们的科学指导下，白茶长势更好了。”大山坞安吉白茶成为了浙江省首批进行气候品质认证的农产品。

农产品气候品质认证在浙江各地相继推广，截至目前，浙江省已相继完成茶叶、杨梅、葡萄、柑橘、梨、水稻等8类49个批次的农产品气候品质认证，发放气候品质认证标识近30万枚。农产品气候品质认证有效提升了浙江特色农产品的知名度，部分农业企业通过气候品质认证建立了本地的特色品牌；同时提升了特色优质农产品的市场竞争力和产品的附加值，进一步掌握了影响农产品品质气候条件的时空分布，为加强农业小气候资源区划、合理开发利用气候资源、提高农产品品质量奠定了基础。农产品的品牌影响力逐步扩大，为促进农村发展、提升农业效益、增加农民收入发挥了积极作用。

素有“鱼米之乡”美誉的德清县在粮食生产功能区开展晚稻气候品质认证工作，“孟家漾”牌大米成为浙江首个通过气候品质认证的大米品牌，被亲切地誉为“气象大米”。种粮大户沈炳水告诉笔者：“以前‘孟家漾’大米只能卖3.5元，现在贴上气候品质‘优’的标签，能卖到4元了。”

在位于临浦镇通二村的杭州美人紫农业开发有限公司内，每一箱美人紫葡萄的外包装上都贴上了气候品质“优”的标签。萧山区气象局相关负责人介绍说：“美人紫葡萄曾先后获得杭州市名牌、杭州市农业科技龙头企业、杭州市农业龙头企业3块‘金招牌’，此次气候品质认证成为了企业的另一张金招牌，大大提升了市场竞争力，为企业打造葡萄知名品牌提供了支持。”

未来，浙江省气象局将加强农产品与气候条件实验研究，提升农产品气候品质认证体系的科学性、规范性，强化精细化的农业气候区划和气候资源的开发利用，把气象为农服务的文章做得更深、更细。

第四节　农业保险气象服务

十余年来，浙江省气候中心长期跟踪政策性农业保险工作的筹备、试点、全面铺开的全过程，及时调研分析需求，发现农险运行中的主要问题，将农业保险气象技术研究、业务及服务高度融合，创建了农业保险气象服务技术体系，解决了政策性农业保险运营中存在的系列问题，获得了多项创新性成果并及时转化。原创设计的10余个气象指数保险产品性能稳定，符合客观实际，深受农户、保险公司、政府三方高度信任，保费规模逐年递增，2019年超7800万元，居全国之首；开展“互联网＋”保险模式，开展了作物风力气象指数产品等，引起广泛关注。多年来，气象指数保险为浙江省政策性农业保险的可持续发展提供重要技术支持，创造了重大的社会及经济效益，有力保障三农产业生态健康发展。

（一）工作背景

自2005年浙江省政策性农业保险工作启动以来，及时调研分析需求，发现农险运行中的主要问题：一是参保不平衡，过度集中于高风险品种和区域，需科学调整费率设置；二是传统农业保险定损难度大，效率低成本高，有道德风险；三是共保体超赔付，不利于农业保险可持续发展。针对这些技术难题，提出思路、凝练项目，逐一解决。确定以气象灾害风险分析、构建保险气象理赔指数、气象灾害监测预警、气象指数保险产品开发为主要研究内容，以实现优化费率设置、合理定损理赔、减轻标的灾害损失、提高理赔时效、降低理赔成本。

（二）工作举措

1. 建立农业保险气象服务技术体系

根据既定目标，组织开展应用研究，建立农业保险气象服务技术体系，创建农业保险气象业务。

(1)农业气象灾害风险评估。基于信息扩散风险评估模型，对主要气象灾害风险进行评估；采用作物单产资料序列，构建气象灾害综合风险指数，划分主要参保作物的农业气象灾害风险区域，以实现费率合理设置。

(2)创建农业保险气象理赔指数。以气象灾害定量核损为目标,创新性构建农业保险气象理赔指数模型,参与制定大灾理赔应急预案,为农业保险科学高效理赔提供重要技术支撑。

(3)研制气象灾害预警平台。根据不同农作物关键生育期对气象条件的要求,基于临界气象指标,结合天气预报,建立面向政策性农业保险的气象灾害监测预警业务平台。

(4)开发"互联网+"等气象指数保险产品。创建气象指数保险产品设计及服务流程;骨干参与编制《农业保险气象服务指南—天气指数设计》;开发杨梅采摘期降水指数等14个原创保险产品;联合保险公司与阿里巴巴合作,在支付宝以"互联网+"方式开发农作物风力气象指数保险产品。

2. 强化科研、业务与服务高度融合

加强与政府、保险部门等沟通获浙江省发改委、保险公司、中国气象局等多部门(多项目)支持,开展相关研究,并及时将研究成果转化应用,开展气象专题服务、培训及宣传(授课上千人次),通过多种方式在全国示范推广,成效显著。

(1)费率设置优化:如将水稻分为三级风险区域,费率系数分别为1.6、1.3、1.0,改变了不同区域使用同一费率状况。

(2)灾后理赔合理化:指导试点单位制定了《水稻保险气象理赔指数分区分级定损办法(试行)》,提高定损合理性。

(3)及时监测预警减轻灾害损失:及时发布灾害监测预警信息,减轻标的损失。

(4)解决传统农业保险弊病:原创气象指数保险产品14个,成功投放市场,性能平稳。2019年保费规模超7800万元,业务规模居全国之首,成为浙江省政策性农业保险工作的一大亮点。如2017年、2019年、2020年梅雨期重大气象灾害中为梅农争取到灾损保障近1亿元,获农户、保险界、政府高度信任与好评。作物风力指数保险产品成功登陆"支付宝",以"互联网+"方式推动农业保险气象服务创新发展。

(三)服务典型案例

气象指数保险助推枇杷产业发展

为积极贯彻落实中央、省、市有关加快农业产业发展及持续推进农业保险扩面、地方特色农业保险创新,充分发挥政策性农业保险在有效降低农业生产风险,保障农业稳定和农民增收中的作用,根据《浙江省人民政府关于进一步发挥保险功能作用促进浙江省经济社会发展的意见》(浙政发〔2014〕36号)、《关于加快推进杭州农业现代化的实施意见》(市委〔2013〕3号)及《中共余杭区委余杭区人民政府关于进一步发展农村经济推进"富村惠农"三年行动(2018—2020)的实施意见》等文件精神与工作要求,结合余杭区地方特色农业产业发展,在塘栖枇杷产区研发并推广应用"余杭区枇杷低温气象指数保险"。

1. 工作背景

余杭塘栖枇杷历史悠久，闻名全国，但多年来该产业的生产、销售、产业机构发展前景堪忧，尤其是多年来在花期及幼果期频繁遭受低温灾害的影响，导致枇杷产业发展存在严重的不稳定性。在这样的背景下，余杭区农业局及安信保险股份有限公司浙江分公司委托浙江省气候中心于2015年首次研发了余杭区枇杷低温气象指数保险方案，根据余杭塘栖枇杷产区历史气温、灾害损失、枇杷生产的相关性建模，设计得出损失赔偿比例，厘定了保险费率及理赔规则，方案直观简明，承保、理赔方式方法灵活。该产品于2015年12月首次在浙江省杭州市余杭区落地。产品从当年12月开始承保至次年3月底结束，气象指数保险产品具有理赔时效高、成本低、纠纷少、促进防灾减灾等优势。

2. 工作举措

由于当时的种植户对新的气象指数类保险产品不了解，投保第一年即2015年底仅有25户投保，多数种植户仍持观望态度。2016年1月，余杭区突遇−7.8℃极端低温，在灾前预警后，虽然农户采取了一定的保护措施，但由于灾害严重，保险公司向承保的25户投保户合计赔付340万余元赔款，有效弥补了投保种植户的经济损失，这一结果让多数种植户重新认识了这一保险的真正功效。2016年开始，种植户投保积极性明显提高，投保户数增加到2016年的130户、2017年的736户；参保面积从2015年的1902亩迅速扩大到2016年的4598.9亩、2017年的10371.9亩。截至2019年底，投保户数达4094户，参保面积22488亩，年总保费近810万元。经过3年多的推广，已经成为余杭地区最具影响力的地方特色农业保险险种。

3. 工作成效

2015—2019年，余杭区枇杷低温气象指数保险累计承保种植面积近6.4万亩次，投保农户涵盖19个村10571户次，累计提供风险保障1.92亿元。2019年，投保面积较2017年底增加116.82%，受益农户同比增加548.78%。其中散户投保比重占到总投保户数的95%，较上年同比增加686.72%，散户投保面积占到总投保面积的67.16%。基本做到应保尽保，各村均出现农户排队购买保险的火热场景。图5.17为杭州市余杭区果农积极购买枇杷低温气象指数保险场景。

得益于余杭的成功经验，从2017年起，枇杷低温气象指数保险由相关保险公司陆续在浙江省台州黄岩、温州永嘉、金华兰溪、杭州淳安试点推广。

5年来，该保险项目累计赔付枇杷低温气象指数保险赔款近2000万元，切实起到了减少农户灾害经济损失，灾后恢复生产的保障功效。通过五年的枇杷低温气象指数保险项目推进实施，取得了较好的成效，保险保障功能显著，农户体验度、满意度高，政府主管部门认同度高，极大促进了余杭地区枇杷产业飞速增长，种植面积不断扩大，产业人员增收明显，经典特色地方产业得到发展壮大。总结项目取得的成效主要有以下几点。

图 5.17　余杭区历年购买枇杷低温气象指数保险农户排队购买场景

一是充分提高了广大农户对保险，特别是农业保险的认识。通过几年来的服务深耕，该保险项目切实发挥了保险保障与经济补偿的应有作用，帮助农户及时恢复灾后生产，让参保农户真正尝到参与农业保险的好处，助力农户提高种植积极性，提升扩大生产信心，实现增产增收，真正体现了“保险姓保”的理念。

二是助推产业发展，真正起好保险保驾护航作用。通过风险保障与产业链帮扶，促进余杭枇杷种植产业生产积极性，主动扩大生产规模，提高产品质量，关注市场营销新手段，产业效益巩固扩大，传统产业再次成为农业创新、农村振兴、农民增收的支柱产业，形成良性发展态势。

三是为浙江省农业保险高质量发展探索出一条可行之路。该项目的成功实施，基础源于省气候中心的科研成果。在推进浙江省农业高质量发展的进程中发挥农业保险的保障与支持作用，就必须加强科研机构与农业保险经营主体的密切合作，形成“科研成果＋保险杠杆”的组合功效，将政府有限的财政资金投入到关键农业产业与支柱项目上，促进产业升级，产品优化，普惠广大农户。

第五节　慈溪设施农业生态气象服务实践

(一)构建省级设施农业生态气象试验站

农业气象问题复杂多样，单靠农户无法一一解决。慈溪市气象局 2006 年起开辟专门场地进行农业气象观测与研究，并选择设施农业作为研究切入点和突破口，目的是更好地顺应现代农业发展需要，发挥气象科技在人工调控小气候环境中的专业作用。2010 年慈溪市综合气象观测基地建成时，共搭建了 31 个标准钢管大棚和 1 座联栋大棚，面积分别达 12500 m^2、1120 m^2，聘请了有种植管理经验的农户，种植了草莓、番茄、西瓜等主导作物品种，并于 2012 年升级成为浙江省设施农业气象试验站。试验站占地 50 亩，建有一个标准气象观测场，一个气象试验果园，有一部风廓线雷达，一套自动土壤水分观测设备，多套包含温度、湿度、光照强度和地温、地湿、盐度等要素的大棚小气候自动观测设备。综合办公楼设有农业气象实验室、工作展示区。

试验站观测以大棚草莓为核心，覆盖大棚茄果类、瓜类、葡萄、火龙果等慈溪本地主栽设施作物，田间观测包括作物生育期和大棚小气候环境，作物气孔导度、叶绿素含量、叶面积等理化性状，作物产量品质指标等；其中“小兰”西瓜和“红颊”草莓已成为国家农业气象观测站基本观测任务；农业气象试验果园内种有桃树、李树、柿树、柑橘、柚子、樱桃、枇杷、杨梅、梨 9 种果树，观测内容为生育期产量和品质分析。

设施农业生态气象试验站的投运和不间断观测，为数据分析和成果转化打下了坚实基础。

（二）设施农业生态气象服务

1. 多途径收集实时农情灾情信息

深入田间地头开展农情、灾情调查是农业气象工作的重要组成部分。农业气象试验站平均每年开展调查 30 余次，包括下乡实地调查和电话调查，内容涉及火龙果越冬、大棚葡萄覆膜、大棚葡萄花期、水稻定植期、杨梅开花期和采收期、单季稻收割期、草莓育苗和采收等关键期的农情收集；低温冻害、倒春寒、连阴雨、大风、台风等重大气象灾害的灾情调查。通过连续多年举办为气象农服务座谈会，将农业大户等发展为气象信息员等方式拓展与农户的沟通平台。

2. 构建设施农业气象指标体系

科技进步是种得好的重要支撑。近年来，试验站先后开展了“有效改善农业大棚栽培中小气候环境的研究与预报服务模式的开发”“大棚温度变化规律的研究”“设施草莓气候品质模型构建与应用”“新旧棚膜对小番茄产量影响的分析与研究”“设施‘棚温逆差’现象预报和预警技术研究”“慈溪塑料大棚低温预报及预警指标研究”等课题的研究，发表论文 15 篇，逐步掌握了设施大棚小气候变化规律、常见气象灾害及其影响规律，在试验、观测和数据分析的基础上构建了设施大棚农业气象指标、气象灾害和预警指标，明晰了大棚管理和冬春季保温操作规律，为开展设施农业生态气象服务打下坚实基础。

3. 研制预报预警平台

利用设施大棚的小气候和作物监测数据，分析设施小气候形成机理，创建设施大棚小气候预报模型，研制了基于作物模型和温室小气候模型的设施农业气象灾害监测、预报和预警综合服务平台，为设施农业生产全过程提供精细化、有针对性的大棚管理和气象防灾减灾服务。

4. 设施农业气象服务

短信服务。将种植面积超过 5 亩的农户作为重点服务对象，通过免费手机短信的方式将每日天气预报信息和农事操作建议发送给农户，每年累计短信发送量达 200 多万人次，直接服务的短信用户数近 4000 户。此外还有 96121 声讯电话、电视天气预报、网站、微博等传播渠道。

微信服务。随着新媒体时代的到来，农户使用智能手机的普及率越来越高。在慈溪气象微信公众平台推送内容中开发了全新版面“气象菜篮子”，每周发布近期天气及农业气象热点。目前公众号粉丝量已达 5.1 万。

编发技术手册。将各类研究成果汇编形成 4 类服务手册和 2 类技术手册，主要内容包括设施小气候短期预报、设施气象灾害预警、农事操作建议、草莓病虫害易发气象条件预警等，通过下乡走访调查和科普培训会等形式发放到农户手中，更好地应用到实际生产中。

提炼农业气象适用技术。“江南地区大棚草莓防冻技术”“江南地区小番茄大棚冬春季保温除湿技术”2020 年由中国气象局应急减灾与公共服务司收录《农业气象适用技术汇编》。已形成并进行推广的农业气象适用技术还有设施草莓白粉病发生气象预测预警技术、草莓适宜定植期气象服务技术、葡萄大棚冬季覆膜适宜性气象服务技术、杨梅采摘期气象服务技术等。

(三)服务成效

1. 新旧棚膜对比试验及服务成效。通过试验发现新、旧棚膜对光照影响明显，对气温影响不明显，在冬季光照较弱时用新棚膜可使小番茄的生育期有所提早，也有利于提高其产量和品质；旧膜最好用于喜阴类作物栽培或作为内膜用于冬季保温。

2. 覆膜保温试验及服务成效。2011 年 1 月 16 日棚外最低气温达－4.5 ℃，覆一层内膜的棚内气温在－1 ℃以下，对正处于花果期的草莓仍造成一定冻害；当 1 月 17 日棚外气温低达－4.9 ℃时，由于在棚外增加了一层临时遮阴网而使棚内气温保持在了 0 ℃以上，避免了草莓冻害的发生。2016 年“世纪寒潮”来临时，1 月 25 日棚外最低气温降至－6.6 ℃，通过加开临时增温灯的方式使棚内最低气温保持在了 2 ℃ 以上，有效防止了冻害发生。

3. 升温太快预警及服务成效。大棚栽培小气候环境研究和灾情调查表明，棚温升高太快很容易造成幼苗烧灼伤和生理失水。2018 年 2 月 13 日早晨 07 时到 09 时多短短 2 个多小时，棚外气温即从－1 ℃上升到了 12 ℃，大棚内温度更是从 0 ℃左右猛升至 26.5 ℃，及时预警服务操作开侧膜通风降温的大棚最高温度只有 17 ℃左右，有效避免了高温伤苗。

多年的潜心观测、试验、研究和服务，慈溪市的设施农业气象服务工作得到了国家、省、市和地方各级领导的认可。《人民日报》《中国气象报》《浙江日报》《中国气象频道》、中央七台《聚焦三农》栏目等进行了广泛报道，试验站接待了 130 余批次国家、省、市和兄弟单位的考察调研团，2014 年慈溪市获“全国现代农业气象标准化县（市）”称号，气象为农服务团队创建的“气象为农服务绿丝带”品牌，2015 年获慈溪市“十佳机关党建服务品牌”。

第六章　应对气候变化与城市绿色发展气象服务

在自然生态系统中，气候是最活跃的因素，是自然生态系统状况的综合反映，也是人类赖以生存和发展的基础。浙江省气象局作为省应对气候变化及节能减排工作联席会议成员单位，强化在气候变化监测评估和适应工作上的传统优势，紧扣生态文明建设开发、城市气候规划、国家园林城市创建等绿色发展战略，通过发布气候变化权威科学信息、强化极端事件应对、开展气候变化评估，为浙江省生态文明建设和应对气候变化工作提供了有力的科技支撑。

第一节　气候变化特征分析研究

开展应对气候变化基础能力建设，是充分利用气候资源，主动适应气候变化，抵御全球气候变化给经济社会发展带来不利影响的基础性工作，更是促进省域高质量发展和美丽浙江建设的现实需要。为此，浙江省气象局开展了以下气候变化基础研究工作。

（一）构建浙江省百年气温、降水变化序列

利用积累的浙江省气温降水气候数据，在对气温资料进行审核、订正、插补等一系列数据处理的基础上，首次给出浙江省百年气温和降水变化趋势（图 6.1、图 6.2）。浙江省气温序列采用局部台站观测值全局修正（GAoSV）方法构建，GAoSV 方法是

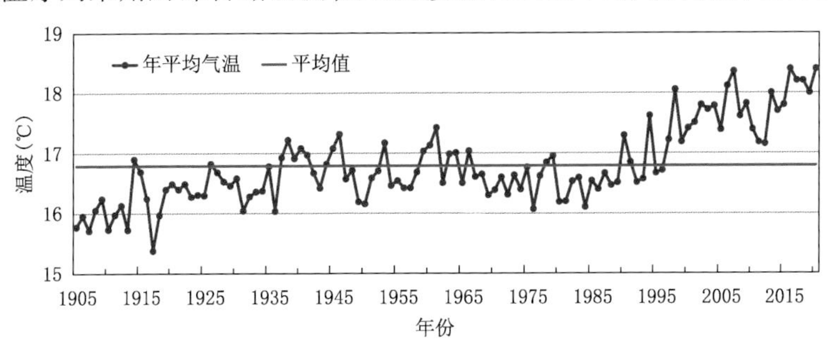

图 6.1　浙江省年平均气温百年变化趋势

利用局部台站观测与全局台站观测两者气温年值的线性统计方程，将局部台站观测值修正到全局台站观测值的做法。浙江省降水序列构建主要采用逐步回归、Morlet连续复小波变换和MK检验等方法。

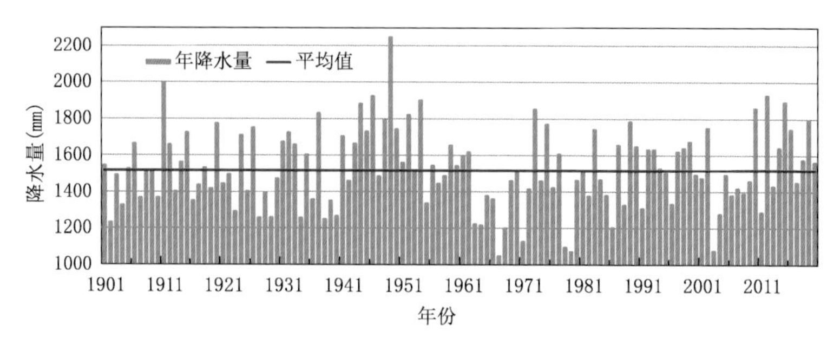

图 6.2 浙江省年降水量百年变化趋势

浙江省气象局分析了气候变化背景下浙江省典型城市气温降水的新变化和新特征，揭示近年来浙江省典型城市极端降水的新规律。研究城市对不同等级极端降水的敏感程度，给出了浙江省11个地市日最大降水的气候漂移分布特征，结合城市化发展对比城市中极端降水的差异，发现在气候变化背景下杭州市和舟山市极端降水明显加强(图6.3)。组织编写《浙江省气候变化监测公报》和浙江省政府决策服务材料《气候变化背景下浙江省降水时序变化特征监测分析报告》，获得人社部项目1项、省科技厅项目1项，发表学术论文5篇。

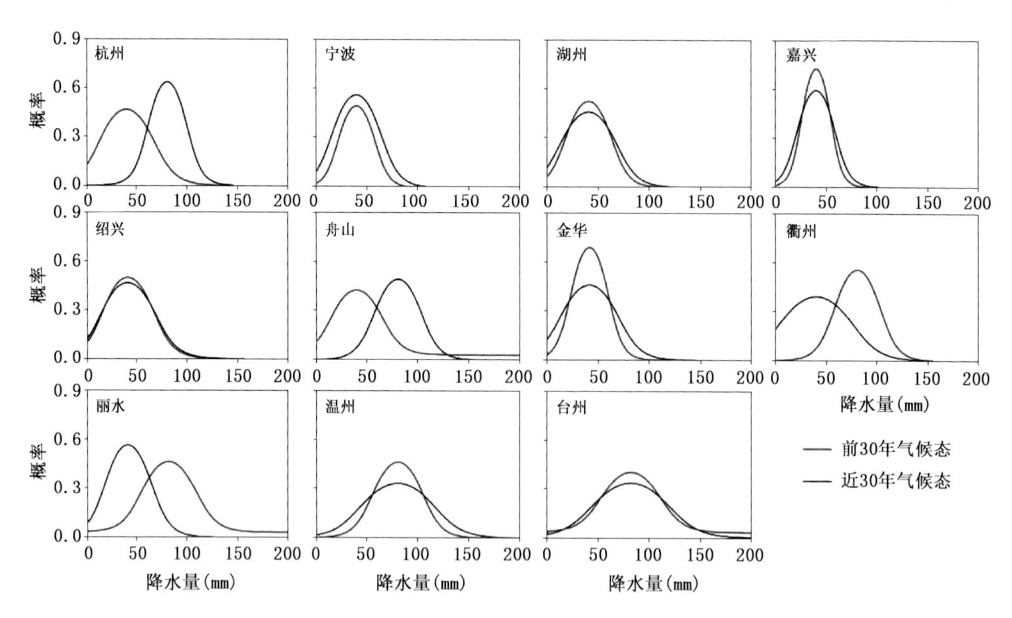

图 6.3 浙江省11个地市日最大降水概率分布漂移

(二)气候变化评估工作

浙江省气象局分别于2007年和2017年参加了中国气象局组织的第一次与第二次华东区域气候变化评估报告编制,尤其是第二次评估报告,作为牵头单位联合上海市、江苏省、福建省和山东省等华东沿海各省(市)气象部门撰写《华东区域第二次气候变化评估报告》第二专题"气候变化对华东近海海洋和海洋经济的影响",历经3年的深入合作,系统回顾了华东沿海气候变化特征、影响及主要对策。专题成果作为华东气候变化评估亮点工作上报至中国气象局,得到包括丁一汇院士在内的专家组的认可,决策者摘要预计将于2021年印刷出版。

报告利用先进的地球系统模式(UVic)评估了华东海洋酸化的时空特征(图6.4),并给出了在不同排放情景下海表酸化的未来变化趋势。浙江海表pH值的减小趋势加快了35%,从1980—1989年的0.017/(10 a)加快至2010—2019年的0.023/(10 a),相关研究成果获得国家自然科学基金和浙江省自然科学基金立项资助,在Nature《自然》出版集团旗下杂志Scientific Reports《科学报告》发表论文1篇,形成浙江省应对气候变化决策服务材料。

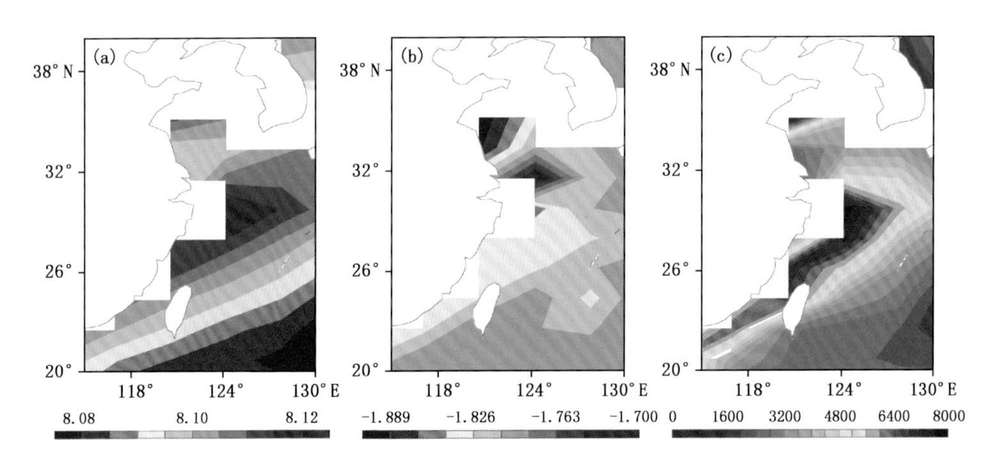

图6.4　1980—2017年华东海表pH的平均值(a)与变化趋势(b)(单位:10^{-3}/a)以及工业革命以来华东海洋累计CO_2吸收量(c)(单位:g C/m^2)的分布

近年来,浙江省气象局还承担了《中国气候》《浙江通志·自然环境志》等著作中浙江省气候特征的编写任务,定期发布浙江省气候变化评估报告。跨部门、跨领域积极沟通合作,2020年7月2日与浙江省生态环境厅生态环境监测中心联合发布《浙江省适应气候变化评估报告》,向省发展改革委、省经信厅、省科技厅等19个部门征求意见,得到生态环境部相关领导的好评。

第二节　温室气体本底监测评估

浙江省气象局高度重视温室气体的监测评估，临安大气本底站2005年起陆续新增了气溶胶、反应性气体、温室气体等大气成分观测设备，目前已形成包括大气气溶胶、地面反应性气体、温室气体、臭氧总量、降水化学、太阳辐射6大类近30多种要素的观测能力。依托临安站监测数据，通过数值反演模式获得长三角地区二氧化碳、甲烷排放特征，获得了长三角地区二氧化碳、甲烷浓度的长期变化趋势。“本底浓度筛分方法”“区域温室气体源汇反演方法”等研究成果得到推广应用。

（一）温室气体监测评估技术

临安区域大气本底站获取的观测资料在国家和省级环境气象业务和科研中发挥了重要作用。作为国内本行业观测要素最齐全、观测仪器设备最先进的大气成分观测站之一，临安大气本底站以观测数据为基础，率先开展了大气成分观测业务化试运行，及时总结了大气成分探测环境保护、仪器安装运行维护标准化规程、国际同类仪器对比选型等经验，作为主要单位参与起草了《QX/T 510—2019 大气成分观测数据质量控制方法—反应性气体》《QX/T 532—2019 Brewer 光谱仪标校规范》等多项国家和行业标准。

2016年临安站顺利通过了世界气象组织/世界标校中心（WMO/WCC）组织的温室气体和地面臭氧观测系统督查考核工作（图6.5）。评估结果显示临安站温室气体（CO_2、CH_4、CO、N_2O）和地面臭氧（O_3）观测质量达到了WMO/GAW观测可比性要求，尤其是CO_2、CH_4和N_2O盲样考核结果在国际上处于领先水平，得到WMO/GAW认可，日常业务观测数据已应用于《中国温室气体公报》。

依托临安站监测数据，通过建立了本地浓度筛分方法以获取合理的二氧化碳、甲烷本底浓度资料作为长三角区域浓度背景场，用以评估该地区二氧化碳、甲烷本底浓度水平升降，并通过数值反演模式获得长三角地区二氧化碳、甲烷排放特征，获得了长三角地区二氧化碳、甲烷浓度的长期变化趋势。“本底浓度筛分方法”（图6.6）、“区域温室气体源汇反演方法”（图6.7）等研究成果在中国大气本底基准观象台、临安、上甸子、龙凤山、香格里拉区域本底站、中科院栾城农业生态系统试验站等地得到推广应用。

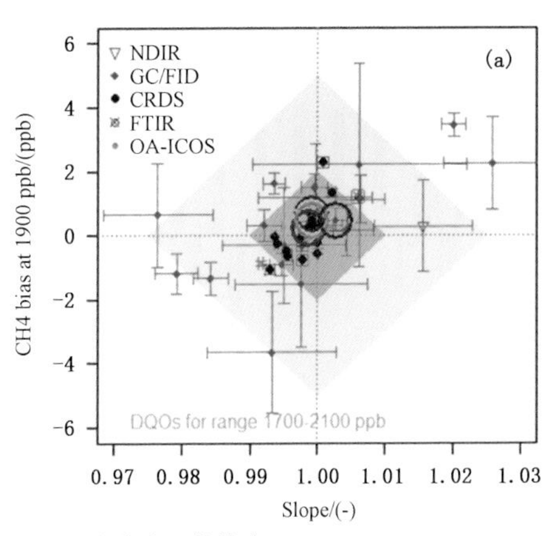

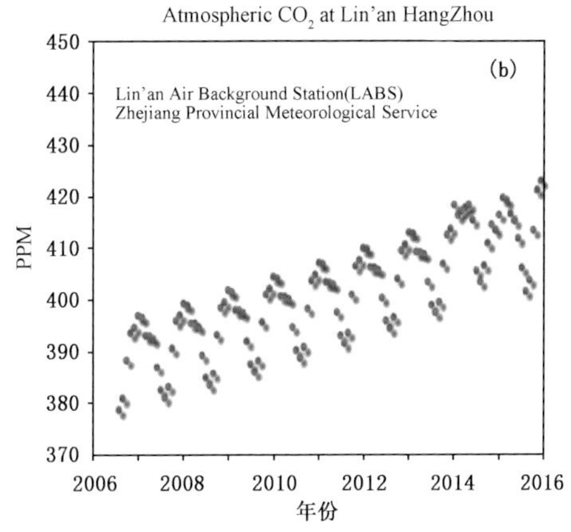

NDIR:非分光红外技术

GC/FID:气相色谱/火焰离子化检测法

CRDS:光腔衰荡光谱技术

FTIR:傅立叶变换红外吸收光谱法

OA-ICOS:激光痕量气体及稳定性同位素分析技术

CH4 bias at 1900 ppb/(ppb):测量 1900 ppb 标准浓度甲烷的偏差

Slope:斜率

Atmospheric CO_2 at Lin'an Hangzhou:杭州临安大气 CO_2 浓度

Lin'an Air Background Station(LABS) Zhejiang Provincial Meteorological Service:

临安大气本底站(LABS)浙江省气象局

ppb:体积比浓度,10^{-9}(V/V)

ppm:体积比浓度,10^{-6}(V/V)

图 6.5　世界气象组织/世界标校中心(WMO/WCC)盲样考核结果(a)及临安本底站大气 CO_2 浓度变化趋势(b)

图 6.6　CO_2 本底值筛分

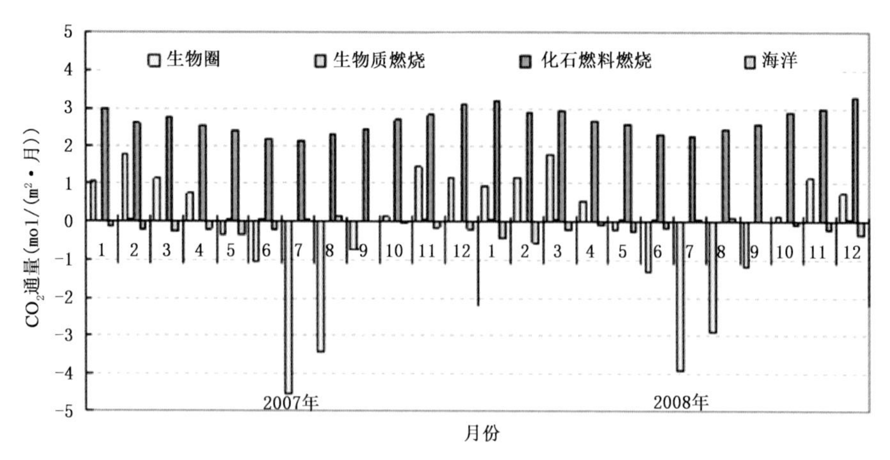

图 6.7 温室气体源汇通量变化

(二)黑碳质量浓度监测评估

黑碳是化石燃料等未完全燃烧排放到大气中的“烟尘”颗粒，会通过直接吸收阳光和降低冰雪表面的反射率而导致地球变暖，因此需要与二氧化碳等一起掌握其排放量变化，评估气候影响。随着实施 $PM_{2.5}$ 削减政策，其成分之一黑碳排放也得到了抑制。临安站的监测数据显示，黑碳质量浓度自 2011 年开始持续下降(图 6.8)，2014—2018 年下降幅度明显，每年比上一年下降约 10%，2019 年与 2018 年持平，2019 年黑碳年均质量浓度约 2100 ng/m^3，比 10 年前下降了约 59%。

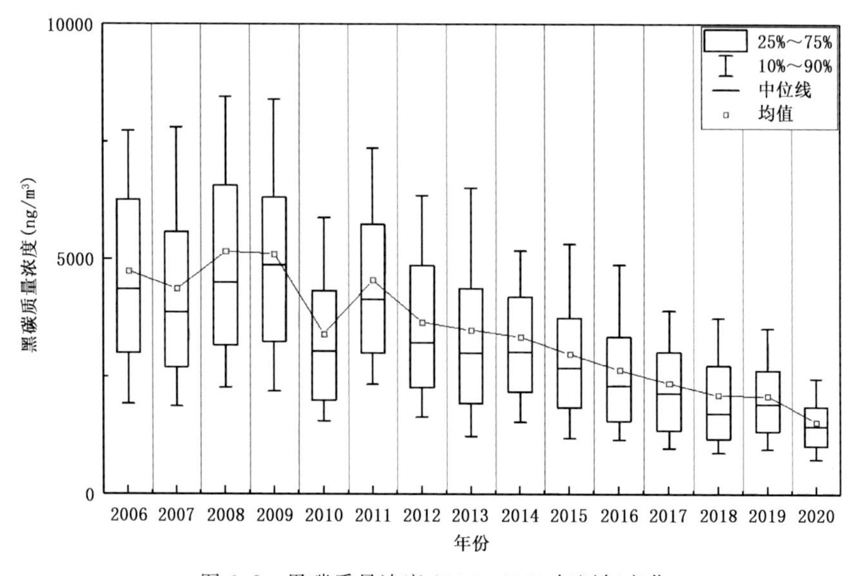

图 6.8 黑碳质量浓度 2006—2020 年历年变化

第三节　大气二氧化碳源汇特征分析

大气中的二氧化碳被陆地和海洋中的植物吸收，然后通过生物或地质过程以及人类活动，又以二氧化碳的形式返回大气中，这种碳在不同储库之间进行交换的过程称为碳循环。提高对碳循环过程的认识需要一个长期的全球监测策略。浙江省气象局分析了气象条件对 CO_2 体积浓度的影响，研究了浙江省 CO_2 区域体积浓度差异（浦静姣 等，2012，2018），为圆满完成碳达峰、碳中和目标打下了基础。

（一）气象条件对 CO_2 体积浓度的影响

2009—2010 年，临安站地面主导风向依次为 E、WSW、ENE、SW，出现频率分别为 13.5％、12.2％、12.0％、11.4％。若将各个风向对应的 CO_2 时均体积浓度距平值求取统计平均值，可得到如图 6.9 所示的 CO_2 距平浓度－风玫瑰图。

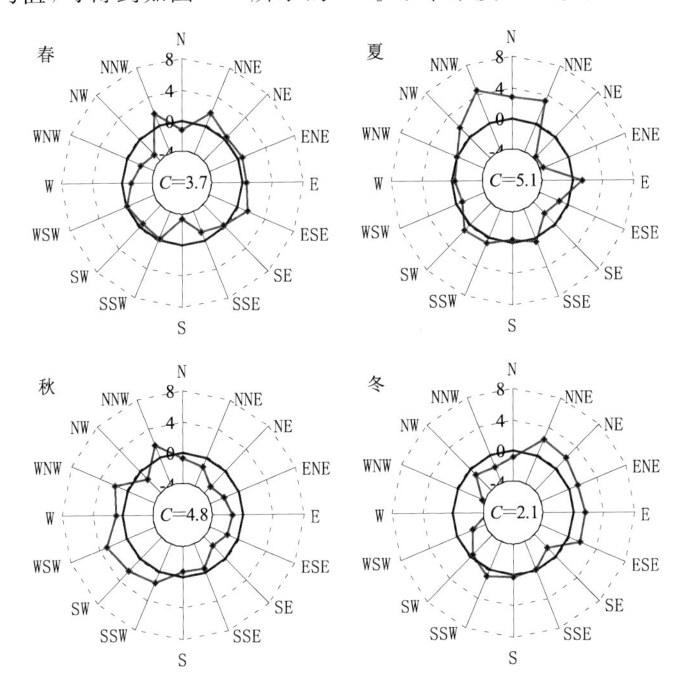

图 6.9　不同风向上的 CO_2 距平浓度分布（单位：$\times10^{-6}$）

春季，导致 CO_2 体积浓度升高的地面风向主要来自 NNE—ESE、NNW 等方向，其中 NNE 风向能引起 CO_2 体积浓度上升 1.9×10^{-6}；夏季，NW—NNE 风向会导致地面 CO_2 体积浓度升高 $1.7\times10^{-6}\sim4.5\times10^{-6}$，NE—ENE 风向则会导致地面 CO_2

体积浓度降低约 3.6×10^{-6};秋季,SSW—WNW、NNW 等风向会导致地面 CO_2 体积浓度升高 0.8×10^{-6}～3.0×10^{-6},其余风向则会导致地面 CO_2 体积浓度降低 0.6×10^{-6}～2.8×10^{-6};冬季,与秋季情况基本相反,NNE—ESE 风向会导致地面 CO_2 体积浓度升高 1.2×10^{-6}～2.3×10^{-6},W—WSW 风向则主要引起 CO_2 体积浓度降低 3.7×10^{-6}～4.6×10^{-6}。可见,冬季临安站 CO_2 体积浓度受到其东北、偏东方向区域的影响较大,这些区域主要分布着人口聚集、经济发达的城市,冬季能源消耗量较大,因此可能会致使 CO_2 体积浓度出现上升;至春季,气温回升,能耗下降,城市地区的影响逐渐减小,东北、偏东方向上 CO_2 体积浓度升高的幅度比冬季明显下降;夏季导致 CO_2 体积浓度升高的风向主要位于西北、偏北方向。夏季临安地区的东北风向主要伴随台风出现,此时受到海洋性气团的影响,CO_2 体积浓度值出现下降;秋季,可能受到西南、偏西方向上农田秸秆燃烧的影响,因此该风向上 CO_2 体积浓度相对较高。综上可见,临安区域本底站 CO_2 体积浓度的分布会受到人类活动的影响,不同季节地面风向对 CO_2 体积浓度的影响存在较大差异。

2009—2010 年,临安站的地面风速分布在 0～14.3 m/s 之间。各个季节中,临安站的地面风力多为 2 级(1.6～3.3 m/s),其次为 1 级(0.3～1.5 m/s)、3 级(3.4～5.4 m/s),三者出现的频率共占 90%以上;夜晚的风力小于白天,2 级及 2 级以下风力出现频率较白天高 10.8%。图 6.10 为各风力等级对应的 CO_2 平均体积浓度分布。由图可知,当风力在 4 级以下时,风力越大,CO_2 体积浓度越小。在四个季节中夏季 CO_2 体积浓度随风力增加而下降的幅度最大,达到 26.4×10^{-6},冬季最小,为 8.3×10^{-6};白天 CO_2 体积浓度随风力增加下降 17.3×10^{-6},夜晚下降 9.5×10^{-6}。当风力较小时,CO_2 体积浓度的变化主要受到局地的影响较大,风力越小,大气层结就越稳定,易造成 CO_2 的堆积,体积浓度值较高;随着风力的增大,大气扩散条件转好,CO_2 体积浓度出现下降。

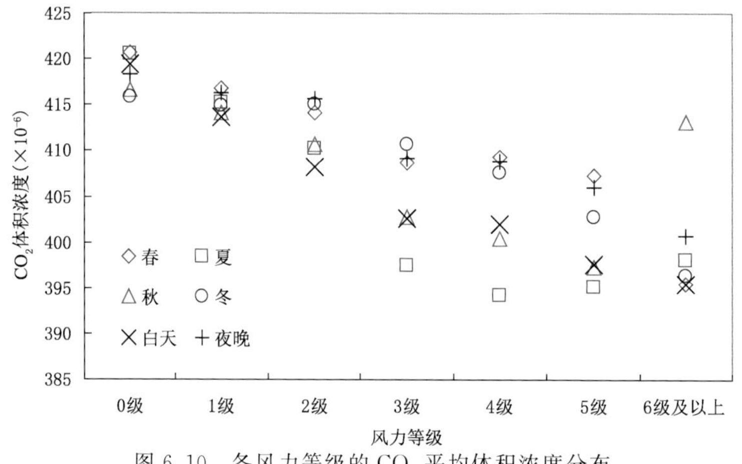

图 6.10 各风力等级的 CO_2 平均体积浓度分布

选取2009—2010年每日15时CO_2时均体积浓度高于416.5×10^{-6}(CO_2体积浓度的前10%高值)和低于389.0×10^{-6}(CO_2体积浓度的前10%低值)的情况，采用Hysplit 4.9模式，结合NCEP再分析气象资料，追溯气团源地的反推时间，计算72 h气团等熵后向轨迹，并将轨迹簇进行聚类分析，追踪导致临安站高体积浓度CO_2和低体积浓度CO_2的气团主要来向(图6.11)。

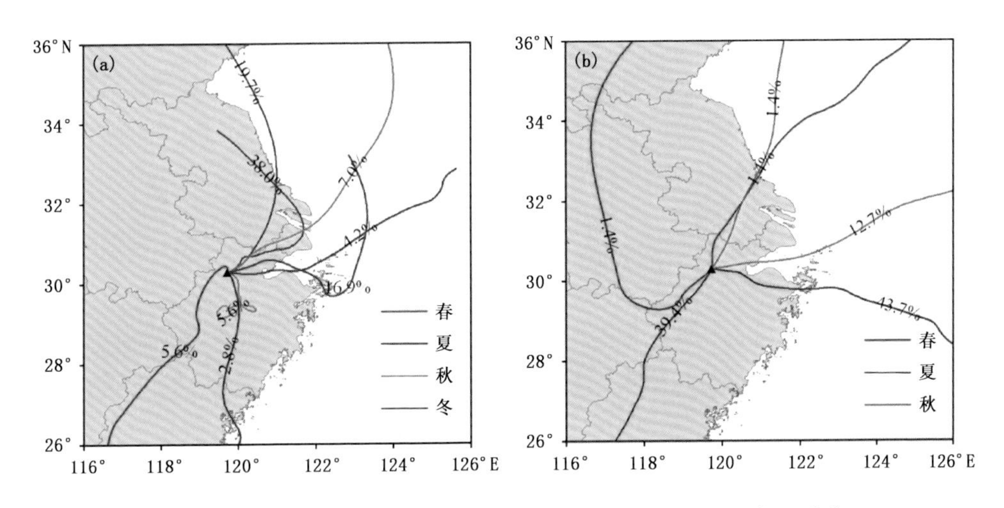

图6.11　临安站CO_2体积浓度高值(a)和低值(b)出现时的轨迹分布

临安站高体积浓度CO_2的状况主要出现在冬季，占57.7%，其次为春季，占22.5%。从气团途径区域来看，85.8%的轨迹经过江苏南部、上海、嘉兴等地，这些地区主要为平原，经济发达、人口聚集，城市、工业区密集，能源消费量较高，CO_2的人为排放量较大。低体积浓度CO_2的状况主要出现在夏季，占83.1%，其次为秋季，占14.1%。从气团途径区域来看，43.7%的轨迹源自东海地区，主要受到海洋性气团的影响，CO_2体积浓度较低；39.4%的轨迹经过福建、浙西南等地区，这些地区主要为山区，受到人类活动的影响较小，CO_2的人为排放量较小。

(二)区域CO_2体积浓度差异研究

如图6.12，杭州站(58457)2012年的CO_2体积浓度日变化分布特征较为明显，与临安大气本底站的分布形态基本一致，亦表现为下午低、凌晨高，体积浓度日最大值出现在07:00，为414.0×10^{-6}，日最小值出现在13:00，为402.5×10^{-6}，日变幅达到11.5×10^{-6}。从2012年全年的CO_2体积浓度分布来看，杭州城区站的CO_2体积浓度持续走低，没有出现明显的季节波动分布，与临安站的观测结果存在较大差异。

宁波城区鄞州站(58562)的CO_2体积浓度日变化分布如图6.13，为单峰型分布。鄞州站体积浓度日最小值出现在14:00，分别为499.6×10^{-6}(2010年)和504.8×10^{-6}

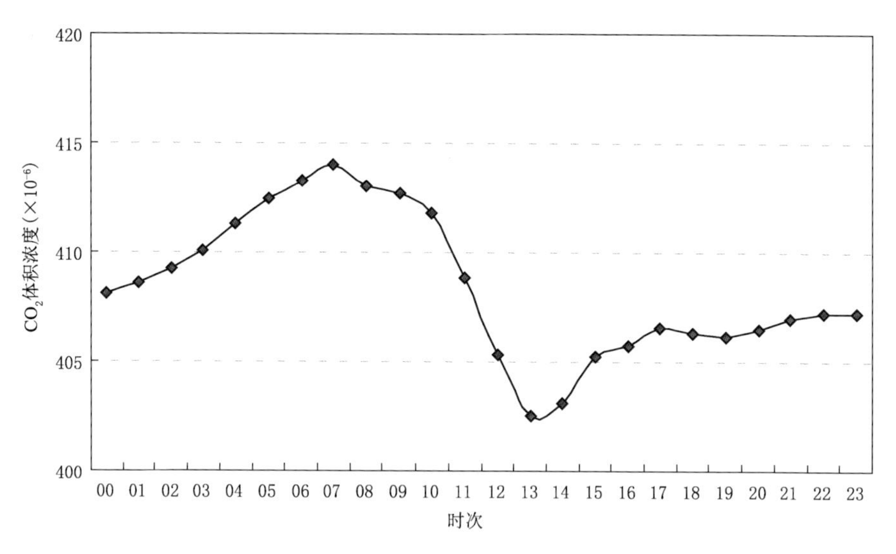

图 6.12 杭州站 2012 年 CO_2 时均体积浓度的日变化分布

(2011 年),日最大值出现在 06:00(2010 年)和 05:00(2011 年),体积浓度值分别达到 550.7×10^{-6}(2010 年)和 553.2×10^{-6}(2011 年)。

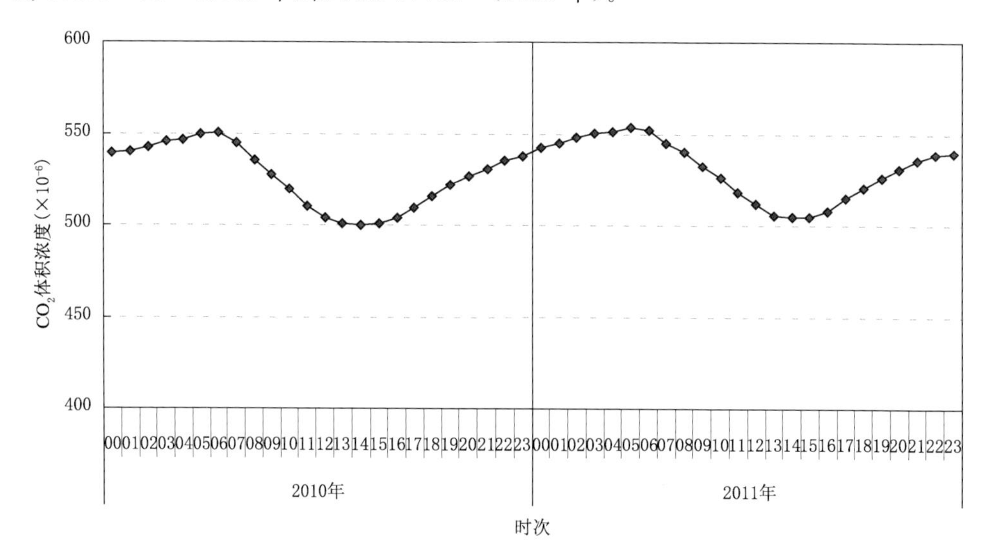

图 6.13 宁波市鄞州站 2010—2011 年 CO_2 时均体积浓度的日变化分布

从 CO_2 体积浓度的季节分布来看,宁波城区站 CO_2 体积浓度的季节波动分布较为明显,冬季高、夏季低,季节变化幅度达到 100×10^{-6}以上。

(三)杭州城 CO_2 郊体积浓度差异分析

城区观测站点设在上城区杭州国家基准气候站内(海拔 43.2 m,图 6.14),位于杭州市区南部馒头山上,站址西面毗邻西湖风景区,其余三面为杭州主城区,站点的西南至东北向紧邻钱塘江。远郊观测站点设在临安区域大气本底站(海拔 138.6 m),位于临安市区以北 6.5 km 处,距离东面杭州市直线距离约 60 km,距离东北方向的上海市直线距离约 150 km。站址四周以丘陵、林地和农田为主,植被覆盖良好,周围 3 km 范围内无大型村落。

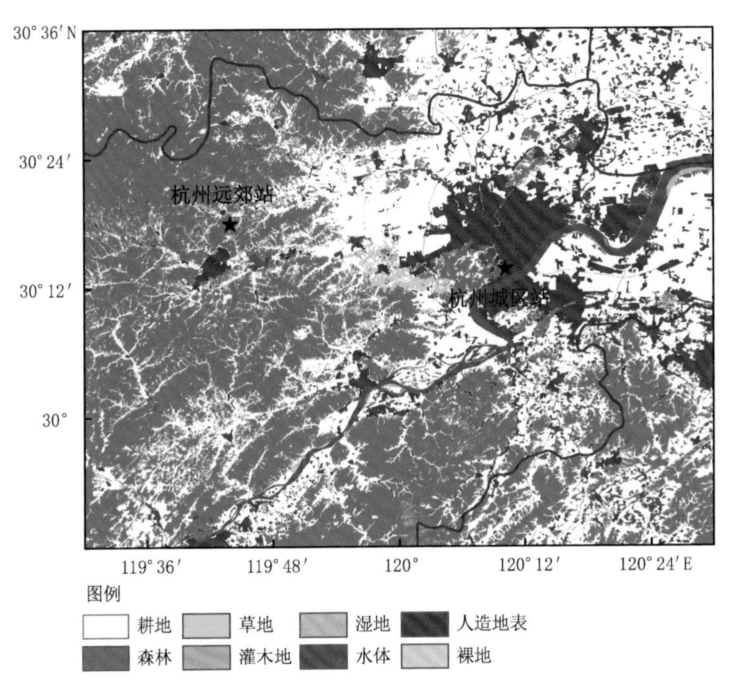

图 6.14 采样地点地理位置及周边土地覆盖分布
(Chen et al.,2014,2016)

2015 年 8 月—2016 年 7 月,杭州城区、远郊地区的 CO_2 体积浓度日变化分布在春、夏、秋三季均为单峰型形态,低值出现在 15:00,高值出现在 06:00—07:00;冬季城区 CO_2 体积浓度呈双峰型分布,高值分别出现在 08:00—09:00、18:00—22:00,低值出现在 14:00—15:00,远郊地区则仍为单峰型分布(图 6.15)。在春、夏、秋三季,杭州城区站 CO_2 体积浓度分布与厦门城区秋季的观测结果较为类似(李燕丽 等,2013),午后受到植物光合作用和较好的对流层输送条件影响,体积浓度值较低,日落后随着光合作用减弱以及大气扩散条件变差,CO_2 在近地层大气中积累,体积浓度逐渐升高，至日出前达到峰值，日出后又逐渐下降，但与北京、上海夏季以及杭州华家池春夏秋三季的观测结果不同（高松，2011；陈超 等，2014；刘晓曼 等，2015），在晚高峰的 18:00—22:00 时段并未出现明显的浓度次高峰；在冬季，城区 CO_2 体积浓度亦在晚高峰时段出现明显峰值，并一直持续到 22:00 才开始逐渐下降，至次日 06:00 随着早高峰的到来，体积浓度又逐渐回升，出现早高峰峰值，与北京冬季、杭州华家池冬季的观测结果类似（陈超 等，2014；刘晓曼 等，2015）。在远郊地区，远离人口密集区，受到人类活动的影响较小，且大气扩散条件较好，因此 CO_2 体积浓度日变化在 4 个季节均表现为单峰型分布。4 个季节的 CO_2 城郊体积浓度差值在 08:00—10:00、17:00—20:00 均出现峰值，反映出城区早、晚高峰排放对城市 CO_2 体积浓度存在重要影响。杭州城区 CO_2 体积浓度的日变化幅度在春、夏、秋、冬四季依次为 17.9×10^{-6}、29.7×10^{-6}、22.4×10^{-6}、8.4×10^{-6}，远郊地区则分别为 20.4×10^{-6}、36.4×10^{-6}、20.7×10^{-6}、7.7×10^{-6}，即春夏季节远郊地区日变化幅度大于城区，秋季反之，冬季两者接近。

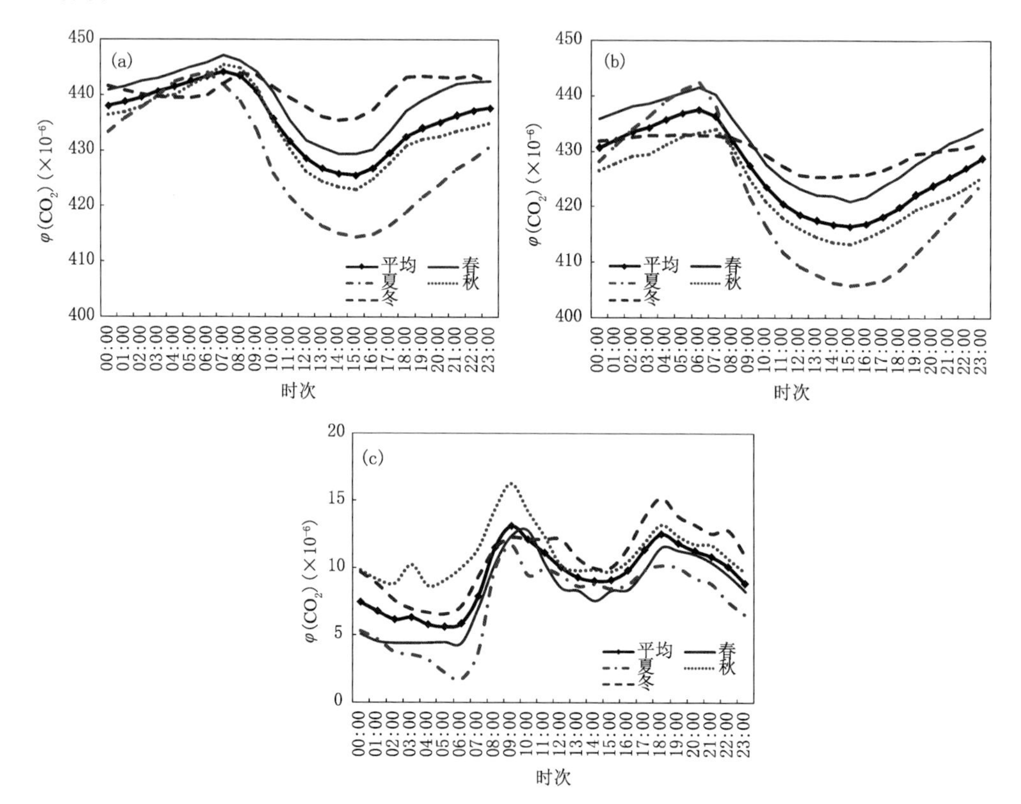

图 6.15　2015 年 8 月—2016 年 7 月杭州 CO_2 体积浓度的日变化分布

(a)城区；(b)远郊地区；(c)城郊体积浓度差

2015 年 8 月—2016 年 7 月，杭州城区、远郊地区 CO_2 体积浓度的季节变化趋势基本一致（图 6.16），均表现为冬、春季高，夏季低，其中 11 月—次年 1 月、4 月较高，7—9 月较低，与北京城区、江西千烟洲、上甸子、龙凤山区域本底站等地的季节分布特征均较为相似（方双喜 等，2011；刘晓曼 等，2015；谭鑫 等，2015）。杭州城区 CO_2 体积浓度各月均明显高于远郊地区，与南京、上海、厦门等地区的研究结果一致（赵德华 等，2009；李燕丽 等，2014；潘晨 等，2015；朱希扬 等，2015；Liu et al.，2016），春、夏、秋、冬四季城郊体积浓度差值分别为 8.5×10^{-6}、7.3×10^{-6}、9.2×10^{-6}、10.7×10^{-6}，同期城区 AQI 比远郊地区分别偏高 7.3、19.1、10.5、11.8。城区与远郊地区 CO_2 体积浓度的差异与空气污染的季节差异较为一致，均是由城区较大的人为源排放和相对较差的大气扩散条件所致。全年杭州城区 CO_2 平均体积浓度比远郊地区高 9.3×10^{-6}，远小于上海地区的城郊体积浓度差（潘晨 等，2015；朱希扬 等，2015），与厦门地区的观测结果接近（李燕丽 等，2014）。

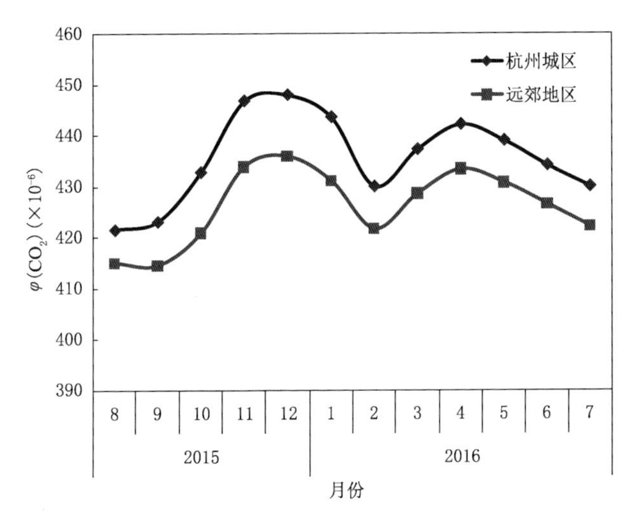

图 6.16 2015 年 8 月—2016 年 7 月杭州地区 CO_2 体积浓度的月际分布

由图 6.17 中 CO_2 体积浓度随风速风向的分布来看，在杭州城区，当风速低于 2 m/s 时，CO_2 体积浓度较高；风速大于 2 m/s 时，偏西风方向上的体积浓度较低，偏北风方向上的体积浓度较高。在远郊地区，风速在 2 m/s 以下时，CO_2 体积浓度亦较高；当风速较大时，CO_2 高值主要分布在偏北、东北风向上，与远郊站周边的大城市分布方向一致。可见，在杭州城区和远郊地区，当风速较低时，大气扩散条件较差，易造成 CO_2 累积，体积浓度值较高；当风速较大时，大气输送条件较好，周边城市分布和人为活动的影响较大，这与厦门、江西千烟洲地区的观测结果一致（李燕丽 等，2013；谭鑫 等，2015）。

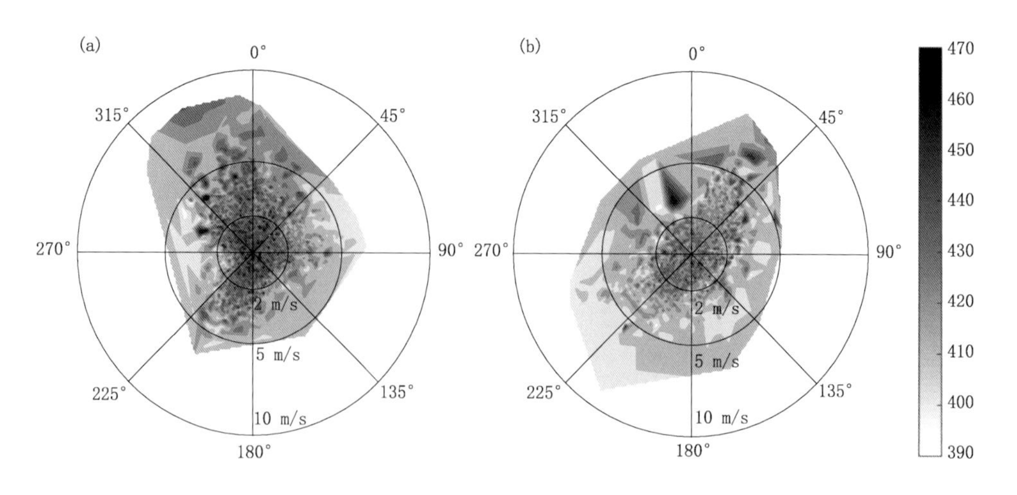

图 6.17 2015 年 8 月—2016 年 7 月杭州城区(a)、远郊地区(b)CO_2 体积浓度随风速风向的分布(单位:$\times 10^{-6}$)

第四节 城市气候环境精细化评价

浙江省气象局深入挖掘生态和气候资源,积极拓展城市生态气象服务领域,先后从城市规划、城市热岛、城市通风廊道规划、住宅小区环境评估等多领域全方位,开展生态气象业务,加强城市生态气象服务建设。

(一)杭州城市规划气象服务

现代城市化建设的首要问题是城市规划,城市生态环境质量是反映一个城市规划和建设是否成功的重要标志。2005 年初,浙江省气象局通过对气候背景、大气环境质量状况、不同尺度流场等内容的详细研究,综合得出了城市各区域适用的风玫瑰图,根据杭州城市热岛特征提出规划对策,从气候适宜角度模拟论证了杭州化工园区规划选址的适宜区和不适宜区,参与了杭州从西湖时代跨向钱塘江时代这一历史性跨越,这项工作的完成为浙江省城市规划气象服务奠定了夯实基础,也为此类工作的开展正式拉开序幕。

杭州市气象局聚焦城市化进程中的城市热岛效应加剧、通风条件变差、极端降水频现等突出气候环境问题,2014 年开始立项调研,联合气象、规划、生态环境等部门历时 4 年完成了《杭州城市气候规划研究》,提出"城市气候规划"概念和"城市病治理"思路,形成首套城市规划"气候工具书"。研究成果处于国际先进水平,全国首次提出城市气候资源保护在城市"多规合一"中的融合。基于扎实的理论研究成果,明确城市气候规划研究思路和服务理念。对于科学开展气候评估、合理制定城市规划、严格城市规划流程、进而规避新规划区现存的多种“城市气候环境”问题具有重大意义，并在杭州城市总体规划(2001—2020年)(修编)等十多个规划中得到有效应用(图6.18)，在杭州市“钱江两岸景观提升项目”“杭州京杭运河景观带总体规划”和“杭州生态红线划定”等专项规划中也得到了转化应用。以杭州城市气候规划为主题的演讲作品获全国科普大赛三等奖。

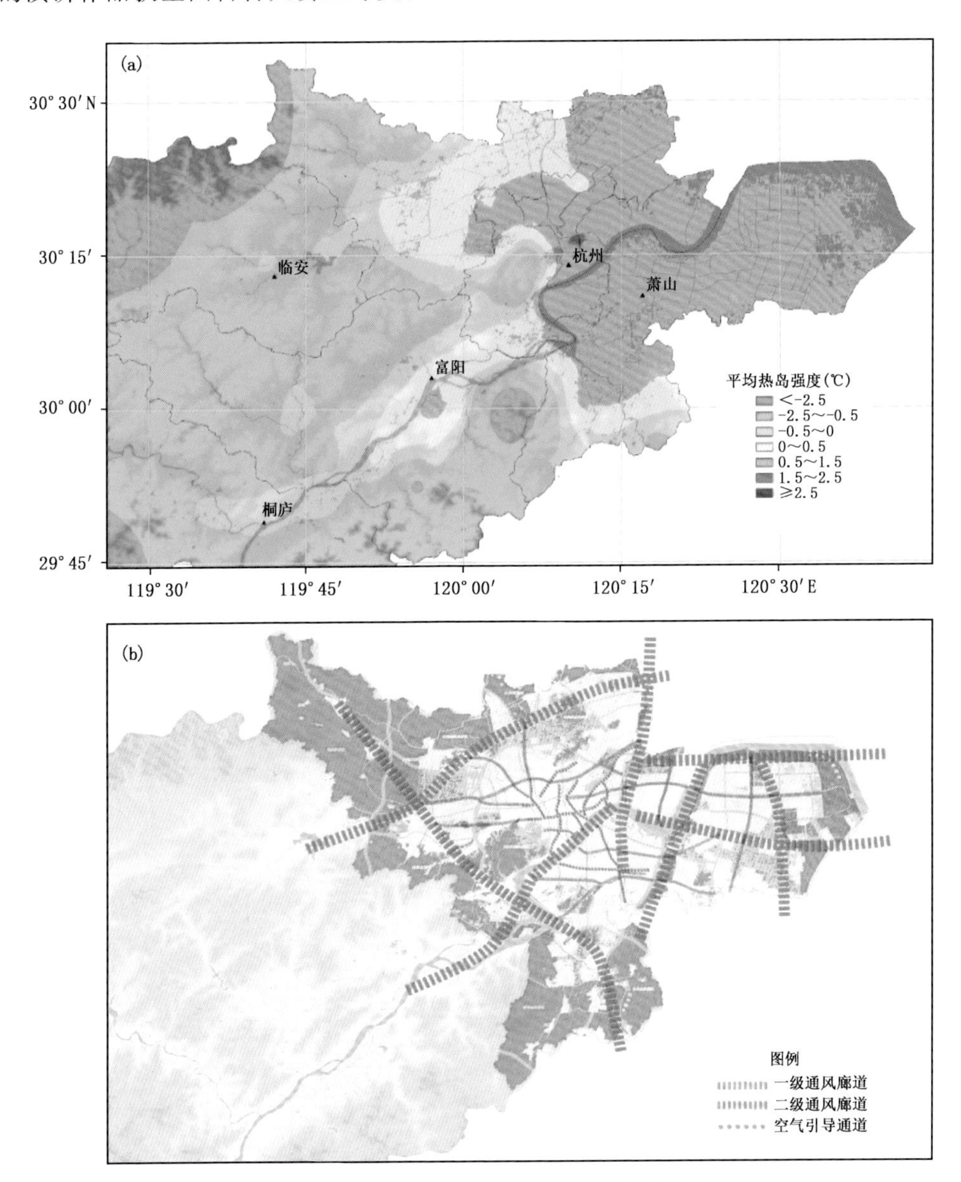

图6.18　杭州城市年热岛特征(a)和通风廊道结构图(b)

工作中首次采用多尺度数值模拟的方法客观评估城市气候环境对城市规划布局的影响，杭州城市通风廊道的划定和城市热岛链空间布局的提出，为杭州划定城市环境保护生态红线提供依据(图 6.19)。通过城市气候规划弥补了城市规划中对气候资源保护的缺失，丰富了“多规融合”指标，提升城市规划部门多规融合能力，为未来城市发展提供了重要科学支撑，为气候信息在城市规划领域的应用提供出口和衔接渠道。

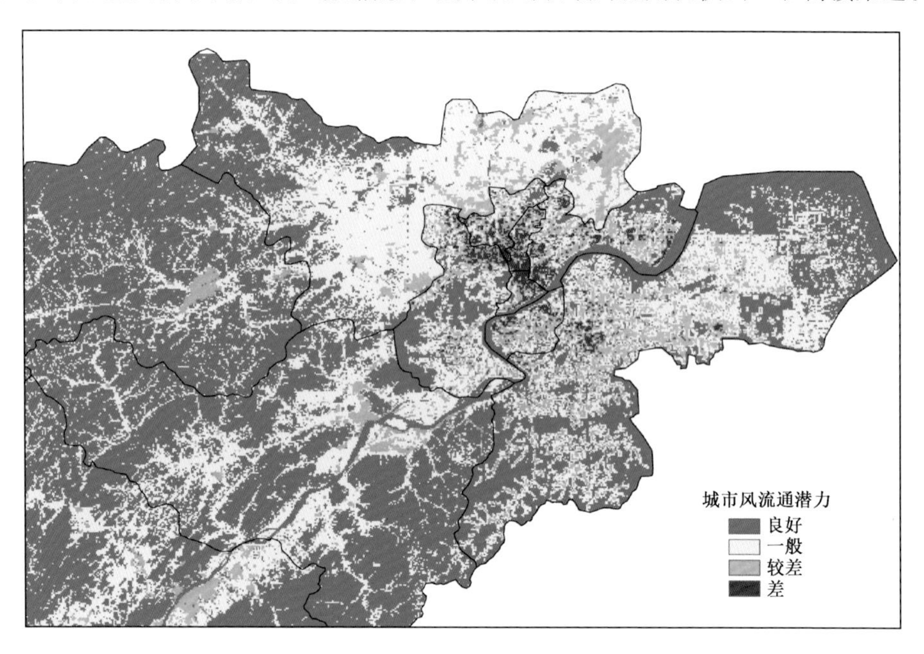

图 6.19　杭州城市风流通潜力分析图

(二)绍兴城市通风廊道设计气象服务

浙江省气候中心充分发挥城市气象服务中多年积累的丰富经验，通过建立城市大气边界层模拟系统，获得城市空间尺度的气象环境。基于绍兴市风环境、热环境、大气环境、通风潜力等气候特征，结合现代城市特点，对城市气象环境基本问题进行研究。统计研究区域内各气象站点长时间序列的观测资料，并结合数值模拟，分析背景风场的时空分布特征。计算研究区域内地表粗糙度和天空开阔度(图 6.20)，进而获得高分辨率的地表通风潜力分布特征。

在此基础上结合下垫面现状及未来规划，详析通风潜力路径，为绍兴市开展城市通风廊道及热岛效应规划研究，科学合理地构建城区一、二级通风廊道系统，并提出有效规划方案及实施保障措施(图 6.21)。其研究成果有效地改善城市环境、提高空气质量、减少污染事件、缓解城市热岛、促进城市空气流通，将经济效益、城市发展和城市持续性发展相融合，为更好的城市环境提供通风廊道规划建议和管控策略。

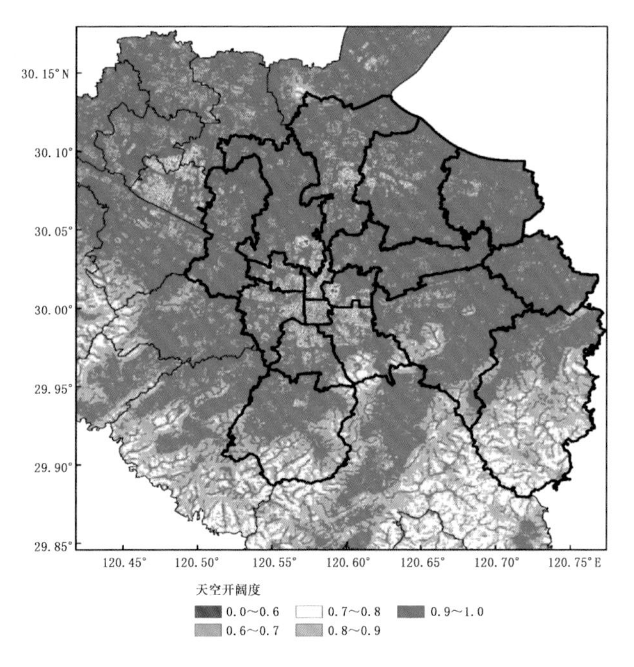

图 6.20 绍兴越城区天空开阔度分布图

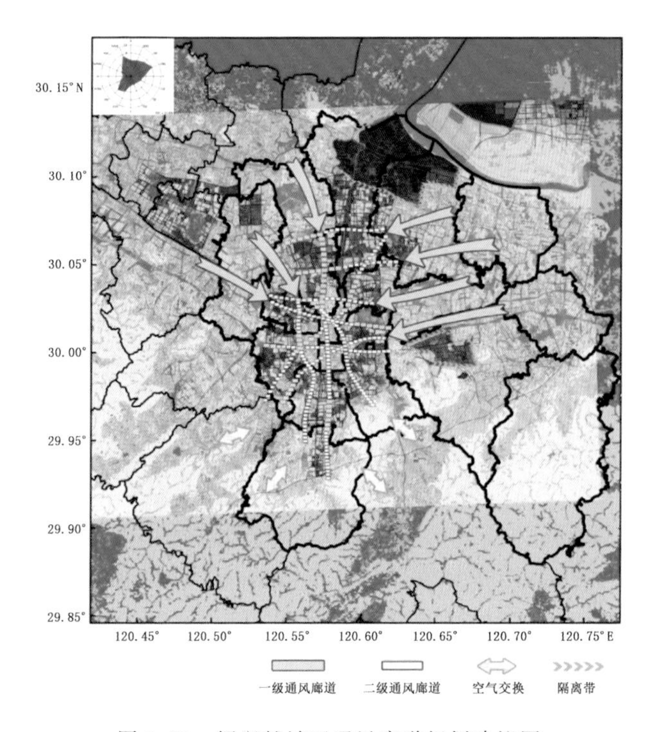

图 6.21 绍兴越城区通风廊道规划建议图

第五节 城市品牌建设气象服务

在“两山”理念指引下，浙江省气象局紧紧围绕浙江省省委政府工作部署，结合部门实际，加强生态气象监测和服务，积极参与“五水共治”“美丽浙江”“乡村振兴”、全域旅游示范区创建、国家园林城市创建、海绵城市建设试点等工作，取得一定成效。

（一）创建国家园林城市气象服务

近年来，浙江省舟山市通过高起点规划、高质量建设、高水平管理，大力推进城市园林环境建设，加强城市生态空间保护，积极创建国家园林城市，打造品质与气质兼优的海上花园城市。为加强全社会气象监测设施的建设管理，统筹集约、优化资源配置、避免重复建设，实现共建共享，提高政府投资气象监测设施建设的社会效益，舟山市气象局、发改委、经信委联合印发了《舟山市气象监测设施规划建设和资源共享协调办法》，建立《舟山市气象监测设施规划建设和资源共享联络制度》，成立以市气象局牵头的气象监测设施规划建设和资源共享联络小组，统筹规划舟山市各部门气象监测设施建设。舟山市气象局与市海洋与渔业局、市生态环境局、市水利局、市农林局等部门实现了气象探测资料共享，完成全市大气环境、水文、水位监测信息、船舶定位系统和视频监控系统的共享。

2016 年，舟山市全面启动国家园林城市创建工作，市气象局作为舟山市创建国家园林城市工作领导小组成员单位，根据舟山本岛气象站建设情况，选取定海国家基本气象站、普陀国家一般气象站、金鸡山自动气象站作为城市建成区的代表站点，选定双桥自动气象站、展茅自动气象站、白泉自动气象站作为郊区的代表站点，取三个代表站的气温平均值进行城市热岛效应强度计算，评估城市热岛效应情况。按照《城市园林绿化评价标准》(GB/T 50563—2010)，对 2016—2018 年间共 6 个气象站点的 1656 个气温数据进行仔细对比和计算，并反复检查，保证数据的准确性，最终形成《舟山市 2016—2018 年热岛效应强度评价报告》。

舟山市 2016—2018 年的城市热岛效应强度分别为 0.4 ℃、0.4 ℃、0.2 ℃，均小于 2.5 ℃；且从 2016—2018 年每年 6—8 月逐日平均气温差分析，逐日差值也均小于 2.5 ℃，符合创建国家园林城市生态环境类中城市热岛效应强度≤3 ℃的考核要求。根据舟山市气象局提供的《舟山市 2016—2018 年热岛效应强度评价报告》，舟山市 2016—2018 年城市热岛效应强度符合城市园林绿化Ⅰ级评价标准(图 6.22)。2019 年国家园林城市验收考核组来舟山开展创建工作考核，充分肯定了舟山城市热岛效应评估工作。2020 年 1 月舟山市被正式命名为国家园林城市。

绍兴市委市政府高度重视气象在生态文明建设中的支撑保障作用，将气象局纳

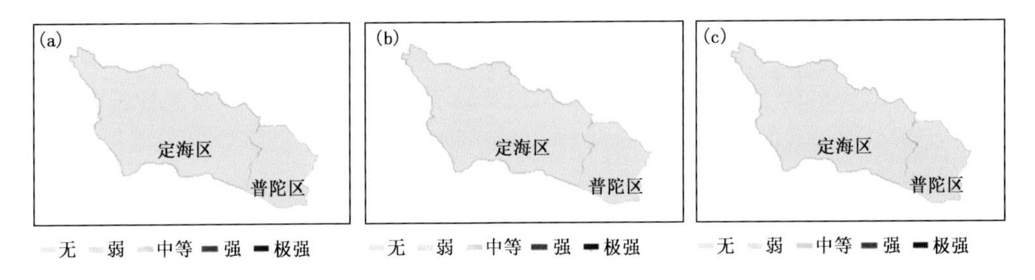

图 6.22 舟山市 2016 年(a)、2017 年(b)和 2018 年(c)6—8 月逐日城市热岛效应强度分析图

入“美丽绍兴”“乡村振兴”等重点专项工作成员单位，将有关生态文明气象保障服务工作纳入对县委县政府的目标考核。市气象局被列为城乡规划委员会成员单位，有助于部门单位间的沟通合作，强化了气象部门的社会管理履职能力，发挥了气象在经济社会发展和城乡规划建设中的作用。近年来，市县两级党政领导多次到气象部门调研生态文明建设气象保障服务工作，充分肯定气象部门在“美丽绍兴”建设和经济社会发展中做出的贡献，全市气象部门有 1 人获得“千万工程”和“美丽浙江”建设通报表扬。绍兴市气象局开展城市热岛效应强度评估，为国家园林城市创建、复评提供相关技术支撑。绍兴市于 2003 年荣获国家园林城市称号。

(二)海绵城市试点建设气象服务

建设“海绵城市”，改善城市的排水状况，优化城市建设的力度，能够在防雨防洪的同时，有效利用丰富的雨水资源，使城市能够更好地为社会服务。推进海绵城市建设是党中央、国务院作出的一项重要战略部署，也是温州市省级节水型城市创建的重要考评项目。

近年来，根据温州市委市政府对海绵城市的要求部署，温州市气象局积极配合住建局探索气象在海绵城市建设中的作用。一是加强部门合作，做好城市暴雨内涝积水点普查、暴雨强度公式修订等，同时，加强人工影响天气能力建设，及时启动增雨作业，有效缓解旱情；二是加强降雨监测，科学布设监测站点，提高城市精细化降水监测水平；三是积极开展城市暴雨灾害预报预警，提高精细化预报预警能力；四是积极提供相关气象观测数据，协助海绵城市建设自评报告编制工作。

温州市气象局加强城市气候资源开发利用，主动融入温州海绵城市建设，开展三垟湿地对温州城市气候调节研究，开展城市暴雨内涝发生风险评估，开展城市规划气候论证，为政府部门在城市发展适应气候变化、生态环境保护、加快建设宜居宜游城市等方面提供决策科学支撑。建立了城市积涝风险预警系统，可作为排水抢险部门的参考依据(图 6.23)。根据《温州市人民政府办公室关于推进海绵城市建设的实施意见》要求，市气象局负责对全市降雨进行精细化监测，特别是针对海绵城市建设示范区域的雨量监测，提供用于海绵城市规划、设计所需的气象资料，参与工程项目的气象标准建设，建立全市暴雨监测预警体系。《温州市海绵城市建设三年行动计划（2020—2022）》明确了气象局作为成员单位要与有关单位紧密合作，协同推进建设工作，为海绵城市建设贡献气象力量。

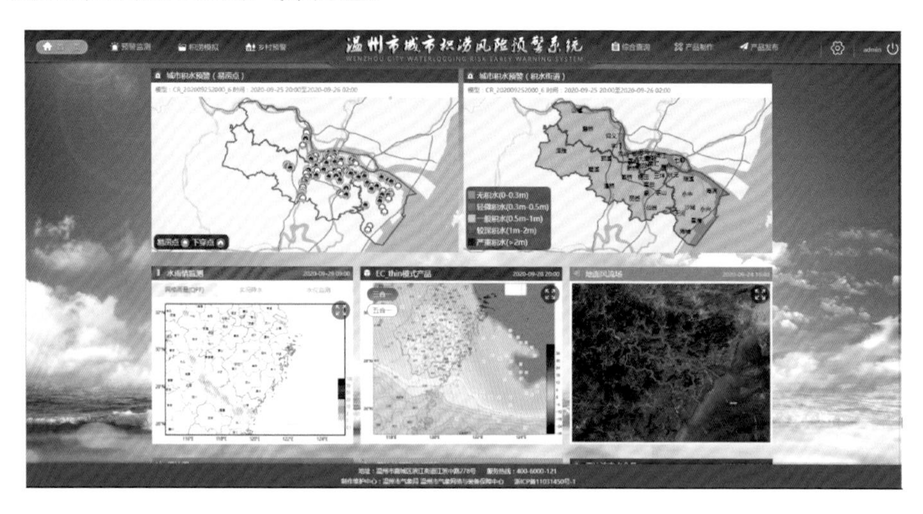

图 6.23　温州城市积涝风险预警系统

温州市气象局提供的气象观测资料、暴雨强度公式等为《温州市海绵城市专项规划（2016—2030 年）》编制及海绵城市建设自评报告等提供了重要依据。海绵城市建设正在全面推进，到 2020 年年底市区建成区 25%以上的面积、县级市建成区 20%以上的面积达到径流总量控制率 75%；到 2030 年，市区和县级市建成区 80%以上的面积、其他县城建成区 50%以上的面积达到径流总量控制率 75%。

第六节　风能气候资源评估开发

能源是关系国计民生的重要经济基础，加快开发利用风能、太阳能等可再生能源，是常规能源资源的有益补充，也是减少环境压力、建设生态浙江的重要举措。浙江省风能资源较为丰富，海岸线有 1840 km，大小岛屿星罗棋布，这些都为风能的开发利用提供了得天独厚的条件。近年来，浙江省气象局围绕风能资源开发利用，在风能技术研究、风能资源详查、风电场风能资源评估等方面做了许多卓有成效的工作。

（一）陆上风能气候资源评估

开展浙江省风能资源多尺度模拟与综合评价技术研究，研发了“风能模式多作业管理并行运算"风能模式快算技术、提出了风机设计抗台风改进策略，风电服务成效显著。在风能资源评估过程中，通过融合多源测风资料，开展风能资源多尺度数值模拟，详细评价了浙江省风能资源时空分布特征，查清了全省风能资源储量及技术开发量，制作了全省 1 km×1 km 的高精度风能图谱和风电场区百米级的风能图系（图 6.24），为浙江风电发展提供了百万千瓦风电项目储备。风能评估成果先后被《浙江省风电发展规划》《浙江沿海及海岛综合开发战略研究》和《浙江省海上风电场工程规划》采用，服务效果多次获得省能源局认可。

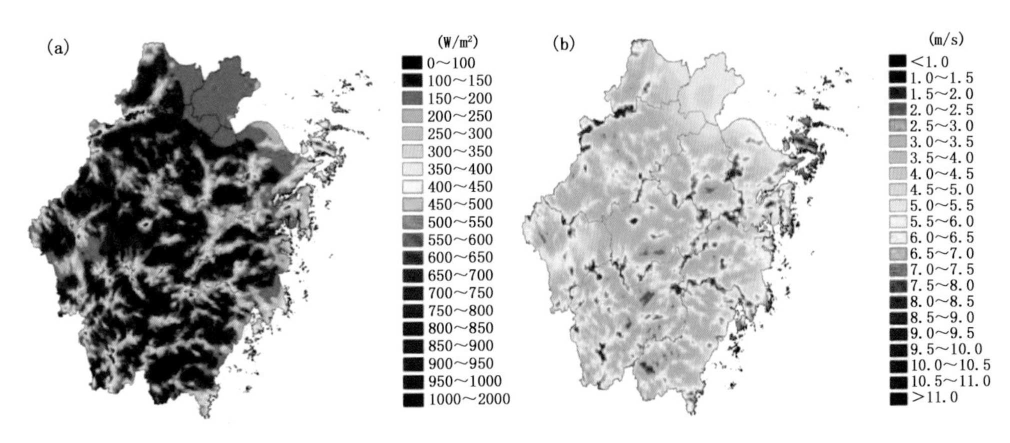

图 6.24　浙江省陆上风能资源分布

(a)年平均风功率密度(单位：W/m²)；(b)年平均风速(单位：m/s)

浙江省风能资源较为丰富，主要分布在浙江近海海岛和沿海岸以及内陆高山区，风能资源分布呈现近海风能区（包括近海海岛）、沿海风能带（沿海岸）和内陆风能点（局地高山区）特征。风能资源的季节变化总体表现为冬季风速大，风功率密度高，春末夏初风速小，风功率密度低，7—9 月受西太平洋副热带高压及台风影响，风速及风功率密度有上升和下降波动趋势。全省 70 m 高度层年平均风功率密度≥200 W/m² 的风能资源技术开发量为 3.08 GW，≥250 W/m² 的技术开发量为 2.61 GW，≥300 W/m² 的技术开发量为 2.09 GW，≥400 W/m² 的技术开发量为 1.03 GW。

(二)海上风能气候资源评估

2006 年以来，浙江省气象局综合气象站与测风塔等站位观测资料、遥感探测资料、风能资源数值模拟等风能资源分析结果，评估了浙江海域风能资源时空特征，初步估算了各海区风能资源储量，为认知海上风能参数时空变化特征和宏观分布格局奠定了基础（图 6.25）。先后主持承担了世界银行赠款项目"浙江沿海陆上风资源——测风评估方案设计"、中国气象局项目"浙江省风能资源详查与评价"和"气候变化对中国东南近海风场影响研究"，浙江省科技厅项目"浙江沿海风能资源多尺度模拟与综合评价”和科技部行业(气象)专项“多源测风资料融合技术研究及在风能资源评估中的应用－子课题”等 5 个省部级风能资源观测评估项目。

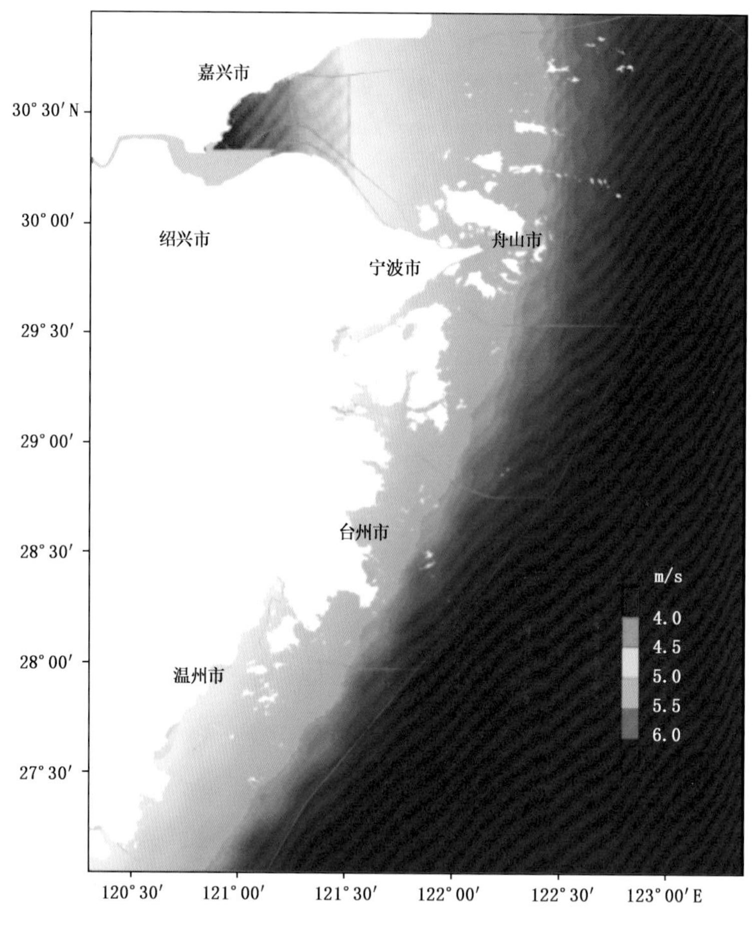

图 6.25 浙江省海上风能资源分布

浙江海域风能资源十分丰富，70 m 高度层年平均风功率密度值≥450 W/m²、≥400 W/m²、≥350 W/m² 和≥300 W/m² 各等级的风能资源储量分别为 32～41 GW、73～84 GW、122～138 GW 和 143～156 GW。嘉兴海区风能资源储量相对较少，舟山海区风能资源储量相对较多，宁波、台州和温州海区，风能资源储量居中。

浙江省气象局面向社会需求深化服务，先后为风电企业完成了华能缙云大洋山风场风能资源评估、苍南 1＃海上风场风能资源评估等 160 多个陆上、海上风电场的风能资源评估工作；受省财政厅、省发改委委托，承接了嘉兴 1＃20 万 kW 特许权招标项目海上测风项目的建塔、测风和风能资源评估。

报刊文摘专栏9

摘自2018年11月15日《中国气象报》第四版

奋楫扬帆波澜壮阔四十载 齐力奋进气象万千新时代——改革开放40年浙江气候应用服务掠影

1978年，浙江省气象局气候资料室（浙江省气候中心前身）正式成立，气候应用团队同步组建。这一年，还发生了一件不仅改变了中国，也深刻影响了世界的大事——改革开放。改革的春风，吹绿了大江两岸，中国迈出了历史性的一步，这一重要决策冲破了思想观念的桎梏，破除了体制机制的障碍，各行各业焕发出了无限生机。40年栉风沐雨，40年春华秋实，浙江气象人在伟大时代的感召下，与时代大潮共舞，与祖国同共命运，凭借精湛的业务能力和无私的奉献精神，为浙江国民经济发展提供了有力的气象保障，走过了极不平凡的40年发展之路。

四十年高歌猛进、服务社会显身手

浙江省气候中心气候应用团队自组建之初，便以为国民经济腾飞提供准确、科学、有效的气象服务作为奋斗目标。40年初心不改，他们以强烈的家国情怀和责任担当，加强科技成果转化和应用，积极拓展气候应用服务范围，在农业、交通、能源、电力、水利、环保、建筑工程、城市规划、居住环境等多个事关国计民生的重点领域大展身手，开展工程项目气候论证、重大工程气象参数设计、城市规划和居住园区的气候环境评价、风能资源评估、农业气象保险、农业气候资源评价等多项服务，叫响了浙江气象应用品牌，取得了显著的社会和经济效益。

服务农业固民本。气候应用团队的农业保险气象服务研究，为政府制定相关农业保险政策及厘定费率、为省政策性农业保险协调小组制订保险方案、为广泛开展农业保险气象服务工作打下了基础。目前，他们对茶叶、杨梅、枇杷等十余种农产品开展了气象指数保险服务，承保面积达40万亩，保费规模近5000万元，并联合保险公司与阿里巴巴共同合作，以“互联网+”方式开发作物风力气象指数保险产品。根据全省农作物种植情况，在11个地区多个县进行气候精细区划，并对茶叶、杨梅、梨、葡萄、柑橘等15种农产品进行气候品质论证，发放相应的气候品质认证标志，深得广大农户的欢迎，取得了较好的社会和生态效益。

交通建设的“气候勘察者”。如今，当人们驾车行驶在四通八达的高速公路网上时，可能不会想到，除了交通建设者的努力外，气候应用团队起到了怎样的基础支撑作用。舟山市大陆连岛工程、诸永高速、杭州湾通道、龙丽温高速公路等，无论山海湖田，只要高速公路经过复杂气候地区，便有气候应用团队的气象专题研究。他们赴项目沿线进行实地勘察，了解当地自然地理环境和沿线气象灾害形成的原因，在综合历史资料分析、实地野外调查和实地短期气候观测的基础上，给出科学合理的气象参数，为合理设计工程提供依据，提高了工程安全系数，降低了投资成本。“在浙江建桥要先找省气候中心”这是来自浙江省交通规划设计研究院专家的肯定。气候应用团队的工作成果得到了众多行业单位的认可，并相互建立起长期合作关系，气候应用服务已成为浙江交通建设的重要支撑。

高压线路的“探路者”。《欲建高压线，抬头先问天》这篇报道，真实记录了气候应用团队为全省十多条高压输电线路开展气候可行性论证服务的情况。从北仑到绍兴，从嘉兴到杭州，从金华到福州……他们根据沿线气温、雷暴、覆冰和大风的状况，设计气象参数，电力部门据此规划高压线路路径并进行施工。截至目前，没有一条高压线路因气象原因出现过事故，浙江省气候中心成为电力部门高压输电线路设计的常设咨询机构。

清洁能源的“发现者”。20 世纪 80 年代，为响应联合国新能源和可再生能源会议号召，气候应用团队率先在全省范围内进行太阳能观测站建设。他们选取龙泉、舟山、洪家、慈溪、大陈等 10 个站点，历时 4 年，获取大量太阳辐射资料，这些资料一直沿用到 2010 年后，为浙江省光伏项目建设提供了有力的数据支撑。在研究中，他们发现沿海站点因水汽充沛吸收了部分太阳辐射，导致其可用值远低于预想值，这个规律一直在指导行业实践。同期开展的全省风能资源普查和浙江省海岸带资源综合调查研究，也在气候资源的开发利用上跨出了关键性一步。

在此基础上，2000 年后气候应用团队开始进行浙江省风能资源详查和评估工作，为编制《浙江省风力发电发展规划》提供了科学依据。经过多年努力，气候应用团队终于完成全省范围内的风能资源评估工作，包括陆上风场和海上风场。浙江拥有得天独厚的海上资源，合理利用海上资源，是浙江省风能资源开发的特色，同时也是难点。由于沿海经常受台风影响，确定最大风速对风场的建设尤为重要。气候应用团队通过多方法对比，引入数值模式计算成果，将 50 年一遇最大风速精确到一个科学合理且有实际操作性的值，这一突破为海上风场的建设提供了有力的理论依据，让海上风场的推进变得切实可行。

“美丽浙江”的推动者。2000 年初，应用团队参与了杭州市新一轮城市总体规划研究，在对气候背景、大气环境质量状况、不同尺度流场以及城市热岛效应等进行详细研究的基础上，综合得出了城市各区域的适用风玫瑰图；根据杭州城市热岛特征提出规划对策，从气候角度模拟论证了杭州化工园区规划选址的适宜区位和不适宜区位，参与了杭州从“西湖时代”跨向“钱塘江时代”这一历史性跨越。

他们还为杭州市多个居住小区进行居住气候环境评估。其中，杭州“亲亲家园”住宅小区获得全国“2005 双节双优住宅方案竞赛”金奖，这是气象服务工作首次获得国家工程建设领域大奖，在建设平安浙江、构建和谐社会中发挥了重要作用。

此外，该团队编制的全省60多个县市区的短历时暴雨强度公式，为全省城市排水能力计算提供了科学、合理、精准的依据，为全省“五水共治”事业提供了坚实的理论支撑，为指导城市排水排涝设施建设，提高防汛能力，保障居民生命财产安全起到了“奠基石”的作用，产生了良好的社会效益。

改革开放40年来浙江各项事业取得的巨大成就，离不开气象人的贡献与担当，气候应用团队也在全面服务社会的过程中，提炼了自身本领，实现了自我价值。

四十年创业维艰，不避劳苦显担当

骄人成绩的取得，背后是一代代气象人筚路蓝缕、艰苦创业的奋斗史。有些故事，现在还在气候应用团队中口耳相传，并且内化成了他们薪火相传的团队精神。

改革开放初期，为了帮助西南电力设计院研究输电线路覆冰情况，他们绿皮火车辗转50多个小时到成都，一点一点地抄写观冰资料，一抄就是大半个月，据此汇编而成的宝贵研究资料在此后十多年还被电力部门广泛使用。这卷珍贵的手抄本，现在还静静地陈列在气象局档案室，激励一带又一代气象人不断前进。

20世纪90年代末，为配合舟山大陆连岛工程桃夭门大桥建设，团队成员顶风冒雨，在大桥现场建立了三个气象观测点，进行地面风和梯度风观测，经过一整年的野外作业，取得现场实测资料21万余组。观测结束后，团队又奔赴多地查阅资料，统计、分析了上千万组气象数据资料，如期完成了气象参数分析报告，为世界上规模最大的岛陆联络工程提供了坚实的气象数据资料支撑。

进入新时代，他们苦干、实干的精神不变，为了按时完成舟山跨海铁路大桥的气象服务工作，他们在舟山金塘岛一处空旷无人的岸边，以一个废弃工棚为“据点”，不间断工作200多个小时。盛夏8月，湿热难耐，气候团队头顶烈日，以坚定的毅力、精益求精的气象人精神，连续9天9夜进行野外雷达数据的采集及定点考察工作，首次获得浙江省沿海风廓线雷达的连续测风数据，成为建设舟山跨海铁路大桥强大的气象助力。

像这样的故事，还有很多很多。但更多的，是气候应用团队在平凡岗位上的默默坚守和付出，他们以精益求精的精神、严谨务实的工作态度，攻克了一个又一个难关。

四十年初心不改，不忘责任讲奉献

在改革开放初期，风压计算一直都是使用当时苏联的方法，该方法计算过程复杂，所得风速结果偏大，直接增加了工程造价成本。面对这一难题，气候应用团队以《宁波镇海炼化风压报告1期》的编制工作为契机，主动扛起技术攻关任务，通过不断改进优化数学公式，将风随高度的变化公式简化成经典的指数公式。这不但大大简化了计算量，更可以准确计算出风速结果，有效降低了经济成本，在当时的气象服务领域甚至是工程领域实现了一大突破，该风压公式计算方法一直沿用到现在的国标。气候应用团队敢啃“硬骨头”、勇当“排头兵”的担当奉献精神，自始至终未变。

为响应习近平总书记的精准扶贫号召，气候应用团队深入四川省青川县、贵州省沿河县和普安县，湖南省古丈县等贫困地区进行实地调研，行程达数万千米。通过对浙江省安吉县茶叶种植进行精细化气候区划，对茶叶霜冻害进行风险评估，团队解决了扶贫茶苗的最终扎根问题；通过建立茶叶气象监测系统，实现茶叶气象要素自动化观测，让茶农足不出户便可获悉瞬息万变的天气情况，真正将安吉“扶贫茶”转为贫困地区的“致富茶”。

成就令人瞩目，任务依然艰巨。伟大的事业薪火相传，下一个40年，浙江气候应用团队将发扬“钉子精神”，一张蓝图绘到底，咬定青山不放松，在以习近平同志为核心的党中央坚强领导下，在“八八战略再深化，改革开放再出发”战略的指引下，不忘初心、继续前进，闯出一片更加广阔的新天地。

参考文献

曹继启,1978.幼龄茶树的热害调查[J].茶叶(3):11-14.

陈超,杨乐,徐鸿,等,2014 .杭州市主要温室气体浓度变化特征[J].环境污染与防治,36 (1):69-72.

陈龙,2007.浙江省十大农业主导产业对策研究[M].北京:中国农业科学技术出版社.

陈敏,马雷鸣,魏海萍,等,2013.气象条件对上海世博会期间空气质量影响[J].应用气象学报,24(2):140-150.

陈明荣,龙斯玉,1983.中国气候生产潜力区划的探讨[J].自然资源,17(3):72-79.

陈荣冰,1987.茶树越冬芽萌发生长与气象条件的关系[J].农业气象,8(3):10-14.

陈荣冰,1996.近10年我所茶叶气象研究的进展[J].茶叶科学技术,1:12-15.

陈思宁,申双和,刘敏,等,2010.湖北省茶树气象灾害模糊综合评价及区划[J].农业工程学报,26(12):298-303.

谌介国,1964.春季气温条件下对茶树生育的影响[J].茶叶通讯(1):38-40.

方双喜,周凌晞,臧昆鹏,等,2011.光腔衰荡光谱(CRDS)法观测我国4个本底站大气CO_2[J].环境科学学报,31 (3):624-629.

高大伟,张小伟,蔡菊珍,等,2010.浙江省植被覆盖时空动态及其与生态气候指标的关系[J].生态应用学报,21(6):1518-1522.

高大伟,马浩,郁珍艳,等,2015.基于连续MODIS真彩图的霾监测预警新方法—以浙江省一次严重霾污染过程为例[J].中国环境科学,35(10):2939-2949.

高玳珍,1995.茶树冻害与防冻技术的研究进展[J].湖南农学院学报,21(2):129-133.

高歌,2008.1961—2005年中国霾日气候特征及变化分析[J].地理学报,63(7):761-768.

高松,2011.夏季上海城区大气中二氧化碳浓度特征及相关因素分析[J].中国环境监测,27 (2):70-75.

巩雪峰,玉有本,肖斌,等,2008.不同栽培模式对茶园生态环境及茶叶品质的影响[J].西北植物学报,28(12):2485-2491.

郭桂义,严佩峰,文宏,等,2010.安吉白茶与信阳群体种信阳毛尖茶化学成分和品质的比较[J].食品科技,35(6):118-121.

郭水连,吴春燕,郭卫平,2010.江西宜春引种安吉白茶的气候适应性分析[J].茶叶科学技术(3):34-37.

郭艳君,张思齐,颜京辉,等,2016.中国探空观测与多套再分析资料气温序列的对比研究[J].气象学报,74(2):271-284.

韩秀珍,李三妹,罗敬宁,等,2008.近20年中国植被时空变化研究[J].干旱区地理,25(6):

753-759.

杭鑫,罗晓春,谢小萍,等,2019a.太湖蓝藻水华形成的适宜气象指标[J].气象科技.47(1):171-178.

杭鑫,徐敏,谢小萍,2019b.富营养化状态下太湖蓝藻水华气象条件影响的评估[J].科学技术与工程.19(7):294-301.

何敏,2013.基于GIS的茶园环境实时监测与防冻预警系统[D].长春:吉林大学.

何月,樊高峰,张小伟,等,2012a.近10年浙江植被物候的遥感监测及时空动态[J].中国农学通报,28(16):117-124.

何月,樊高峰,张小伟,等,2012b.浙江省植被NDVI动态及其对气候的响应.生态学报,32(14):4352-4362.

贺忠华,张育慧,何月,等,2020.浙江省近20年植被变化趋势及驱动因子分析.生态环境学报,29(8):1530-1539.

洪盛茂,焦荔,何曦,等,2010.杭州市区空气污染物变化特征及其与气象条件的关系[J].气象,36(2):93-101.

胡波,金志凤,严甲真,等,2014.基于FastICA的浙江省茶叶早春霜冻时空分布特征[J].中国农学通报,30(10):190-196.

胡振亮,1985.气象条件对鲜叶生化成分变化影响的初步研究[J].中国茶叶(2):22-25.

胡振亮,1988.春茶主要生化成分与气象因子之间的偏相关分析[J].中国农业气象(3):5-8.

黄海涛,余继忠,张伟,等,2009.电导法配合Logistic方程鉴定茶树抗寒性的探讨[J].浙江农业科学(3):577-579.

黄海涛,余继忠,周铁锋,等,2011.杭州市茶园低温冻害的调查分析与防御对策探讨[J].杭州农业与科技(2):22-24.

黄寿波,1980.气候与茶芽的伸育[J].中国茶叶(2):13-14.

黄寿波,1981a.茶树生长的农业气象指标[J].中国农业气象,2(3):54-58.

黄寿波,1981b.浙江茶区茶树旱热害的气候分析[J].茶叶(2):8-11.

黄寿波,1982a.国外茶叶气象研究概况[J].气象科技(4):56-60.

黄寿波,1982b.鲜叶采摘量的月分布与气象条件的关系[J].中国茶叶(6):37-38.

黄寿波,1983.茶树霜冻及其防御措施[J].中国茶叶(1):34-35.

姜蕴聪,杨元建,王泓,等,2019.2015—2018年中国代表性城市$PM_{2.5}$浓度的城乡差异[J].中国环境科学,39(11):4552-4560.

蒋琦清,陈文聪,徐冰烨,等,2020.杭州城区大气颗粒物污染特征及$PM_{2.5}$潜在源区研究[J].中国环境监测,36(5):88-95.

蒋维楣,曹文俊,蒋瑞宾,1993.空气污染气象学教程[M].北京:气象出版社.

金志凤,封秀燕,2006.基于GIS的浙江省茶树栽培气候区划[J].茶叶,32(1):7-l0.

金志凤,黄敬峰,李波,等,2011.基于GIS及气候-土壤-地形因子的江南茶区茶树栽培适宜性评价[J].农业工程学报,27(3):231-236.

金志凤,胡波,严甲真,等,2014a.浙江省茶叶农业气象灾害风险评价[J].生态学杂志,33(3):771-777.

金志凤，叶建刚，杨再强，等，2014b. 浙江省茶叶生长的气候适宜性[J]. 应用生态学报，25(4)：967-973.

金志凤，王治海，姚益平，等，2015. 浙江省茶叶气候品质等级评价[J]. 生态学杂志，34(5)：1456-1463.

李时睿，王治海，杨再强，等，2014. 江南茶区茶叶生产现状和气候资源特征分析[J]. 干旱气象，32(6)：1007-1014.

李世奎，1988. 中国农业气候资源和农业气候区划[M]. 北京：科学出版社.

李亚春，王友美，巫丽君，等，2014. 2013 年春季低温霜冻对苏南茶树影响的评估[J]. 江苏农业科学，42(8)：248-250.

李燕丽，穆超，邓君俊，等，2013. 厦门秋季近郊近地面 CO_2 浓度变化特征研究[J]. 环境科学，34(5)：2018-2024.

李燕丽，邢振雨，穆超，等，2014. 移动监测法测量厦门春秋季近地面 CO_2 的时空分布[J]. 环境科学，35 (5)：1671-1679.

李瑶，张立福，黄长平，等，2016. 基于 MODIS 植被指数时间谱的太湖 2001—2013 年蓝藻暴发监测[J]. 光谱学与光谱分析，36(5)：1406-1411.

李正泉，肖晶晶，马浩，等，2016. 丽水市生态气候休闲养生适宜性分析[J]. 气象与环境科学，39(3)：104-111.

李倬，1982. 中国茶区的茶树冻害[J]. 气象(8)：36-37.

李倬，贺龄萱，2005. 茶与气象[M]. 北京：气象出版社.

梁轶，柏秦凤，李星敏，等，2011. 基于 GIS 的陕南茶树气候生态适宜性区划[J]. 中国农学通报，27(13)：79-85.

刘晓曼，程雪玲，胡非，2015. 北京城区二氧化碳浓度和通量的梯度变化特征——I 浓度与虚温[J]. 地球物理学报，58 (5)：1502-1512.

马湘泳，1985. 中国茶树生态适应区划探讨[J]. 中国茶叶(6)：22-25.

毛敏娟，杨续超，2015a. 霾与城市化发展的关系[J]. 环境科学研究，28(12)：1823-1832.

毛敏娟，刘厚通，徐宏辉，等，2013. 多元观测资料融合应用的灰霾天气关键成因研究[J]. 环境科学学报，33(3)：806-813.

毛敏娟，孟燕军，齐冰，2015b. 浙江省城市大气污染特性研究[J]. 南京大学学报(自然科学)，51(3)：500-507.

毛敏娟，杜荣光，胡德云，2018. 气候变化对浙江省大气污染的影响[J]. 环境科学研究，31(2)：221-230.

毛敏娟，杜荣光，齐冰，2019a. 浙江省大气扩散能力时空分布特征[J]. 热带气象学报，35(4)：644-651.

毛敏娟，杜荣光，吴建，2019b. 杭州 G20 减排措施对大气水溶性离子特征的影响[J]. 中国环境科学，39(6)：2283-2290.

缪强，金志凤，羊国芳，等，2010. 龙井 43 春茶适采期预报模型建立及回归检验[J]. 中国茶叶，32(6)：22-24.

牛彧文，顾骏强，浦静姣，等，2009. 长三角区域背景地区 SO_2 和 NO_x 本底特征[J]. 环境化学，28

(4),590-593.

牛彧文,浦静姣,邓芳萍,等,2017.1992—2012年浙江省酸雨变化特征及成因分析[J],中国环境监测,33(6):55-62.

潘晨,朱希扬,贾文晓,等,2015.上海市近地面 CO_2 浓度及其与下垫面特征的定量关系[J].应用生态学报,26(7):2123-2130.

浦静姣,徐宏辉,顾骏强,等,2012.长江三角洲背景地区 CO_2 浓度变化特征研究[J].中国环境科学,32(6):973-979.

浦静姣,徐宏辉,姜瑜君,等,2018.杭州地区大气 CO_2 体积分数变化特征及影响因素[J].环境科学,39(7):3082-3089.

齐冰,牛彧文,杜荣光,等,2017.杭州市近地面大气臭氧浓度变化特征分析[J].中国环境科学(53),37(2):443-451.

任淑女,2017.中国气候养生之乡[M].北京:气象出版社.

任晓旭,陈勤娟,董建华,等,2016.杭州城区空气负离子特征及其与气象因子的关系[J].环境保护科学,42(3):109-112.

史琰,金荷仙,唐宇力,2009.杭州西湖山林与市区空气负离子浓度比较研究[J].中国园林,25(4):82-85.

谭鑫,朱新胜,谢旻,等,2015.江西千烟洲区域大气二氧化碳浓度观测研究[J].生态与农村环境学报,31(6):859-865.

王萌,郑伟,刘诚,2017.利用 Himawari-8 高频次监测太湖蓝藻水华动态[J].湖泊科学,29(5):1043-1053.

王顺利,刘贤德,金铭,等,2010.甘肃省森林区空气负离子分布特征研究[J].生态环境学报,19(7):1563-1568.

王涛,2020.杭州市环境空气质量指数时空分布特征及其与气象因子关系研究[D].杭州:浙江农林大学.

王薇,2014.空气负离子浓度分布特征及其与环境因子的关系[J].生态环境学报,23(6):979-984.

王薇,余庄,2013.中国城市环境中空气负离子研究进展[J].生态环境学报,22(4):705-711.

王艳召,王泽根,王维燕,等,2020.近20年中国不同季节植被变化及其对气候的瞬时与滞后响应[J],地理与地理信息科学,36(4):33-40.

翁之梅,李丽平,杨万裕,等,2016.浙江省冬季不同霾过程的后向气流轨迹及环流特征[J].气象,42(2),183-191.

吴杨,金志凤,叶建刚,等,2014.浙江茶树春霜冻发生规律及其与太平洋海温的遥相关分析[J].中国农业气象,35(4):434-439.

吴叶青,2013.德兴市茶叶生产的气候条件分析及高产对策[J].农民致富之友,22:237-238.

吴志萍,王成,许积年,等,2007.六种城市绿地内夏季空气负离子与颗粒物[J].清华大学学校(自然科学版),47(12):2153-2157.

杨再强,韩冬,王学林,等,2016.寒潮过程中4个茶树品种光合特性和保护酶活性变化及品种间差异[J].生态学报,36(3):629-641.

于燕,廖礼,崔雪东,2016a.不同辐射和边界层方案对浙江省 $PM_{2.5}$ 浓度数值模拟的影响[C].杭州:

全国环境气象预报技术交流会:165-174.

于燕,浦静姣,陈锋,2016b.两种大气化学模式系统对浙江省 $PM_{2.5}$ 浓度预报结果的对比分析[J].浙江气象,37(3):18-26.

于燕,廖礼,崔雪东,等,2017.不同人为源排放清单对大气污染物浓度数值模拟的影响[J].气候与环境研究,22(5):519-537.

曾曙才,苏志尧,陈北光,2007.广州绿地空气负离子水平及其影响因子[J].生态学杂志,26(7):1049-1053.

张娇,陈莉琼,陈晓玲,等,2016.HJ-1B 和 Landsat 卫星蓝藻水华监测能力评估——以洱海为例[J].水资源与水工程学报,27(8):38-43.

张民,阳振,史小丽,2019.太湖蓝藻水华的扩张与驱动因素[J].湖泊科学,31(2):226-344.

赵德华,欧阳琰,齐家国,等,2009.夏季南京市中心-郊区-城市森林梯度上的近地层大气特征[J].生态学报,29 (12):6654-6663.

赵军平,罗玲,郑亦佳,等,2017.G20 峰会期间杭州地区空气质量特征及气象条件分析[J].环境科学学报.37(10):3885-3893.

赵珊珊,朱蓉,2006.全国大气自洁能力气候评价方法[C]//国家气候中心.气候变化与气候变异、生态-环境演变及可持续发展.北京:气象出版社:266-269.

中国茶叶品牌价值评估课题组,2013.中国茶叶区域公用品牌价值评估报告(2009—2013).中国茶叶,31(5):4-12.

中国气象局公共服务中心,2019.中国天然氧吧绿皮书[R].

朱希扬,潘晨,刘敏,等,2015.上海春季近地面大气 CO_2 浓度空间分布特征及其影响因素分析[J].长江流域资源与环境,24 (9):1443-1450.

CHEN J, BAN Y, LI S, 2014. China: Open access to Earth land－cover map[J]. Nature, 514 (7523): 434-434.

CHEN J,CHEN J,LIAO A, et al, 2016. Remote sensing mapping of global land cover[M]. Beijing:Science Press. [In Chinese]

JIANG C, WANG H, ZHAO T, et al,2015. Modeling study of $PM_{2.5}$ pollutant transport across cities in China's Jing-Jin-Ji region during a severe haze episode in December 2013. Atmospheric Chemistry and Physics, 15(10): 5803-5814.

LIU M, ZHU X Y, PAN C, et al, 2016. Spatial variation of near-surface CO_2 concentration during springin Shanghai [J]. Atmospheric Pollution Research, 7 (1): 31-39.

NIU Y W,LI X L, HUANG Z , et al, 2017. Chemical characteristics and possible causes of acid rain at a regional atmospheric background site in eastern China[J]. Air Quality, Atmosphere and Health,10 (8): 971-980.

NIU Y W , LI X L ,PU J J ,et al , 2018. Organic acids contribute to rainwater acidity at a rural site in eastern China[J]. Air Quality, Atmosphere and Health, 11(4): 459-469.

STAVROVSKAIA IG, SIROTA TV, SAAKIAN IR, et al, 1998. Optimization of Energy Dependent Processes in Mitochondria from Rat Fiver and Brain after Inhalation of Negative Air Ions[J]. Bipofizika,43(5):766-771.

WANG J, LI SH, 2009. Changes in negative air ions concentration under different light intensities and development of a model to relate light intensity to directional change [J]. Journal of Environmental Management, 90(8): 2746-2754.

YU Y, XU H H, JIANG Y J, et al, 2021. A modeling study of $PM_{2.5}$ transboundary transport during a winter severe haze episode in southern Yangtze River Delta, China[J]. Atmospheric Research, 248:105159.

后 记

浙江生态文明建设，实践源头始于2003年习近平同志亲自谋划部署的生态省建设。在“绿水青山就是金山银山”理念引领下，全省气象部门不懈探索具有浙江特色的生态气象发展之路，交出了令人振奋的答卷。

从现在到2035年，是浙江省深入贯彻落实习近平生态文明思想、全面建设高水平美丽浙江、推进人与自然和谐共生现代化的关键时期，我们即将开启未来15年高水平美丽浙江建设新征程。干好15年，关键在头5年。

面向“十四五”，我们将完善地基生态气象观测网，构建空基生态气象观测试验网，开展植被生态质量遥感监测及碳循环影响评估、重点水体及沿海遥感评估和基于卫星遥感的城市生态变化影响研究，进一步提升生态气象监测评估能力。

面向“十四五”，我们将发展生态敏感气象要素和关键生态要素预报预测业务，完善重污染天气预报预警、臭氧预报预测和森林火情气象监测预报预警业务，进一步提升生态气象预报预警能力。

面向“十四五”，我们将继续推进特色生态气候品牌创建，助力生态气候资源价值转化，开展太阳能、风能、云水资源精细化评估，发展生态农业智能化观测与精细化服务，进一步提升生态气候资源开发利用能力。

面向“十四五”，我们将深化应对气候变化气象服务，开展生态气候资源承载力监测评估、气候变化背景下浙江生态环境变化评估等，进一步提升应对气候变化、“碳达峰”“碳中和”等气象科技支撑能力。

“生态兴则文明兴，生态衰则文明衰”，站在生态文明建设“关键期、攻坚期、窗口期”三期叠加的历史性关口，浙江气象部门将以习近平生态文明思想和习近平总书记关于新中国气象事业70周年重要指示精神为指导，深刻把握新时代“绿水青山就是金山银山”实践的新内涵新要求，紧紧围绕省委、省政府关于建设新时代美丽浙江系列重大部署，聚焦生态文明气象保障服务需求，将长三角生态绿色一体化发展示范区、安吉践行“两山”理念综合改革创新试验区等作为生态文明建设气象保障服务先行先试的样本，锐意进取，开拓创新，为浙江建设“展示人与自然和谐共生、生态文明高度发达的重要窗口”，为高水平建设新时代美丽浙江提供更高质量气象保障服务，奋力续写浙江生态气象发展的崭新篇章！